● 工科のための数理 ●
MKM-7

工科のための偏微分方程式

岩下弘一

数理工学社

編者のことば

　本ライブラリ「工科のための数理」は科学技術を学び担い進展させようとする人々を対象に，必要とされる数学の基礎と応用についての教科書そして自習書として編まれたものである．

　現代の科学技術は著しい進展を見せるが，その多岐広範な場面において，線形代数や微分積分をはじめとする種々の数学が問題の本質的な記述と解決のためにきわめて重要な役割を果たしている．さらに，現代の科学技術の先端では数学基礎論，代数学，解析学，幾何学，離散数学など現代数学の多種多様な科目が想像を超えた領域で活用されたり，逆に技術の要請から新たな数学の課題が浮かび上がってきたりすることが科学技術と数学とを取り巻く状況の現代的特徴として見られる．このように現在では，「科学技術」と「数学」とが相互に絡みながら発展していく様がますます強くなり，科学技術者にも高度な数学の素養が求められる．

　本ライブラリでは，科学技術を学び進展させるために必要と考えられる数学を「工科への数学」と「工科の中の数学」の2つに大別することとした．

　「工科への数学」では次ページに挙げるように，高校教育と大学教育との橋渡しとしての「初歩からの入門数学」と，高度な工学を学ぶ上で基礎となる数学の伝統的な8科目をえらんだ．これらの数学は工学部の1年次から3年次までの学生を対象にしたものであり，高等学校と大学の工学専門教育の間の橋渡しを担っている．工学基礎科目としての位置づけがなされている「工科への数学」では，従来の数学教科書で往々にして見られる数学理論の厳密性や抽象性の展開はできるだけ避け，その数学理論が構築される所以や道筋を具体的な例題や演習問題を通して学習し，工学の中で数学を利用できる感覚を養うことを目標にしている．

　また「工科の中の数学」では，「工科への数学」などで数学の基礎知識を既に備えた工学部の学部から大学院博士前期課程までのレベルの学生を対象とし，現代科学技術の様々な分野における数学の応用のされかた，または応用されう

る数学の解説を目指す．最適化手法の開発，情報科学，金融工学などを見るまでもなく科学技術の様々な分野における問題解決の要請が数学的な課題を生み出している．発展的な科目としての位置づけがなされている「工科の中の数学」では，それぞれの分野において活用されている数理的な思考と手法の解説を通して科学技術と数学が深く関連し合っている様子を伝え，それぞれの分野でより専門的な数学の応用へと進む契機になることを目標にしている．

　本ライブラリによって読者諸氏が，科学技術全般に数学が浸透し有効に活用されていることを感じるとともに，数学という普遍的な手段を持って，科学技術の新たな地平の開拓に向かう一助となれば，編者としてこれ以上の喜びはない．

2005 年 7 月

編者　足立　俊明
大鏽　史男
吉村　善一

「工科のための数理」書目一覧	
書目群 I （工科への数学）	書目群 II （工科の中の数学）
0　初歩からの 入門数学	A–1　工科のための 確率過程とその応用
1　工科のための 数学序説	A–2　工科のための 応用解析
2　工科のための 線形代数	A–3　工科のための 統計的データ解析
3　工科のための 微分積分	（以下続刊）
4　工科のための 常微分方程式	
5　工科のための 確率・統計	
6　工科のための ベクトル解析	
7　工科のための 偏微分方程式	
8　工科のための 複素解析	

(A: Advanced)

はじめに

　本書は偏微分方程式の入門書で，工科系の主に低学年学生を対象とした教科書である．8章から構成され，第1章から第4章までの前半部分では，微積分学と常微分方程式論の知識のみに基づいた偏微分方程式の解法を紹介し，第5章から第8章までの後半部分ではフーリエ解析とその応用としての偏微分方程式論を展開している．そのために前・後半で重複している箇所もあるが，補完している箇所もある．また，本書をフーリエ解析の教科書としても使用できるように，第4章の1次元ラプラス作用素の固有値問題を除き，後半部分は前半と独立した構成になっている．さらにいえば，第4, 5, 6章の間の関連部分を除いて各章を独立して読むことができるようにまとめた．

　本書では複素関数論の知識を前提としていないが，複素指数関数，オイラーの公式程度は使用している．逆フーリエ変換や逆ラプラス変換において留数計算を使わざるを得ないが，これらを除き複素関数論を使用したときには別の計算方法も紹介している．また常微分方程式論や積分公式からの必要となる結果も，他書を参照せずに済むよう紙面が許す限り解説している．

　第1章の1階偏微分方程式では非線形偏微分方程式も扱う．高度な知識を要求しないとはいえ，第2-4章とは異質の内容で入門書にはふさわしくないかもしれないが，幾何学的な解法に興味をもつ意欲的な学生もいることを期待する．

　第5章のフーリエ級数では，フーリエ級数を1次元ラプラス作用素の固有関数による級数展開と位置づけている．それに伴って第6章のフーリエ級数の偏微分方程式への応用では，まず，『変数分離された2つの未知関数の中でどちらの関数を固有値問題へ帰着させるかは，境界条件の有無から決める』，次に，『与えられた関数をフーリエ級数，フーリエ正弦・余弦級数のいずれに展開させるかは，得られた固有関数から自動的に定まる』，という2点を強調している．

　第7章のフーリエ変換では離散フーリエ変換も紹介する．ただし，フーリエ変換の近似として離散フーリエ変換を取り扱い，主に近似の様子を詳しく調べているために，離散フーリエ変換の計算法について多くは触れていない．

はじめに

　演習問題は可能な限り掲載したが，残念ながら紙面の都合で解答を省略せざるを得なかった．略解ではあるが本書サポートページを参照していただきたい．

　本書をまとめるにあたり様々な書籍を参考にした．偏微分方程式全般については加藤 [4]，Strauss [7]，藤田-池部-犬井-高見 [11], [12]，マイベルク-ファヘンアウア [15]，松村-西原 [16]，望月-トルシン [18] を，フーリエ解析については授業で使用したこともある入江-垣田 [3]，Churchill-Brown [9]，長瀬-齋藤 [10] に加えてマイベルク-ファヘンアウア [14] を参考にしたことをここに記し，感謝の意を表したい．

　本書は 10 年前に短期間でまとめた草稿から出発している．それは独りよがりな理想を求めた，およそ工学部の教科書として使用できるものではない内容であった．それを十分承知しながら，『学生が一体どれだけ理解できているか』という現実との狭間で彷徨しながら書き直しを繰り返した．一時は収束しそうにない状態であったが，授業経験を活かしながら，ここ数年ようやく安定しこのようにまとめるに至った．未だに独りよがりな部分も残っているかもしれないが，読者諸氏にその点をご指摘いただければ幸いである．

　最後に本書完成に長い時間がかかり，関係者皆様にはご迷惑をおかけしたことをおわびし，待ち続けてくださったことを感謝致します．

　2016 年 10 月

岩下　弘一

　演習問題の解答は，サイエンス社・数理工学社のホームページ（http://www.saiensu.co.jp/）の，本書サポートページから入手できます．

目　　次

1　1階偏微分方程式　　1
1.1　偏微分方程式とその例　……………………………………………　2
1.2　1階線形偏微分方程式　……………………………………………　5
　　1.2.1　定数係数1階線形偏微分方程式　…………………………　5
　　1.2.2　変数係数1階線形偏微分方程式　…………………………　8
1.3　1階準線形偏微分方程式　…………………………………………　11
1章の演習問題　…………………………………………………………　18

2　1次元波動方程式　　19
2.1　一般解と初期値問題　………………………………………………　20
　　2.1.1　一　般　解　…………………………………………………　20
　　2.1.2　初期値問題の解　……………………………………………　22
2.2　解の一意性と依存領域・影響領域　………………………………　25
2.3　非斉次方程式の解の表現　…………………………………………　31
2.4　半直線上の初期境界値問題　………………………………………　34
2章の演習問題　…………………………………………………………　40

3　1次元熱伝導方程式　　43
3.1　1次元熱伝導方程式の基本解と初期値問題　………………………　44
　　3.1.1　初期値問題の自己相似解　…………………………………　44
　　3.1.2　初期値問題の解　……………………………………………　47
3.2　ディラックのデルタ関数　…………………………………………　53
3章の演習問題　…………………………………………………………　55

4 2次元ラプラス方程式 　　　　　　　　　　　　　　　　57
- 4.1 2次元ラプラス作用素 ································ 58
- 4.2 1次元ラプラス作用素の固有値問題 ······················ 62
- 4.3 2次元ラプラス作用素の固有値問題 ······················ 68
- 4章の演習問題 ·· 74

5 フーリエ級数 　　　　　　　　　　　　　　　　　　　　75
- 5.1 フーリエの方法 ···································· 76
- 5.2 線形代数からフーリエ級数へ ·························· 79
- 5.3 フーリエ級数 ······································ 85
- 5.4 フーリエ級数の各点収束 ···························· 94
- 5.5 フーリエ級数の一様収束 ···························· 99
- 5章の演習問題 ······································ 109

6 フーリエ級数の偏微分方程式への応用 　　　　　　　111
- 6.1 1次元熱伝導方程式の初期境界値問題 ·················· 112
- 6.2 2次元ラプラス方程式の境界値問題 ···················· 116
  - 6.2.1 円の内部におけるディリクレ境界値問題 ·········· 116
  - 6.2.2 円の内部におけるノイマン境界値問題 ············ 123
  - 6.2.3 矩形の内部における境界値問題 ·················· 125
- 6.3 1次元波動方程式の初期境界値問題 ···················· 130
- 6章の演習問題 ······································ 139

7 フーリエ変換とその応用 　　　　　　　　　　　　　143
- 7.1 フーリエ積分 ······································ 144
- 7.2 フーリエ変換 ······································ 148
- 7.3 フーリエ変換の性質 ································ 158
- 7.4 フーリエ変換と合成積 ······························ 162
- 7.5 デルタ関数 $\delta(x)$ のフーリエ変換 ···················· 166
- 7.6 ポアソンの和公式 ·································· 168
- 7.7 離散フーリエ変換 ·································· 170
- 7.8 偏微分方程式への応用 ······························ 184
  - 7.8.1 熱伝導方程式の初期値問題 ······················ 184
  - 7.8.2 ラプラス方程式の境界値問題 ···················· 190

7.8.3　波動方程式の初期値問題 ……………………………… 192
　7 章の演習問題 ……………………………………………………… 194

8　ラプラス変換　　　　　　　　　　　　　　　　　　　199

　8.1　ラプラス変換 ……………………………………………………… 200
　8.2　ラプラス変換の計算 ……………………………………………… 204
　8.3　逆ラプラス変換の計算 …………………………………………… 211
　8 章の演習問題 ……………………………………………………… 215

参 考 文 献　　　　　　　　　　　　　　　　　　　　　216

索　　引　　　　　　　　　　　　　　　　　　　　　　217

1 1階偏微分方程式

　1階偏微分方程式の基本的な解法として特性曲線の方法を紹介する．第2章で紹介する1次元波動方程式の解を特性曲線の方法のみで構成することもできるが，第2章以降の話は第1章を前提とはしておらず，他の章と独立していると考えていただいて良い．特性曲線の方法とは，偏微分方程式を適当な初期曲線上に初期値を持ち，新たに導入するパラメータを独立変数に持つ常微分方程式系に帰着して解く方法である．この常微分方程式系の解曲線群が平面を覆い，平面上の点と初期値およびパラメータの値が1対1に対応するとき，初期値およびパラメータの値を平面上の点の座標関数として表すことによって解の表示を導く．この方法を線形方程式のみではなく準線形偏微分方程式，特に非粘性バーガーズ方程式に適用することにより，非線形問題の解法の一端を紹介する．

キーワード

1階偏微分方程式　　一般解
特性微分方程式系　　初期曲線　　特性曲線
積分曲面　　基礎特性曲線　　初期値問題
非粘性バーガーズ方程式　　リーマン問題
希薄波　　ランキン-ユゴニオ条件　　衝撃波

1.1 偏微分方程式とその例

偏微分方程式とは，2 つ以上の独立変数とそれらの関数および偏導関数の間に成り立つ関係式のことをいう．独立変数 $x, y, \ldots$ の関数を $u = u(x, y, \ldots)$ とし，u の偏導関数を

$$\frac{\partial u}{\partial x} = u_x, \quad \frac{\partial u}{\partial y} = u_y, \quad \frac{\partial^2 u}{\partial x^2} = u_{xx}, \quad \frac{\partial^2 u}{\partial y \partial x} = u_{xy}, \quad \frac{\partial^2 u}{\partial y^2} = u_{yy}, \ldots$$

と表す．例えば 5 変数関数 $F(x, y, u, v, w)$ に対して関係式

$$F(x, y, u, u_x, u_y) = F(x, y, u(x, y), u_x(x, y), u_y(x, y)) = 0 \qquad (1.1)$$

が成り立つとき，(1.1) は $u(x, y)$ を未知関数とする偏微分方程式である．偏微分方程式に含まれる偏導関数の最高階数を偏微分方程式の**階数**という．方程式 (1.1) は 2 変数の最も一般的な **1 階偏微分方程式**である．ただし本書では単なる（偏）導関数に対しては『階数』の代わりに『次数』を使うことが多い．2 変数の 2 階偏微分方程式の一般形は，8 変数関数 F に対して

$$F(x, y, u, u_x, u_y, u_{xx}, u_{xy}, u_{yy}) = 0$$

で与えられる．関数 $u = u(x, y, \ldots)$ が偏微分方程式の**解**であるとは，変数 $(x, y, \ldots)$ が適当な領域内にあるときに u が偏微分方程式を満たすことをいう．

次に，未知関数 u の偏微分方程式とその解の例を紹介する．通常 2 つの独立変数が平面 $\mathbb{R}^2$ 上の点ならば (x, y)，数直線 $\mathbb{R}$ 上の点と時刻を表す場合には (x, t) の記号を用いる．

例 1.1 実定数 a, b $(a^2 + b^2 \neq 0)$ に対して，次の 1 階偏微分方程式を考える．

$$au_x(x, y) + bu_y(x, y) = 0. \qquad (1.2)$$

任意の C^1 級関数 $f(x)$ に対して

$$u(x, y) = f(bx - ay)$$

は解となり，**一般解**と呼ばれる． □

例 1.2 $t \geq 0$ のとき，**非粘性バーガーズ（Burgers）方程式**を考える．

$$u_t(x, t) + u(x, t)u_x(x, t) = 0. \qquad (1.3)$$

解 $u(x, t)$ は点 x，時刻 t における気体など圧縮性流体の速度を表し，関数 $u(x, t) = \frac{x}{1+t}$ は解の 1 つである． □

例 1.3 正定数 c に対して，2 階偏微分方程式

$$u_{tt}(x,t) - c^2 u_{xx}(x,t) = 0 \tag{1.4}$$

は **1 次元波動方程式**と呼ばれる．長さが無限の弦の振動を考えるとき，$u(x,t)$ は点 x，時刻 t における弦の変位を表す．任意の 2 つの C^2 級関数 $\varphi(x), \psi(x)$ に対して関数

$$u(x,t) = \varphi(x - ct) + \psi(x + ct)$$

は**一般解**と呼ばれる．定数 c は波の伝播速度を表す． □

例 1.4 k を正定数とする．2 階偏微分方程式

$$u_t(x,t) - k u_{xx}(x,t) = 0 \tag{1.5}$$

は **1 次元熱伝導方程式**と呼ばれ，定数 k は熱伝導率を，$u(x,t)$ は点 x，時刻 t における温度分布を表す．関数

$$u(x,t) = \frac{1}{\sqrt{4\pi kt}} \exp\left(-\frac{x^2}{4kt}\right), \quad t > 0$$

は**熱核**または**基本解**と呼ばれる (1.5) の重要な解である．また

$$u_t(x,t) - k u_{xx}(x,t) + u(x,t) u_x(x,t) = 0 \tag{1.6}$$

は**粘性バーガーズ方程式**と呼ばれ，解 $u(x,t)$ は粘性流体の速度を表す． □

例 1.5 2 階偏微分方程式

$$u_{xx}(x,y) + u_{yy}(x,y) = 0 \tag{1.7}$$

は**ラプラス（Laplace）方程式**と呼ばれる．この方程式の解は無数にあるが，関数

$$u(x,y) = \frac{1}{2\pi} \log \sqrt{x^2 + y^2}, \quad (x,y) \neq (0,0)$$

は**基本解**と呼ばれる (1.7) の重要な解である． □

例1.6 正定数 σ, r に対して2階偏微分方程式

$$u_t(x,t) + \frac{1}{2}\sigma^2 x^2 u_{xx}(x,t) + rxu_x(x,t) - ru(x,t) = 0 \tag{1.8}$$

は数理ファイナンスでオプション価格評価の際に現れ，**ブラック-ショールズ** (Black-Scholes) **の微分方程式**として知られている．定数 σ はリスク要因を表すボラティリティ（volatility）係数と呼ばれ，正定数 r は利子率を表す．□

例1.7 虚数単位 $i = \sqrt{-1}$ に対して，量子力学に現れる2階偏微分方程式

$$iu_t(x,t) = -u_{xx}(x,t) + V(x)u(x,t) \tag{1.9}$$

は **1次元シュレディンガー**（Schrödinger）**方程式**と呼ばれる．関数 $u(x,t)$ は空間で x 軸方向のみに運動する粒子のド・ブロイ波を表し，$V(x)$ は力のポテンシャルである．自由粒子 $V(x) = 0$ の場合には波動関数

$$u(x,t) = \frac{1}{\sqrt{4\pi it}} \exp\left(i\frac{x^2}{4t}\right)$$

は**基本解**と呼ばれる．ただし

$$e^{ix} = \cos x + i \sin x$$

は複素指数関数を表す．□

偏微分方程式 (1.2), (1.4), (1.5), (1.7), (1.8), (1.9) のように未知関数 u とその偏導関数について1次式である方程式を**線形**といい，そうでない場合には**非線形**という．(1.3), (1.6) は非線形方程式である．線形偏微分方程式で未知関数とその偏導関数の1次結合の係数が定数であるとき，**定数係数**と呼び，定数でない関数の場合には**変数係数**と呼ぶ．(1.2), (1.4), (1.5), (1.7) は定数係数偏微分方程式であり，(1.8), (1.9) は変数係数偏微分方程式である．非線形偏微分方程式で未知関数の最高階の偏導関数についてのみ1次式になっている場合には**準線形**，準線形でさらに最高階の偏導関数の係数は未知関数を含まないとき**半線形**という．方程式 (1.3) は準線形であり，(1.6) は半線形である．

2次曲線が双曲線，放物線，楕円に分類されたように，詳細は省くが，実係数の2階線形偏微分方程式も双曲型，放物型，楕円型方程式に分類される．本書では，**双曲型**，**放物型**，**楕円型**それぞれを代表する偏微分方程式である波動方程式，熱伝導方程式，ラプラス方程式を中心に扱って行く．

1.2 1階線形偏微分方程式

1.2.1 定数係数1階線形偏微分方程式

$a^2 + b^2 \neq 0$ を満たす実数 a, b に対して次の1階線形偏微分方程式を考える.

$$au_x(x, y) + bu_y(x, y) = 0. \tag{1.10}$$

$a = 0$ の場合には，$u_y(x, y) = 0$ により解は x のみの関数 $u(x, y) = f(x)$ となる．同様に $b = 0$ ならば，解は y のみの関数 $u(x, y) = g(y)$ となる．ここに $f(x), g(y)$ は任意の C^1 級関数に選べる．一般の場合でも，適当な独立変数の変換により方程式 (1.10) を単純な方程式に変形して，解くことができる.

まず，回転と相似拡大の合成である (x, y) から (ξ, η) への変数変換 $\xi = bx - ay$, $\eta = ax + by$ を行い，$u(x, y) = U(\xi, \eta)$ と表す．偏微分の連鎖律（合成関数の微分法）により，u の偏導関数は U の偏導関数を用いて

$$u_x = \frac{\partial U}{\partial \xi}\frac{\partial \xi}{\partial x} + \frac{\partial U}{\partial \eta}\frac{\partial \eta}{\partial x} = bU_\xi + aU_\eta,$$

$$u_y = \frac{\partial U}{\partial \xi}\frac{\partial \xi}{\partial y} + \frac{\partial U}{\partial \eta}\frac{\partial \eta}{\partial y} = -aU_\xi + bU_\eta$$

と表すことができる．これらを (1.10) に代入すれば

$$0 = au_x + bu_y = a(bU_\xi + aU_\eta) + b(-aU_\xi + bU_\eta)$$
$$= (a^2 + b^2)U_\eta$$

を得る．条件 $a^2 + b^2 \neq 0$ から $U_\eta = 0$ となり，解 $u(x, y)$ は

$$u(x, y) = U(\xi, \eta) = f(\xi) = f(bx - ay)$$

と導かれ，**一般解**という．ここに $f(x)$ は任意の C^1 級関数である．1階常微分方程式では『一般解は1つの任意定数を含む』という事実に対して，1階偏微分方程式では『一般解は1つの任意関数を含む』という大きな違いがある．

次に，より一般的な偏微分方程式にも適用できる**特性曲線の方法**を紹介する．方程式 (1.10) は，全微分可能な関数 $u(x, y)$ に対してベクトル $\boldsymbol{v} = (a, b)$ 方向への方向微分係数がゼロであること：$\boldsymbol{v} \cdot \nabla u = 0$ を示している．$\boldsymbol{v}$ を接ベクトルに持つ曲線となる，次の独立変数 s の常微分方程式系の解曲線を考える.

$$\frac{dx(s)}{ds} = a, \quad \frac{dy(s)}{ds} = b. \tag{1.11}$$

ただし,初期条件を $(x(0), y(0)) = (x_0, y_0)$ と置く.この解曲線 C は直線

$$x = x(s) = x_0 + as, \quad y = y(s) = y_0 + bs \tag{1.12}$$

になる.方程式系 (1.11) を (1.10) の**特性微分方程式系**といい,その解曲線 (1.12) を**特性曲線**という.(1.10) の解 $u(x,y)$ は特性曲線上で定数になる.実際に,$U(s) = u(x(s), y(s))$ と置けば連鎖律により

$$\frac{d}{ds}U(s) = \frac{\partial u}{\partial x}(x(s), y(s))\frac{dx(s)}{ds} + \frac{\partial u}{\partial y}(x(s), y(s))\frac{dy(s)}{ds}$$
$$= (au_x + bu_y)(x(s), y(s)) = 0.$$

よってすべての s に対して $U(s) = U(0)$ が成立し,定数になる.$b \neq 0$ ならば,(1.12) により任意の初期値 (x_0, y_0) に対する特性曲線 C は必ず x 軸と交わる.そこで x 軸上で任意の C^1 級関数 $f(x)$ と一致する解 $u(x,y)$, $u(x,0) = f(x)$ を求めよう.このとき x 軸を**初期曲線**と呼ぶ.特性微分方程式系 (1.11) の初期値として初期曲線上の点 $(x_0, 0)$ を選ぶ.xy 平面上の任意の点 (x,y) を通る特性曲線 C はただ 1 本で,(x_0, s) により一意的に表すことができる.実際に,(x,y) が与えられたとき $(x(s), y(s)) = (x, y)$ となるパラメータ s,点 x_0 は

$$s = \frac{y}{b}, \quad x_0 = x - as = \frac{bx - ay}{b}$$

と解ける.解 $u(x,y)$ は特性曲線上で定数であるから次を得る.

$$u(x,y) = u(x(s), y(s)) = u(x_0, 0) = f(x_0) = f\left(\frac{bx - ay}{b}\right). \tag{1.13}$$

すなわち,$u(x,y)$ は $bx - ay$ の任意の関数として表すことができる.

$b = 0$ の場合には,$a \neq 0$ だから y 軸を初期曲線に選べば良い(演習問題 **1.3** 参照).

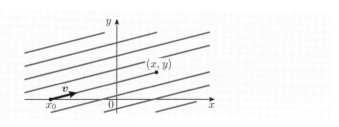

例 1.8 $a^2 + b^2 \neq 0$ を満たす実定数 a, b および実定数 c に対して，1 階偏微分方程式

$$au_x(x,y) + bu_y(x,y) = cu(x,y) \tag{1.14}$$

を考える．$c = 0$ の場合と同様に，(1.14) は (1.12) で与えられる特性曲線 C 上での常微分方程式に書き換えられる．実際に，$U(s) = u(x(s), y(s))$ と置けば

$$\begin{aligned}\frac{d}{ds}U(s) &= \frac{d}{ds}u(x(s), y(s)) \\ &= u_x(x(s), y(s))\frac{dx(s)}{ds} + u_y(x(s), y(s))\frac{dy(s)}{ds} \\ &= (au_x + bu_y)(x(s), y(s)) = cu(x(s), y(s)) = cU(s).\end{aligned}$$

すなわち，$U'(s) = cU(s)$ が成立し，これを解いて $U(s) = U(0)e^{cs}$ を得る．$U(0) = u(x_0, 0)$ だから (1.13) と同様に，解 u は任意の C^1 級関数 $f(x)$ に対して

$$u(x,y) = \widetilde{f}(bx - ay)e^{cy/b}.$$

と与えられる．ただし，$\widetilde{f}(x) = f\left(\frac{x}{b}\right)$ と置いた． □

このように，偏微分方程式を特性曲線上の常微分方程式に書き換えて解く方法を特性曲線の方法という．

例題 1.1

実定数 a, b, c（ただし $a^2 + b^2 \neq 0$），連続関数 $h(x, y)$ に対して非斉次偏微分方程式 $au_x + bu_y = cu + h(x, y)$ の一般解 $u(x, y)$ を求めなさい．

【解答】 (1.12) で与えられる特性曲線 $(x(s), y(s))$ に対して $U(s) = u(x(s), y(s))$ と置けば，例 1.8 と同様にして

$$\frac{d}{ds}U(s) = cU(s) + H(s), \quad H(s) = h(x(s), y(s))$$

を得る．1 階線形非斉次方程式に対する初期値問題の解の公式を用いれば

$$\begin{aligned}U(s) &= e^{cs}\left\{U(0) + \int_0^s e^{-c\tau}H(\tau)\,d\tau\right\} \\ &= e^{cs}\left\{u(x_0, y_0) + \int_0^s e^{-c\tau}h(x_0 + a\tau, y_0 + b\tau)\,d\tau\right\}.\end{aligned}$$

定積分を計算した上で，例えば $b \neq 0$ のとき $y_0 = 0$ と選べば，パラメータは $s = \frac{y}{b}, x_0 = x - \frac{ay}{b}$ と表され，これらを上の最後の等式右辺に代入して解 $u(x, y)$ が求まる． ∎

例 1.9 $x > 0$ における偏微分方程式 $2u_x(x, y) - 3u_y(x, y) = xy$ に初期条件を $u(x, 0) = \log(3x)$ と置いて解こう．初期曲線を $y = 0$ と取り，$x_0 > 0$ に対して特性微分方程式系

$$\frac{dx(s)}{ds} = 2, \quad \frac{dy(s)}{ds} = -3, \quad (x(0), y(0)) = (x_0, 0)$$

を解けば

$$x(s) = x_0 + 2s, \quad y(s) = -3s$$

を得る．$U(s) = u(x(s), y(s))$ と置くと連鎖律により

$$\frac{d}{ds}U(s) = (2u_x - 3u_y)(x(s), y(s)) = x(s)y(s) = -3s(x_0 + 2s)$$

が成り立つ．これを 0 から s まで積分すると

$$U(s) - U(0) = \int_0^s \{-3\tau(x_0 + 2\tau)\}\, d\tau = -\frac{3}{2}x_0 s^2 - 2s^3$$

を得る．$U(0) = u(x_0, 0) = \log(3x_0)$ だから，$U(s)$ は次のようになる．

$$U(s) = \log(3x_0) - \frac{3}{2}x_0 s^2 - 2s^3.$$

右辺に $s = -\frac{y}{3}, x_0 = x - 2s = x + \frac{2y}{3}$ を代入すれば，解は

$$u(x, y) = \log(3x + 2y) - \frac{xy^2}{6} - \frac{y^3}{27}$$

となる． □

1.2.2 変数係数 1 階線形偏微分方程式

実連続関数 $a(x, y), b(x, y), c(x, y)$ を係数とする 1 階線形偏微分方程式

$$a(x, y)u_x(x, y) + b(x, y)u_y(x, y) = c(x, y)u(x, y) \tag{1.15}$$

を考える．ただし，$a(x, y)^2 + b(x, y)^2 > 0$ と仮定する．定数係数の場合と同様に，この偏微分方程式に対する特性微分方程式系は

$$\frac{dx(s)}{ds} = a(x(s), y(s)), \quad \frac{dy(s)}{ds} = b(x(s), y(s)) \tag{1.16}$$

1.2　1階線形偏微分方程式

で与えられる．係数 $a(x,y), b(x,y)$ はさらに C^1 級であるとする．一般論（島倉 [5, p.62, p.67]）により，初期値 $(x(0), y(0)) = (x_0, y_0)$ に対して $|s|$ が小さければ，(1.16) はただ 1 組の C^1 級解 $(x(s), y(s))$ を持つ．また初期値 (x_0, y_0) をパラメータとみなすと，$x(s, x_0, y_0), y(s, x_0, y_0)$ は (x_0, y_0) に関して C^1 級になる．さらに自励系であることから，任意の点 (x, y) を通る特性曲線が存在すればただ 1 本である．$u(x, y)$ が (1.15) の C^1 級の解ならば，$U(s) = u(x(s), y(s))$ と置くと，1.2.1 項と同様にして $U(s)$ は常微分方程式

$$\frac{d}{ds}U(s) = C(s)U(s), \quad C(s) = c(x(s), y(s))$$

を満たす．これを解いて

$$U(s) = U(0)\exp\left(\int_0^s C(\tau)\,d\tau\right) = u(x_0, y_0)\exp\left(\int_0^s C(\tau)\,d\tau\right) \quad (1.17)$$

を得る．いま任意の x_0 に対して $b(x_0, 0) \neq 0$ とする．(1.16) の初期値として $y_0 = 0$ を選ぶと特性曲線 C は x 軸と交わる．x 軸上に任意の C^1 級関数 $f(x)$ を与えて $u(x, 0) = f(x)$ を満たす解 $u(x, y)$ を求める．x, y の x_0, s に関するヤコビアン（またはヤコビ行列式）がゼロではない．

$$\frac{\partial(x,y)}{\partial(x_0,s)} = \begin{vmatrix} \frac{\partial x}{\partial x_0} & \frac{\partial x}{\partial s} \\ \frac{\partial y}{\partial x_0} & \frac{\partial y}{\partial s} \end{vmatrix} \neq 0$$

ならば，逆写像定理（逆関数定理）により逆関数 $x_0 = x_0(x, y), s = s(x, y)$ が存在して一意的に定まる．これらを (1.17) に代入して解 $u(x, y)$ を得る．非斉次項がある場合でも同様に扱うことができる．

例題 1.2

偏微分方程式 $u_x(x, y) + e^y u_y(x, y) = 0$ の一般解を求めなさい．

【解答】 初期条件 $(x(0), y(0)) = (x_0, 0)$ のもとで特性微分方程式系

$$\frac{dx}{ds} = 1, \quad \frac{dy}{ds} = e^y$$

を解けば，$x = x_0 + s, e^{-y} = 1 - s$ を得る．(x_0, s) を (x, y) で表せば

$$s = 1 - e^{-y}, \quad x_0 = x - s = x + e^{-y} - 1$$

だから，$u(x, y) = u(x_0, 0) = f(x + e^{-y} - 1) = \widetilde{f}(x + e^{-y})$ と計算される．■

例題 1.3

1階偏微分方程式 $yu_x(x,y) - xu_y(x,y) = u(x,y)$ を $x \neq 0$ の条件のもとで解きなさい．

【解答】 $x_0 \neq 0$ に対して，対応する特性微分方程式系は次のようになる．

$$\frac{dx}{ds} = y, \quad \frac{dy}{ds} = -x, \quad (x(0), y(0)) = (x_0, 0). \tag{1.18}$$

これを x の単独常微分方程式に直せば

$$\frac{d^2 x}{ds^2} = -x$$

となり，一般解は

$$x(s) = A\cos s + B\sin s, \quad y(s) = -A\sin s + B\cos s$$

で与えられる．初期条件から $A = x_0, B = 0$ となるから

$$x(s) = x_0 \cos s, \quad y(s) = -x_0 \sin s$$

を得る．$U(s) = u(x(s), y(s))$ は常微分方程式 $U'(s) = U(s)$ を満たし，$U(s) = U(0)e^s$ と解ける．ここでヤコビアンは

$$\frac{\partial(x,y)}{\partial(x_0, s)} = \begin{vmatrix} \cos s & -x_0 \sin s \\ -\sin s & -x_0 \cos s \end{vmatrix} = -x_0(\cos^2 s + \sin^2 s) = -x_0 \neq 0$$

を満たすから，逆写像定理により $x = x_0 \cos s, y = -x_0 \sin s$ を解いて (x_0, s) を (x, y) に変数変換できる．実際に次のように具体的に解ける．

$$x_0 = \begin{cases} \sqrt{x^2 + y^2}, & x_0 > 0, \\ -\sqrt{x^2 + y^2}, & x_0 < 0, \end{cases} \quad s = -\arctan \frac{y}{x}.$$

したがって，任意の C^1 級関数 $f(x)$ に対して解 $u(x,y)$ は次のようになる．

$$u(x,y) = u(x_0, 0)e^s$$
$$= f\left(\sqrt{x^2+y^2}\right) \exp\left(-\arctan \frac{y}{x}\right)$$
$$= \widetilde{f}(x^2+y^2) \exp\left(-\arctan \frac{y}{x}\right).$$

ただし，$\widetilde{f}(x) = f(\sqrt{x})$ と置いた． ∎

1.3　1階準線形偏微分方程式

独立変数 x, y，未知関数 $u(x, y)$ の **1 階準線形偏微分方程式**は次の形になる．

$$a(x, y, u)u_x + b(x, y, u)u_y = c(x, y, u). \tag{1.19}$$

ただし，関数 a, b, c は (x, y, u) に関して C^1 級で a, b は同時にゼロとはならない．この方程式の解 $z = u(x, y)$ は (x, y, z) 空間の曲面を表すと考えられ，それを (1.19) の**積分曲面**という．この積分曲面の法線ベクトルの1つは $(-u_x, -u_y, 1)$ であり，(1.19) はベクトル場 (a, b, c) が積分曲面上で法線ベクトルと直交すること，すなわち (a, b, c) は積分曲面の接ベクトルであることを示している．

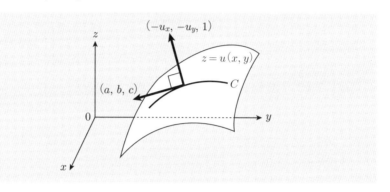

ベクトル場 (a, b, c) を接ベクトルに持つ曲線である**特性曲線** C を考える．特性曲線は次の特性微分方程式系の解曲線である．

$$\frac{dx}{ds} = a(x, y, U), \quad \frac{dy}{ds} = b(x, y, U), \quad \frac{dU}{ds} = c(x, y, U). \tag{1.20}$$

係数 a, b, c に関する条件と常微分方程式系の基本定理により，(1.20) は初期条件 $(x(0), y(0), U(0)) = (x_0, y_0, u_0)$ のもとで適当な範囲の s に対してただ1組の解を持つ．1.2 節の線形の場合とは異なり特性曲線自体を空間曲線として考え，この特性曲線を xy 平面に正射影したものを**特性基礎曲線**と呼ぶ．線形の場合には特性基礎曲線を特性曲線と呼んでいた．これらの特性曲線の1パラメータの群として生成される曲面 $z = u(x, y)$ は1階準線形偏微分方程式 (1.19) の1つの積分曲面であり，すべての積分曲面はこのようにして生成されると考える．

$y_0 = 0$ とし，$b(x_0, 0, u_0) \neq 0$ が常に成り立つような定点 $x = a_0$ の周りに点 x_0 を制限しておく．ただし，$u_0 = u_0(x_0)$ は x_0 の C^1 級関数とする．

第1章 1階偏微分方程式

定理1.1（解の一意存在）

偏微分方程式 (1.19) の解 $u(x,y)$ で**初期条件** $u(x,0) = u_0(x)$ を満たすものは，点 $(a_0, 0)$ の近傍ではただ1つ存在する．

[**証明**] 常微分方程式系 (1.20) のただ1組の解を
$$x = x(x_0, s), \quad y = y(x_0, s), \quad U = U(x_0, s)$$
と表すと，(x_0, s) について C^1 級になる．x, y の x_0, s に関するヤコビアンは，x_0 が a_0 の近傍にあるときには (1.20) および仮定により
$$\left.\frac{\partial(x,y)}{\partial(x_0,s)}\right|_{s=0} = \begin{vmatrix} 1 & a(x_0, 0, u_0) \\ 0 & b(x_0, 0, u_0) \end{vmatrix} = b(x_0, 0, u_0) \neq 0$$
となる．ヤコビアン $\frac{\partial(x,y)}{\partial(x_0,s)}$ は (x_0, s) の連続関数であるから，逆写像定理により $(a_0, 0)$ の近傍で $x = x(x_0, s), y = y(x_0, s)$ は (x_0, s) について一意的に解くことができる．それを $x_0 = x_0(x, y), s = s(x, y)$ と表し
$$u(x, y) = U\bigl(x_0(x,y), s(x,y)\bigr)$$
と置く．$u(x, y)$ が方程式 (1.19) と初期条件を満たすことを確かめる．まず，偏微分の連鎖律と (1.20) により
$$a\bigl(x, y, u(x,y)\bigr) u_x(x, y) + b\bigl(x, y, u(x,y)\bigr) u_y(x, y)$$
$$= a\left(\frac{\partial U}{\partial x_0}\frac{\partial x_0}{\partial x} + \frac{\partial U}{\partial s}\frac{\partial s}{\partial x}\right) + b\left(\frac{\partial U}{\partial x_0}\frac{\partial x_0}{\partial y} + \frac{\partial U}{\partial s}\frac{\partial s}{\partial y}\right)$$
$$= \frac{\partial U}{\partial x_0}\left(a\frac{\partial x_0}{\partial x} + b\frac{\partial x_0}{\partial y}\right) + \frac{\partial U}{\partial s}\left(a\frac{\partial s}{\partial x} + b\frac{\partial s}{\partial y}\right)$$
$$= \frac{\partial U}{\partial x_0}\left(\frac{\partial x_0}{\partial x}\frac{dx}{ds} + \frac{\partial x_0}{\partial y}\frac{dy}{ds}\right) + \frac{\partial U}{\partial s}\left(\frac{\partial s}{\partial x}\frac{dx}{ds} + \frac{\partial s}{\partial y}\frac{dy}{ds}\right)$$
$$= \frac{\partial U}{\partial x_0}\frac{dx_0}{ds} + \frac{\partial U}{\partial s}\frac{ds}{ds} = \frac{dU}{ds} = c(x, y, U) = c\bigl(x, y, u(x,y)\bigr)$$
と $u(x, y)$ は (1.19) の解になる．一方，等式
$$u(x, 0) = U(x_0(x, 0), s(x, 0)) = U(x, 0) = u_0(x)$$
により初期条件が満たされる．一意性の証明は省略する． ∎

1.3 1階準線形偏微分方程式

例題 1.4

次の 1 階半線形偏微分方程式の**初期値問題**を解きなさい．ただし，$f(x)$ は恒等的にゼロではない C^1 級関数とする．

$$u_x(x,y) + u_y(x,y) + u(x,y)^2 = 0, \quad u(x,0) = f(x).$$

【解答】 対応する特性微分方程式系

$$\frac{dx}{ds} = 1, \quad \frac{dy}{ds} = 1, \quad \frac{dU}{ds} = -U^2$$

を初期条件 $\bigl(x(x_0,0), y(x_0,0), U(x_0,0)\bigr) = \bigl(x_0, 0, f(x_0)\bigr)$ で解くと

$$x(x_0, s) = x_0 + s, \quad y(x_0, s) = s, \quad \frac{1}{U(x_0, s)} = s + \frac{1}{f(x_0)}$$

を得る．$x = x(x_0, s), y = y(x_0, s)$ を (x_0, s) について解けば $s = y, x_0 = x - y$ であるから，次のように解 $u(x,y)$ が導かれる．

$$u(x,y) = U(x-y, y) = \frac{f(x-y)}{1 + yf(x-y)}$$

以上の計算から，1 階半線形偏微分方程式は線形と同様に<u>本質的には特性基礎曲線を考えれば良い</u>ことがわかる（演習問題 **1.13**）． ∎

1 階準線形偏微分方程式の**非粘性バーガーズ方程式**の初期値問題を考える．

$$\begin{cases} u_t(x,t) + u(x,t)u_x(x,t) = 0, & x \in \mathbb{R}, t > 0, \\ u(x,0) = f(x), & x \in \mathbb{R}. \end{cases} \tag{1.21}$$

$u(x,t)$ は例えば気体粒子の点 x，時刻 t における x 軸に沿った流速を表す．

例題 1.5 ────────────────── **解の大域的存在**

関数 $f(x)$ は C^1 級で，$f'(x) \geq 0$ とする．このとき初期値問題 (1.21) はすべての $t > 0$ に対してただ 1 つの解 $u(x,t)$ を持ち，$u(x,t) = f\bigl(x - u(x,t)t\bigr)$ と陰関数表示できることを導きなさい．

【解答】 (1.21) に対する特性微分方程式系は

$$\frac{dt}{ds} = 1, \quad \frac{dx}{ds} = U, \quad \frac{dU}{ds} = 0 \tag{1.22}$$

であり,これらを初期条件
$$\left(x(x_0,s),\,t(x_0,s),\,U(x_0,s)\right)\big|_{s=0} = (x_0,\,0,\,f(x_0))$$
で解く.(1.22) の第 1 式から $s=t$ となり,次に第 3 式から $U(x_0,s)$ は特性基礎曲線上で定数になる.よって $U(x_0,s) = U(x_0,0) = f(x_0)$ だから,(1.21) により
$$x(s) = x_0 + f(x_0)s$$
が得られる.(x,t) の (x_0,s) に関するヤコビアンを計算すると
$$\frac{\partial(x,t)}{\partial(x_0,s)} = \begin{vmatrix} 1+f'(x_0)s & f(x_0) \\ 0 & 1 \end{vmatrix} = 1+f'(x_0)s$$
となる.仮定 $f'(x) \geq 0$ によってヤコビアンは常に正になり,(x_0,s) は (x,t) の関数として一意的に表せる.$s=t,\,x_0 = x - f(x_0)s = x - u(x,t)t$ に注意すれば求める結果を得る.■

例題 1.5 において $f(x) = x$ と選べば,$u(x,t) = x - u(x,t)t$ から **例 1.2** で紹介した解
$$u(x,t) = \frac{x}{1+t}$$
が導かれる.$f'(x) < 0$ となる点 x があるときには,ある時刻 t に到達すると解 $u(x,t)$ が発散する**爆発**と呼ばれる場合と,爆発はしないが多価関数になる場合とがある.初期関数が $u(x,0) = \sin x$ の場合には $t=1$ を越えると $u(x,t)$ は x の 3 価関数になる.そのグラフを示しておく.

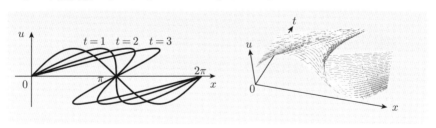

初期関数が連続でさえない,**リーマン**(Riemann)**問題**と呼ばれる物理的な問題を考える.例えば,1 次元近似できる無限に長い管に異なる流体が仕切りを境に満たされていて,時刻ゼロで瞬時に仕切りを取り除いてその後の流体の流れを調べる問題と解釈できる.

例題 1.6 ━━━━━━━━━━━━━━━━━ リーマン問題 (1) ━

初期関数 $f(x)$ を次のように選ぶとき初期値問題 (1.21) を解きなさい．

$$f(x) = \begin{cases} u_\ell, & x < 0, \\ u_r, & x > 0. \end{cases} \tag{1.23}$$

ただし u_ℓ, u_r は定数で，次を満たすとする．

$$0 \leq u_\ell < u_r. \tag{1.24}$$

【解答】 (1.22) により時刻 t をパラメータ s に取る．(1.23) から特性基礎曲線は，$x_0 < 0$ に対して $x(t) = x_0 + u_\ell t$，$x_0 > 0$ に対して $x(t) = x_0 + u_r t$ となる．(1.24) からすべての特性基礎曲線は互いに交わることはない（下図参照）．

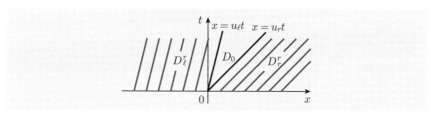

xt 平面上の 2 つの領域 D_ℓ^r, D_r^r およびその上の関数 $u^r(x,t)$ を

$$u^r(x,t) = \begin{cases} u_\ell, & (x,t) \in D_\ell^r = \{(x,t) \mid x < u_\ell t,\ t > 0\}, \\ u_r, & (x,t) \in D_r^r = \{(x,t) \mid x > u_r t,\ t > 0\} \end{cases} \tag{1.25}$$

と定義すれば，$u^r(x,t)$ は $D_\ell^r \cup D_r^r$ 上でリーマン問題の解となる．

一方，狭間の領域 $D_0 = \left\{ u_\ell < \frac{x}{t} < u_r,\ t > 0 \right\}$ では特性曲線の方法から直接解を定義することはできないが，$f(0)$ として u_ℓ と u_r の間の任意の値 c を与えて考える．このとき特性基礎曲線群 $\{(ct,t) \mid u_\ell < c < u_r,\ t > 0\}$ は D_0 を埋め尽くす．$x = ct$ 上では $u(x,t) = c$ と置く，すなわち

$$u^r(x,t) = \frac{x}{t}, \quad (x,t) \in D_0 \tag{1.26}$$

と置けば $u^r(x,t)$ は D_0 において C^1 級で方程式 (1.21) を満たす．(1.25) と (1.26) で定義した $u^r(x,t)$ は，$t > 0$ では連続，D_0 の境界を除いて C^1 級で (1.21) の解になり，2 つの定数波 u_ℓ と u_r とを結ぶ**稀薄波**または**膨張波**と呼ばれる． ∎

例題 1.7 ───────────────── リーマン問題 (2)

リーマン問題 (1.21), (1.23) を次の条件のもとで解きなさい．

$$0 \leq u_r < u_\ell \tag{1.27}$$

【解答】 例題 1.6 とは異なり，条件 (1.27) から特性基礎曲線が互いに重なる領域

$$D^* = \{u_r t < x < u_\ell t,\ t > 0\}$$

が現れる．

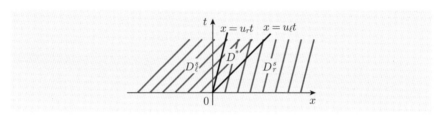

特性曲線の方法によれば D^* では $u(x,t)$ は 2 価関数になる．この領域 D^* の外では $u^s(x,t)$ を

$$u^s(x,t) = \begin{cases} u_\ell, & (x,t) \in D_\ell^s = \{x < u_r t,\ t > 0\}, \\ u_r, & (x,t) \in D_r^s = \{x > u_\ell t,\ t > 0\} \end{cases} \tag{1.28}$$

と定義すれば，$u^s(x,t)$ は $D_\ell^s \cup D_r^s$ 上では (1.21) の解になる．一方，D^* 内で接線が x 軸に平行でない適当な C^1 級曲線

$$\Gamma = \{(X(t), t) \mid t > 0\}$$

を見つけ

$$u^s(x,t) = \begin{cases} u_\ell, & (x,t) \in D_\ell^* = D^* \cap \{x < X(t),\ t > 0\}, \\ u_r, & (x,t) \in D_r^* = D^* \cap \{x > X(t),\ t > 0\} \end{cases} \tag{1.29}$$

と定義して u^s が物理学的に望ましい解になるようにする．数学では**弱解**と呼ばれるこの解 u は，C^1 級の解であれば常に満たす等式（運動量保存則）：$x_1 < x_2$ に対して

$$\frac{d}{dt}\int_{x_1}^{x_2} u(x,t)\,dx + \frac{1}{2}\{u(x_2,t)^2 - u(x_1,t)^2\} = 0 \tag{1.30}$$

1.3　1階準線形偏微分方程式

を満たし，さらに極限 $u^s(X(t)\pm 0, t) = \lim_{x\to X(t)\pm 0} u^s(x,t)$ の存在を仮定する．$(x_\ell, t) \in D_\ell^*, (x_r, t) \in D_r^*$ である任意の x_ℓ, x_r に対して，等式 (1.30) により

$$\frac{1}{2}\{u^s(x_\ell,t)^2 - u^s(x_r,t)^2\} = \frac{d}{dt}\int_{x_\ell}^{X(t)} u^s(x,t)\,dx + \frac{d}{dt}\int_{X(t)}^{x_r} u^s(x,t)\,dx$$
$$= \{u^s(X(t)-0,t) - u^s(X(t)+0,t)\}X'(t)$$
$$+ \int_{x_\ell}^{X(t)} u_t^s(x,t)\,dx + \int_{X(t)}^{x_r} u_t^s(x,t)\,dx$$

を得る（第 2 章演習問題 **2.13** 参照）．ここで極限 $x_\ell \to X(t)-0, x_r \to X(t)+0$ を取ると，$u_t^s(x,t)$ が $D_\ell^* \cup D_r^*$ で有界ならば最後の等式右辺の積分はゼロとなり，等式

$$\{u^s(X(t)-0,t) - u^s(X(t)+0,t)\}X'(t)$$
$$= \frac{1}{2}\{u^s(X(t)-0,t)^2 - u^s(X(t)+0,t)^2\}$$

を得る．これを**ランキン-ユゴニオ**（Rankine-Hugoniot）**条件**という．

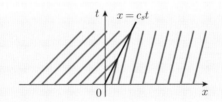

(1.29) で定義される解 u^s に対して，$u^s(X(t)+0,t) = u_r, u^s(X(t)-0,t) = u_\ell$ を代入して計算すれば，曲線の接線の傾きは

$$X'(t) = c_s \equiv \frac{u_r + u_\ell}{2}$$

で与えられる．すなわち，境界曲線 Γ は直線で，$\Gamma : x = c_s t$ ($t > 0$) と導かれた．(1.28), (1.29) で定義される不連続解 u^s は**衝撃波**と呼ばれる．$u_\ell < u_r$ の場合にも u^s は**稀薄衝撃波**と呼ばれる解となるが，この場合には物理学的に意味がなく，解の不連続性はエントロピー条件 $u_r < c_s < u_\ell$ を満たすときのみ許されるとされている．以上の衝撃波周辺の詳細は松村-西原[16] を参照しなさい． ∎

1章の演習問題

1.1 正定数 c に対して $cu_x - u_t = 0$ を条件 $u(x,0) = \sin x$ で解きなさい．

1.2 正定数 c，C^1 級関数 $h(x,t)$ に対して $cu_x + u_t = h(x,t)$ を条件 $u(x,0) = f(x)$ で，(1) 変数変換 $\xi = x - ct, \tau = x + ct$ による方法，(2) 特性曲線の方法，とそれぞれの方法で解きなさい．

1.3 $u_x + u_y = u$ を (1) $u(x,0) = f(x)$, (2) $u(0,y) = g(y)$，とそれぞれの条件で解き，2つの解を比較しなさい．

1.4 $u_x - 2u_y = \cos(x+y)$ を条件 $u(0,y) = y$ で解きなさい．

1.5 $u_x + 2u_y = \log\{1 + (2x-y)^2\}$ を条件 $u(0,y) = e^y$ で解きなさい．

1.6 $2u_x + u_y + u = \sin(x+y)$ を条件 $u(x,0) = f(x)$ で解きなさい．

1.7 $2u_x - u_y + u = xe^y$ を条件 $u(x,0) = x$ で解きなさい．

1.8 $u_x + u_y - 2u = y^2 e^x$ を条件 $u(0,y) = -2(y+1)$ で解きなさい．

1.9 $xu_x + u_y = 0$ を条件 $u(x,0) = x^2 + 1$ で解きなさい．

1.10 $xu_x + yu_y = 0$ を条件 $u(1,y) = g(y)$ で解きなさい．またそれを用いて $xu_x + yu_y = u$ を解きなさい．

1.11 $xu_x + yu_y = \sqrt{x^2 + y^2}$ を条件 $u(1,y) = \sqrt{1+y^2}$ で解きなさい．

1.12 $u_x + (y - x^2)u_y = 0$ を条件 $u(0,y) = g(y)$ で解きなさい．

1.13 1階半線形偏微分方程式は線形と同様に扱えることを説明しなさい．

1.14 $3u_x + u_y + 2xye^u = 0$ を条件 $u(x,0) = f(x)$ で解きなさい．

1.15 $u_x + u_y - yu + y^3 u^2 = 0$ を条件 $u(x,0) = f(x)$ で解きなさい．

1.16 $u_x + (1+u)u_y + u = 0$ を条件 $u(0,y) = y$ で解きなさい．

1.17 $u_x + (\log u)u_y + u = 0$ を条件 $u(0,y) = e^y$ で解きなさい

1.18 (1.21) を初期条件 $u(x,0) = x^2$ で解きなさい．

1.19 (1.21) の C^1 級解 $u(x,t)$ に対して (1.30) が成り立つことを示しなさい．

1.20 消散項 cu を持つ非粘性バーガーズ方程式

$$u_t + uu_x + cu = 0 \quad (c > 0)$$

の初期値問題 $u(x,0) = f(x)$ に対し，すべての $t \geq 0$ に対して解 $u(x,t)$ が存在するための C^1 級関数 $f(x)$ に関する十分条件を求めなさい．また，$f(x) = x$ のときに解 $u(x,t)$ を求めなさい．

2 1次元波動方程式

この章では2階線形の代表的な偏微分方程式の1つである1次元波動方程式を取り扱う．方程式の物理的な意味は藤田-池部-犬井-高見 [11, 第5章] が詳しい．偏微分方程式自体は2階であるが，実質的に2つの1階偏微分方程式に分解でき，それぞれの解である右に進む波と左に進む波との重ね合わせとして一般解を構成できる．解の性質を理解することも込めて第1章で紹介した特性曲線の方法が波動方程式に最も適した解法であるが，より単純な変数変換の方法を主に扱う．この一般解を用いて初期値問題を中心に，解の折返しを行って半直線上の初期境界値問題も扱う．解が波の重ね合わせで表示されることに注意すると，境界があれば反射する（波を折り返す）ことを考慮して行けば良い．高校の物理で出てくる『自由端による反射』，『固定端による反射』も数学的に説明される．有限区間の問題でも同様に扱うことはできるが，具体的な関数による解の表示を含めて第6章のフーリエ級数を用いた方法の方が理解しやすい．

キーワード

波動方程式　一般解　重ね合わせ
特性曲線　初期値問題
ダランベールの公式　エネルギー
全エネルギー保存則　有限伝播性
依存領域　影響領域　ディリクレ境界条件
ノイマン境界条件　初期境界値問題
整合条件　反射の方法

2.1 一般解と初期値問題

2.1.1 一般解

正定数 c に対して,次の 1 次元波動方程式を考える.

$$u_{tt}(x,t) - c^2 u_{xx}(x,t) = 0, \quad x, t \in \mathbb{R}. \tag{2.1}$$

長さが無限の弦の振動を考えれば,点 x,時刻 t における弦の変位 $u(x,t)$ は (2.1) を満たす.1.2.1 項と同様にまず変数変換による解法を紹介する.解 $u(x,t)$ というとき,(x,t) の C^2 級関数のみを考える.偏微分の順序交換 $u_{tx} = u_{xt}$ を行うと,2 階線形偏微分方程式 (2.1) は本質的には 1 階偏微分方程式に分解できる.

$$u_{tt}(x,t) - c^2 u_{xx}(x,t) = \left(\frac{\partial}{\partial t} + c\frac{\partial}{\partial x}\right)\left\{\left(\frac{\partial}{\partial t} - c\frac{\partial}{\partial x}\right) u(x,t)\right\} = 0. \tag{2.2}$$

この形から (x,t) に対して新たな独立変数 (ξ, τ) を次のように選ぶ.

$$\xi = x - ct, \quad \tau = x + ct.$$

$u(x,t) = U(\xi, \tau)$ と置けば偏微分の連鎖律(合成関数の微分法)により

$$\begin{aligned}
u_t &= \frac{\partial U}{\partial \xi}\frac{\partial \xi}{\partial t} + \frac{\partial U}{\partial \tau}\frac{\partial \tau}{\partial t} \\
&= (-c)U_\xi + cU_\tau = c(-U_\xi + U_\tau), \\
u_x &= \frac{\partial U}{\partial \xi}\frac{\partial \xi}{\partial x} + \frac{\partial U}{\partial \tau}\frac{\partial \tau}{\partial x} = U_\xi + U_\tau.
\end{aligned}$$

この関係式をもう 1 度使って (2.1) を (ξ, τ) の偏微分方程式に書き換える.

$$\begin{aligned}
u_{tt} - c^2 u_{xx} &= (u_t)_t - c^2(u_x)_x \\
&= c\{-(u_t)_\xi + (u_t)_\tau\} - c^2\{(u_x)_\xi + (u_x)_\tau\} \\
&= c\left[-\{c(-U_\xi + U_\tau)\}_\xi + \{c(-U_\xi + U_\tau)\}_\tau\right] \\
&\quad - c^2\left\{(U_\xi + U_\tau)_\xi + (U_\xi + U_\tau)_\tau\right\} \\
&= c^2\left\{(U_{\xi\xi} - U_{\tau\xi} - U_{\xi\tau} + U_{\tau\tau}) - (U_{\xi\xi} + U_{\tau\xi} + U_{\xi\tau} + U_{\tau\tau})\right\} \\
&= -2c^2(U_{\tau\xi} + U_{\xi\tau}).
\end{aligned}$$

2.1 一般解と初期値問題

ここで $u(x,t) = U(\xi,\tau)$ だから u，よって U が C^2 級であると仮定して偏微分の順序を交換すれば，$u_{tt} - c^2 u_{xx} = -4c^2 U_{\xi\tau}$ を得る．$-4c^2$ で両辺を割ると方程式 (2.1) は

$$U_{\xi\tau} = 0 \tag{2.3}$$

となる．(2.3) の両辺を τ 変数で積分すると，任意の C^1 級関数 $\phi(\xi)$ に対して $U_\xi = \phi(\xi)$ を得る．実際に，1 変数関数の場合には τ の微分がゼロならば積分した関数は任意定数となるが，2 変数関数を考えるとき ξ 変数の関数は τ 変数から見れば定数だから，任意定数は ξ の任意の関数 $\phi(\xi)$ となる．さらに ξ 変数で積分すると，ξ 変数から見れば定数である τ の任意の関数 $\psi(\tau)$ に対して

$$U = \varphi(\xi) + \psi(\tau), \quad \varphi(\xi) = \int \phi(\xi)\,d\xi$$

が従う．変数を (ξ,τ) から (x,t) へ戻して次の結果を得る．

命題 2.1（1 次元波動方程式の一般解）

(2.1) の**一般解** $u(x,t)$ は任意の 1 変数 C^2 級関数 φ, ψ に対して

$$u(x,t) = \varphi(x - ct) + \psi(x + ct) \tag{2.4}$$

と与えられる．すなわち解は，速さ c で右に進む**右進行波解** $\varphi(x-ct)$ と速さ c で左に進む**左進行波解** $\psi(x+ct)$ の和の**重ね合わせ**になる．

第 1 章で紹介した特性曲線の考え方を用いて (2.4) を導いておく．$v = u_t - cu_x$ と置けば等式 (2.2) から次の 2 つの定数係数 1 階線形偏微分方程式

$$cv_x(x,t) + v_t(x,t) = 0, \tag{2.5}$$

$$-cu_x(x,t) + u_t(x,t) = v(x,t) \tag{2.6}$$

が導かれ，これを (2.5) から順番に解けば良い．(2.5) については 1.2 節の結果により任意の C^1 級関数 ϕ に対して $v(x,t) = \phi(x-ct)$ を得る．(2.6) を例題 1.1 と同様に解く．特性微分方程式系 $\frac{dx}{ds} = -c, \frac{dt}{ds} = 1$ を初期条件 $(x(0), t(0)) = (x_0, 0)$ で解けば $t = s$，よって $x(t) = x_0 - ct$ となる．(2.6) は次のように書き換えられる．

$$\frac{d}{dt} u\big(x(t), t\big) = \phi\big(x(t) - ct\big).$$

両辺の変数 t を τ に置き換え τ について 0 から t まで積分し,積分変数を s と置換すれば

$$u(x(t),t) - u(x_0,0) = \int_0^t \phi(x(\tau)-c\tau)\,d\tau = \int_0^t \phi(x_0-2c\tau)\,d\tau$$

$$= -\frac{1}{2c}\int_{x_0}^{x_0-2ct} \phi(s)\,ds = \varphi(x_0-2ct) - \varphi(x_0)$$

を得る.ここに $\varphi(y) = -\dfrac{1}{2c}\displaystyle\int_0^y \phi(s)\,ds$ と置いた.すなわち

$$u(x(t),t) = \varphi(x_0-2ct) + u(x_0,0) - \varphi(x_0).$$

$x = x(t)$ と取れば $x_0 = x+ct$ と解くことができるので,任意の C^2 級関数 ψ に対して $u(x_0,0) = \varphi(x_0) + \psi(x_0)$ と置いて再び (2.4) を得る.

1 階偏微分方程式 $u_t(x,t) \pm cu_x(x,t) = 0$ のそれぞれの特性曲線である直線 $x \mp ct =$ 定数 を,2 つ合わせて波動方程式 (2.1) の**特性曲線**という(この場合は特性直線でも良い).解の形 (2.4) から関数 $\varphi(x), \psi(x)$ の性質が時刻 t とともにこの特性曲線に沿って伝わることがわかる.

2.1.2 初期値問題の解

$t>0$ に対する偏微分方程式 (2.1) の解 $u(x,t)$ の中で,**初期条件**

$$u(x,0) = f(x), \quad u_t(x,0) = g(x) \tag{2.7}$$

を満たすものを考える.長さが無限の弦の振動を例に取れば,(2.7) は時刻 0 における弦の初期変位を $f(x)$ と,振動の初期速度を $g(x)$ と規定している.

命題 2.2(ダランベールの公式)

任意の C^2 級関数 $f(x)$ および C^1 級関数 $g(x)$ に対して

$$u(x,t) = \frac{f(x-ct)+f(x+ct)}{2} + \frac{1}{2c}\int_{x-ct}^{x+ct} g(s)\,ds \tag{2.8}$$

は**初期値問題** (2.1), (2.7) の解になり,**ダランベール(d'Alembert)の公式**と呼ばれる.(2.8) の $u(x,t)$ は $t<0$ に対しても (2.1) の解になっている.

2.1 一般解と初期値問題

[証明] 常微分方程式の初期値問題では，一般解に含まれる任意定数を初期条件を満たすように選べば解を構成できた．それと同様に一般解 (2.4) が初期条件 (2.7) を満たすように関数 φ, ψ を選べば良い．条件 $u(x,0) = f(x)$ から等式

$$\varphi(x) + \psi(x) = f(x) \tag{2.9}$$

を，条件 $u_t(x,0) = g(x)$ から等式 $-c\varphi'(x) + c\psi'(x) = g(x)$ を得る．後者の等式の両辺を 0 から x まで積分して

$$-\varphi(x) + \psi(x) = \frac{1}{c}G(x) \tag{2.10}$$

を得る．ただし，$G(x) = \int_0^x g(y)\,dy + C$, $C = -c\varphi(0) + c\psi(0)$ と置いた．未知関数 φ, ψ に対する連立 1 次方程式 (2.9), (2.10) を解けば

$$\varphi(x) = \frac{f(x)}{2} - \frac{1}{2c}G(x), \quad \psi(x) = \frac{f(x)}{2} + \frac{1}{2c}G(x).$$

和を取れば $G(x)$ 内の任意定数 C は消え，公式 (2.8) が導かれる． ■

例2.1 簡単のために (2.8) で $c = 1$ とする．初期速度について $g(x) = 0$ とし，初期変位 $f(x)$ を次のように与える．

$$f(x) = \begin{cases} 1 - |x-4|, & |x-4| \le 1, \\ 0, & |x-4| > 1. \end{cases}$$

このとき，$z = u(x,t)$ の xt 平面上のグラフは次のようになる．この問題は，長

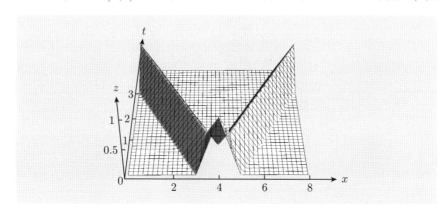

さが無限の弦を一定区間 [3, 5] の両端点を押さえたまま中央を持ち上げて，時刻 $t=0$ で瞬時にすべてを解放したときの弦の振動の様子を表す．時刻 $t=1$ で波の高さが $\frac{1}{2}$ で互いに同形な 2 つの波に分離し，形を保ったままそれぞれ反対方向に進んで行く様子がわかる．ただし，例2.1 および次の 例2.2 でも初期関数の微分可能性がないために，$u(x,t)$ は厳密な意味での解ではないことを注意しておく． □

例2.2 簡単のためにダランベールの公式 (2.8) で $c=1$ とする．初期変位について
$$f(x) = 0$$
とし，初期速度 $g(x)$ を次のように与える．
$$g(x) = \begin{cases} 1, & |x-4| \leq 1, \\ 0, & |x-4| > 1. \end{cases}$$
このとき (2.8) により
$$u(x,t) = \frac{1}{2}\{共通部分 [x-t, x+t] \cap [3,5] \text{ の長さ}\}$$
と与えられ，$z = u(x,t)$ の時間を追ったグラフは次のようになる．

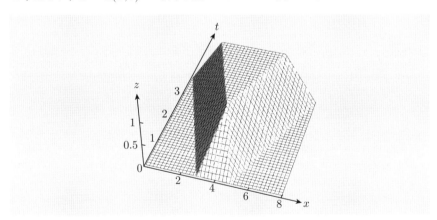

時刻 $t > 3$ に対しては，$t=3$ のときの台形の斜辺を時刻とともに両側に平行移動したものが $z = u(x,t)$ のグラフになる． □

2.2 解の一意性と依存領域・影響領域

2.1 節で導いたダランベールの公式 (2.8) と 例2.1 , 例2.2 から波動方程式の解の性質，例えば波は速さ c で伝播することなどがわかる．しかし (2.8) で表すことができない解があれば，異なる性質を持つ可能性もある．そこでこの節では公式 (2.8) を使わずに，C^2 級解の性質，一意性を導く．

まず，今後たびたび用いる**グリーン（Green）の定理**を復習する．線積分の定義の復習から始める．パラメータ s で表示され，始点 $(x(a), y(a))$ から終点 $(x(b), y(b))$ への向きを持つ C^1 級曲線 $C : (x, y) = (x(s), y(s))$, $s : a \to b$ を考える．関数 $f(x, y)$ が C 上で連続であるとき，f の C 上の 2 つの線積分を

$$\int_C f(x,y)\,dx = \int_a^b f(x(s), y(s))\, x'(s)\, ds,$$

$$\int_C f(x,y)\,dy = \int_a^b f(x(s), y(s))\, y'(s)\, ds$$

と定義する．曲線のパラメータ表示は様々あるが，線積分の値は曲線の表示の仕方にはよらない．また，C 上で連続なもう 1 つの関数 $g(x, y)$ に対して

$$\int_C f\,dx + g\,dy = \int_a^b \left\{ f(x(s), y(s)) x'(s) + g(x(s), y(s)) y'(s) \right\} ds$$

$$= \int_C f\,dx + \int_C g\,dy$$

と $f\,dx + g\,dy$ の C 上の線積分を定義する．

有界閉領域 $D \subset \mathbb{R}^2$ に対して，その境界 $\partial D \subset D$ は区分的に C^1 級で領域の内部を左手に見て進む方向に向き付けされているとする．これを ∂D は**正の向き**に向き付けされているという．

定理 2.1（グリーンの定理）

関数 $f(x, y), g(x, y)$ は D 上で C^1 級とする．このとき次の等式が成り立つ．

$$\int_{\partial D} f\,dx + g\,dy = \iint_D \left\{ \frac{\partial g}{\partial x}(x, y) - \frac{\partial f}{\partial y}(x, y) \right\} dxdy.$$

[証明] 線積分の計算の復習も兼ねて証明しておく．次の 2 つの等式を各々示せば良い．

(i) $\iint_D \dfrac{\partial f}{\partial y}\, dxdy = -\int_{\partial D} f\, dx,$

(ii) $\iint_D \dfrac{\partial g}{\partial x}\, dxdy = \int_{\partial D} g\, dy.$

(i) のみ示す．必要ならば閉領域 D を縦線集合に分割し，分割した個々の領域に対して (i) の等式を示せば良い．なぜならば，すべて合わせれば本来の境界 ∂D 以外の部分の線積分は互いに相殺して消えるからである．D を

$$D = \{(x,y)\,|\,a \leq x \leq b,\ \varphi(x) \leq y \leq \psi(x)\}$$

と縦線集合に表し2重積分を累次積分に直せば，y 変数については積分できて

$$\iint_D \frac{\partial f}{\partial y}(x,y)\,dxdy = \int_a^b dx \int_{\varphi(x)}^{\psi(x)} \frac{\partial f}{\partial y}(x,y)\,dy$$
$$= \int_a^b \{f(x,\psi(x)) - f(x,\varphi(x))\}\,dx$$
$$= -\left\{\int_a^b f(x,\varphi(x))\,dx + \int_b^a f(x,\psi(x))\,dx\right\}. \quad (2.11)$$

ここで ∂D を $C_1 + L_1 + C_2 + L_2$ と分解し，次のようにパラメータ表示する．

$C_1 : (x,y) = (s, \varphi(s)),\ s : a \to b,$

$L_1 : (x,y) = (b, s),\ s : \varphi(b) \to \psi(b),$

$C_2 : (x,y) = (s, \psi(s)),\ s : b \to a,$

$L_2 : (x,y) = (a, s),\ s : \psi(a) \to \varphi(a).$

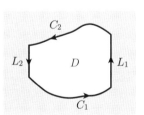

L_1, L_2 上では $x'(s) = 0$ であるから

$$\int_{L_1} f\,dx = 0,$$
$$\int_{L_2} f\,dx = 0$$

となる．また (2.11) の最後の等式右辺の括弧内の第1項の積分は $\int_{C_1} f\,dx$ と一致し，第2項の積分は $\int_{C_2} f\,dx$ に一致する．よって (i) が導かれた．

(ii) については D を横線集合に分割して計算すれば良い． ∎

2.2 解の一意性と依存領域・影響領域

解の性質を調べる. 1 次元波動方程式 (2.1) の解 $u(x,t)$, 閉区間 I に対して定義される値

$$E(t;I) \equiv E\bigl(u(\cdot,t);I\bigr)$$
$$= \frac{1}{2}\int_I \{u_t(x,t)^2 + c^2 u_x(x,t)^2\}\,dx$$

を u の区間 I 上の**エネルギー**と呼ぶ. 定義から常に $E(t;I) \geq 0$ が成り立つ. 積分の第 1 項の部分は運動エネルギーを, 第 2 項の部分は位置エネルギーを表す.

補題 2.1（エネルギー不等式）

任意の $\tau > 0$, 有限閉区間 $I = [a,b]$ に対して $I_\tau = [a - c\tau, b + c\tau]$ と置くとき, (2.1) の解 $u(x,t)$ に対して次の**エネルギー不等式**が成り立つ.

$$E(\tau;I) \leq E(0;I_\tau). \tag{2.12}$$

[**証明**] xt 平面上の次のような 4 点 A, P, Q, B で囲まれた閉領域を D と置く.

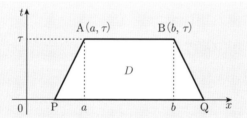

ただし, P$(a-c\tau,0)$, Q$(b+c\tau,0)$ とする. 方程式 $u_{tt} - c^2 u_{xx} = 0$ に $-2u_t$ をかけ, $u_{xt} = u_{tx}$ を用いて整理すると

$$0 = -2u_t(u_{tt} - c^2 u_{xx}) = \bigl(2c^2 u_x u_t\bigr)_x - \bigl\{(u_t)^2 + c^2 (u_x)^2\bigr\}_t.$$

この等式の両辺を D 上で 2 重積分し, グリーンの定理を適用すれば

$$0 = \iint_D \bigl[\bigl(2c^2 u_x u_t\bigr)_x - \bigl\{(u_t)^2 + c^2 (u_x)^2\bigr\}_t\bigr]\,dxdt$$
$$= \int_{\partial D} \bigl(u_t^2 + c^2 u_x^2\bigr)\,dx + 2c^2 u_x u_t\,dt$$
$$= \int_{\partial D} \omega.$$

ただし
$$\omega = \left(u_t^2 + c^2 u_x^2\right) dx + 2c^2 u_x u_t \, dt$$
と置き，∂D は D の境界で正の向き（反時計回りの向き）を持つとする．∂D 上の線積分を各線分上に分解する．

$$\begin{aligned}
0 &= \int_{\partial D} \omega \\
&= \int_{\text{PQ}} \omega + \int_{\text{QB}} \omega + \int_{\text{BA}} \omega + \int_{\text{AP}} \omega \\
&= \int_{I_\tau} \left(u_t^2 + c^2 u_x^2\right)(x,0) \, dx + \int_{\text{QB}} \omega - \int_I \left(u_t^2 + c^2 u_x^2\right)(x,\tau) \, dx + \int_{\text{AP}} \omega.
\end{aligned}$$

最後の等式の右辺第1項，第3項を左辺に移項すれば

$$2\left\{E(\tau; I) - E(0; I_\tau)\right\} = \int_{\text{QB}} \omega + \int_{\text{AP}} \omega \tag{2.13}$$

を得る．有向線分 QB, AP を次のようにパラメータ表示する．

$$\text{QB} : (x,t) = \bigl(x_1(s), s\bigr) = \bigl(b + c(\tau - s), s\bigr), \quad s : 0 \to \tau,$$
$$\text{AP} : (x,t) = \bigl(x_2(s), s\bigr) = \bigl(a + c(s - \tau), s\bigr), \quad s : \tau \to 0.$$

この表示で (2.13) の右辺を計算すれば

$$\begin{aligned}
&\int_{\text{QB}} \omega + \int_{\text{AP}} \omega \\
&= \int_0^\tau \left\{-c\left(u_t^2 + c^2 u_x^2\right) + 2c^2 u_x u_t\right\}(x_1(s), s) \, ds \\
&\quad + \int_\tau^0 \left\{c\left(u_t^2 + c^2 u_x^2\right) + 2c^2 u_x u_t\right\}(x_2(s), s) \, ds \\
&= -c \left\{\int_0^\tau \left(u_t - c u_x\right)^2 (x_1(s), s) \, ds + \int_0^\tau \left(u_t + c u_x\right)^2 (x_2(s), s) \, ds\right\} \\
&\leq 0. \tag{2.14}
\end{aligned}$$

ここに $c > 0, \tau > 0$ を用いた．よって (2.13), (2.14) から (2.12) を得る．■

同様な証明により，補題 2.1 と同じ記号を用いて $t > 0$ に対する不等式

$$E(0; I) \leq E(t; I_t) \tag{2.15}$$

が導かれ，次の結果を得る．

2.2 解の一意性と依存領域・影響領域

定理 2.2（波動方程式の解の性質）

$u(x,t)$ は初期値問題 (2.1), (2.7) の解とする.
(1)（**全エネルギー保存則**） 初期関数 f, g に対して $E(0;\mathbb{R})$ は有限とする. このとき u の $\mathbb{R}$ 上のエネルギー（全エネルギー）は時刻によらず一定である.
$$E(t;\mathbb{R}) = E(0;\mathbb{R}), \quad t > 0. \tag{2.16}$$
(2)（**有限伝播性**） 初期関数 f, g が $f(x) = 0$, $g(x) = 0$, $|x| \geq a$ を満たすならば, $|x| \geq a + ct$ において $u(x,t) = 0$ である. すなわち波の伝播速度は高々 c である.

[**証明**] (1) 補題 2.1 により任意の $t > 0$, 任意の区間 $[a,b]$ に対して
$$E(t;[a,b]) \leq E(0;[a-ct, b+ct])$$
が成立する. 極限 $a \to -\infty$, $b \to \infty$ を取れば $E(t;\mathbb{R}) \leq E(0;\mathbb{R})$ を得る. すなわち全エネルギーは任意の時刻 t で有限になる. 一方, (2.15) の不等式
$$E(0;[a,b]) \leq E(t;[a-ct, b+ct])$$
において $a \to -\infty$, $b \to \infty$ と極限を取れば $E(0;\mathbb{R}) \leq E(t;\mathbb{R})$ を得る. 2 つの不等式を合わせて (2.16) を得る.

(2) 任意の時刻 $t > 0$, 任意の定数 $R > 0$ に対して補題 2.1 により
$$\begin{aligned}E\bigl(t;[a+ct, (a+ct)+R]\bigr) &\leq E\bigl(0;[a, a+R+2ct]\bigr) \\ &= \frac{1}{2}\int_a^{a+R+2ct} \{g(x)^2 + c^2 f'(x)^2\} dx = 0.\end{aligned}$$
よって, $a + ct \leq x \leq a + ct + R$ に対して $u_t(x,t) = u_x(x,t) = 0$ となる. $R > 0$ は任意であったから
$$u_t(x,t) = u_x(x,t) = 0, \quad x \geq a + ct.$$
同様に
$$u_t(x,t) = u_x(x,t) = 0, \quad x \leq -a - ct$$
を得る. 以上から $u(x,t)$ は $\{|x| \geq a + ct, \ t \geq 0\}$ で定数であることがわかった. $u(x,0) = f(x)$ は $|x| \geq a$ でゼロであるからその定数はゼロである. ∎

全エネルギー保存則から直ちに**一意性定理**が導かれる．

定理 2.3（一意性定理）

初期値問題 (2.1), (2.7) の解はただ 1 つで (2.8) で与えられる．

[証明]　u_1, u_2 を初期値問題 (2.1), (2.7) の解とする．このとき，$u = u_1 - u_2$ と置けば，u は (2.1) の解で初期値はゼロである：$u(x,0) = u_t(x,0) = 0$．よって，エネルギー等式 (2.16) により任意の t に対して $u(x,t) = 0$ を得る．すなわち $u_1(x,t) = u_2(x,t)$ だから，2 つ以上の解があってもすべて一致する．■

任意の点 $x_0 \in \mathbb{R}$，時刻 $t_0 > 0$ に対して

$$\Gamma_-(x_0, t_0) = \left\{(x,t) \mid |x - x_0| \leq c(t_0 - t), 0 \leq t \leq t_0\right\}$$

と置く．解の一意性により解は常にダランベールの公式で表される．公式から直接，またはエネルギー不等式 (2.12) を用いると，解 $u(x,t)$ が

$$u(x,0) = u_t(x,0) = 0, \quad x \in I_0 = [x_0 - ct_0, x_0 + ct_0]$$

を満たすならば $u(x,t) = 0$, $(x,t) \in \Gamma_-(x_0, t_0)$，特に，$u(x_0, t_0) = 0$ が成立する．すなわち $u(x_0, t_0)$ は $\Gamma_-(x_0, t_0)$ における値で決まることがわかる．そこで $\Gamma_-(x_0, t_0)$ を (x_0, t_0) の**依存領域**という（下図左）．一方，有限伝播性から $(x_0, 0)$ における情報は

$$\Gamma_+(x_0, 0) = \left\{(x,t) \mid |x - x_0| \leq ct\right\}$$

の外側には影響を及ぼさない．そこで $\Gamma_+(x_0, 0)$ を $(x_0, 0)$ の**影響領域**という（下図右）．

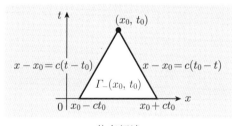
依存領域

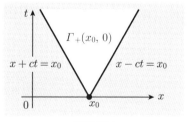
影響領域

2.3 非斉次方程式の解の表現

次の非斉次波動方程式を斉次方程式と同じ初期条件 (2.7) のもとで解く.

$$u_{tt}(x,t) - c^2 u_{xx}(x,t) = h(x,t), \quad x \in \mathbb{R} \ t > 0. \tag{2.17}$$

解 $u(x,t)$ は，長さが無限の弦に外力 $h(x,t)$ を加えて強制的に振動させるときの弦の変位を表す．斉次問題 (2.1), (2.7) の解を $u_1(x,t)$ とし，$u_2(x,t) = u(x,t) - u_1(x,t)$ と置けば，u_2 は初期条件 $u_2(x,0) = u_{2t}(x,0) = 0$ を満たす方程式 (2.17) の解になる．そこで $u_2(x,t)$ を特性曲線の方法で求める．等式 (2.2) により $v(x,t) = u_t(x,t) - cu_x(x,t)$ と置いて

$$cv_x(x,t) + v_t(x,t) = h(x,t), \tag{2.18}$$
$$-cu_x(x,t) + u_t(x,t) = v(x,t) \tag{2.19}$$

を順番に解こう．(2.18) に対して (2.5) の場合と同様に特性曲線は $x(t) = x_0 + ct$ となり (2.18) は次の常微分方程式に書き換えられる．

$$\frac{d}{dt}v\bigl(x(t),t\bigr) = h\bigl(x(t),t\bigr).$$

両辺を t について 0 から t まで積分し，$v(x_0, 0) = 0$ と選べば

$$v\bigl(x(t),t\bigr) = \int_0^t h(x_0 + cs, s)\,ds$$

を得る．$x = x(t)$ と取れば $x_0 = x - ct$ だから次の等式が従う．

$$v(x,t) = \int_0^t h\bigl(x - c(t-s), s\bigr)\,ds. \tag{2.20}$$

次に，(2.19) に伴う特性曲線は $x(t) = x_0 - ct$ であり，(2.19) は

$$\frac{d}{dt}u\bigl(x(t),t\bigr) = v\bigl(x(t),t\bigr)$$

と変換される．両辺を t について 0 から t まで積分し，$u(x_0, 0) = 0$ と選べば

$$u\bigl(x(t),t\bigr) = \int_0^t v\bigl(x(\tau),\tau\bigr)\,d\tau = \int_0^t \left\{\int_0^\tau h\bigl(x(\tau) - c(\tau - s), s\bigr)\,ds\right\}d\tau$$
$$= \int_0^t d\tau \int_0^\tau h(x_0 - 2c\tau + cs, s)\,ds.$$

最後の等式右辺の τ, s に関する累次積分の積分順序を交換すれば

$$u(x(t),t) = \int_0^t ds \int_s^t h(x_0 - 2c\tau + cs, s)\,d\tau$$

となる．さらに

$$y = x_0 - 2c\tau + cs$$

と τ から y へ置換すると

$$u(x(t),t) = \frac{1}{2c}\int_0^t ds \int_{x_0-2ct+cs}^{x_0-cs} h(y,s)\,dy \qquad (2.21)$$

を得る．$x = x(t)$ と取り，$x_0 = x + ct$ を (2.21) の右辺に代入すれば (2.17) の特殊解 $u_2(x,t)$ を得る．以上をまとめて次の結果が導かれる．

命題 2.3（デュアメル（Duhamel）の公式）

$h(x,t)$ は (x,t) の C^1 級関数とする．初期値問題 (2.7), (2.17) の解 $u(x,t)$ は一意的に次で与えられる．

$$u(x,t) = \frac{f(x-ct)+f(x+ct)}{2} + \frac{1}{2c}\int_{x-ct}^{x+ct} g(s)\,ds$$
$$+ \frac{1}{2c}\int_0^t ds \int_{x-c(t-s)}^{x+c(t-s)} h(y,s)\,dy. \qquad (2.22)$$

[注意] 等式 (2.22) の右辺第3項の累次積分は点 (x,t) の依存領域 $\Gamma_-(x,t)$（下図参照）上の2重積分と一致する．実際に，(2.22) の別証明の概要を紹介する．任意の点 (x_0, t_0) $(t_0 > 0)$ に対して非斉次波動方程式 (2.17) の両辺を (x_0, t_0) の依存領域 $\Gamma_-(x_0, t_0)$ 上で2重積分すると

$$\iint_{\Gamma_-(x_0,t_0)} h(x,t)\,dxdt = -\iint_{\Gamma_-(x_0,t_0)} \left\{(c^2 u_x)_x - (u_t)_t\right\} dxdt.$$

この等式の右辺にグリーンの定理を適用し，各辺 L_j $(j=1,2,3)$ 上の線積分を計算すれば $(x,t) = (x_0, t_0)$ のときの等式 (2.22) が導かれる（演習問題 2.12）． □

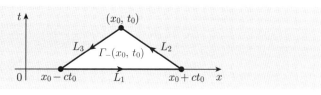

2.3 非斉次方程式の解の表現

例題 2.1 ────────────────────────── 共鳴 ─

$$f(x) = g(x) = 0, \quad h(x,t) = \sin(\sigma t)\sin x$$

に対して (2.22) で与えられる解 $u(x,t)$ を計算しなさい．ただし σ は正定数．

【解答】 積和公式 $\sin(\sigma t)\sin x = \frac{1}{2}\{\cos(x-\sigma t) - \cos(x+\sigma t)\}$ により

$$u(x,t) = \frac{1}{4c}\int_0^t \Big[\sin(y-\sigma s) - \sin(y+\sigma s)\Big]_{x-ct+cs}^{x+ct-cs} ds$$

$$= \frac{1}{4c}\int_0^t \big\{\sin(x+ct-(c+\sigma)s) + \sin(x-ct+(c+\sigma)s)$$
$$\qquad -\sin(x+ct-(c-\sigma)s) - \sin(x-ct+(c-\sigma)s)\big\} ds.$$

ここで，$\sigma \neq c$ の場合には

$$u(x,t) = \frac{1}{4c}\Bigg[\frac{1}{c+\sigma}\big\{\cos(x+ct-(c+\sigma)s) - \cos(x-ct+(c+\sigma)s)\big\}$$
$$\qquad -\frac{1}{c-\sigma}\big\{\cos(x+ct-(c-\sigma)s) - \cos(x-ct+(c-\sigma)s)\big\}\Bigg]_0^t$$

$$= \frac{1}{2c(c^2-\sigma^2)}\Big[\sigma\big\{\cos(x+ct) - \cos(x-ct)\big\}$$
$$\qquad -c\big\{\cos(x+\sigma t) - \cos(x-\sigma t)\big\}\Big]$$

となり，本来の波とは異なる角速度 σ の波が現れる．一方，$\sigma = c$ の場合には

$$u(x,t) = \frac{1}{4c}\int_0^t \big\{\sin(x+ct-2cs) + \sin(x-ct+2cs)$$
$$\qquad -\sin(x+ct) - \sin(x-ct)\big\} ds$$

$$= \frac{1}{4c^2}\{\cos(x-ct) - \cos(x+ct)\}$$
$$\qquad -\frac{t}{4c}\{\sin(x+ct) + \sin(x-ct)\}$$

となり，時刻とともに振幅 $|u(x,t)|$ が増大する**共鳴**が起こっている． ∎

2.4 半直線上の初期境界値問題

一端を固定した長さが無限の弦の振動を表す半直線上の波動方程式を考える．

$$\begin{cases} \text{(PDE)} & u_{tt}(x,t) - c^2 u_{xx}(x,t) = 0, \quad x > 0,\ t > 0, \\ \text{(IC)} & u(x,0) = f(x), \quad u_t(x,0) = g(x), \quad x > 0. \end{cases} \tag{2.23}$$

初期条件 (IC) に加え，境界 $x = 0$ 上で**ディリクレ**（Dirichlet）**境界条件** (DBC)（固定端の条件）を課す．

$$\text{(DBC)} \quad u(0,t) = 0, \quad t > 0. \tag{2.24}$$

このような問題を**初期境界値問題**，または**混合問題**と呼ぶ．解 $u(x,t)$ が境界上まで込めて C^2 級であるとすれば，初期関数もまたディリクレ境界条件 (DBC) を満たさなければならない，すなわち $f(x),\ g(x)$ は次の等式を満たす必要がある．

$$\begin{cases} f(0) = u(0,0) = 0, \\ g(0) = u_t(0,0) = 0. \end{cases} \tag{2.25}$$

さらに偏微分方程式 (PDE) が $(x,t) = (0,0)$ まで成り立つと仮定すれば

$$f''(0) = u_{xx}(0,0) = \frac{1}{c^2} u_{tt}(0,0) = 0 \tag{2.26}$$

が成り立たなければならない．(2.25), (2.26) を合わせて初期関数と境界条件の**整合条件**という．

解法の方針は，(2.4) で与えた一般解

$$u(x,t) = \varphi(x - ct) + \psi(x + ct)$$

が (IC), (DBC) を満たすように $\varphi,\ \psi$ を選ぶ．$x > 0,\ t > 0$ に対しては，$x + ct > 0,\ -\infty < x - ct < \infty$ であるから，$\varphi(x)$ を $\mathbb{R}$ 上の関数として，$\psi(x)$ を $[0, \infty)$ 上の関数として選ばなければならない．(IC) により命題 2.2 と全く同様に $x > 0$ に対して

$$\begin{cases} \varphi(x) = \dfrac{f(x)}{2} - \dfrac{1}{2c} \displaystyle\int_0^x g(s)\,ds, \\ \psi(x) = \dfrac{f(x)}{2} + \dfrac{1}{2c} \displaystyle\int_0^x g(s)\,ds \end{cases} \tag{2.27}$$

2.4 半直線上の初期境界値問題

と選べば良い．$\psi(x)$ はこの等式により確定される．一方，(DBC) によりすべての $t \geq 0$ に対して
$$\varphi(-ct) + \psi(ct) = 0$$
が成り立たなければならない．すなわち，$\varphi(x)$ は条件
$$\varphi(-x) = -\psi(x), \quad x > 0$$
を満たさなければならない．そこで，$x < 0$ に対しては $\varphi(x)$ を
$$\varphi(x) = -\psi(-x) = -\left\{\frac{f(-x)}{2} + \frac{1}{2c}\int_0^{-x} g(x)\,ds\right\}$$
と定義すれば (2.23), (2.24) の解は
$$u(x,t) = \begin{cases} \dfrac{f(x-ct) + f(x+ct)}{2} + \dfrac{1}{2c}\displaystyle\int_{x-ct}^{x+ct} g(s)\,ds, & x - ct \geq 0, \\ \dfrac{-f(-(x-ct)) + f(x+ct)}{2} + \dfrac{1}{2c}\displaystyle\int_{-(x-ct)}^{x+ct} g(s)\,ds, & x - ct < 0 \end{cases}$$
で与えられる．表現を1つにまとめるために初期関数 $f(x), g(x)$ を $x < 0$ に拡張する．すなわち，奇関数として $\mathbb{R}$ 全体に拡張する．
$$\widetilde{f}(x) = \begin{cases} f(x), & x \geq 0, \\ -f(-x), & x < 0, \end{cases} \quad \widetilde{g}(x) = \begin{cases} g(x), & x \geq 0, \\ -g(-x), & x < 0. \end{cases} \tag{2.28}$$
このとき，$x - ct < 0$ ならば
$$\int_{-(x-ct)}^{x+ct} g(s)\,ds = \int_0^{x+ct} g(s)\,ds - \int_0^{-(x-ct)} g(s)\,ds.$$
右辺第2項で置換 $s = -\tau$ を行えば
$$\int_0^{-(x-ct)} g(s)\,ds = -\int_{x-ct}^0 g(-\tau)\,d\tau$$
$$= \int_{x-ct}^0 \widetilde{g}(\tau)\,d\tau.$$
以上からすべての $x > 0, t > 0$ に対して $u(x,t)$ は
$$u(x,t) = \frac{\widetilde{f}(x-ct) + \widetilde{f}(x+ct)}{2} + \frac{1}{2c}\int_{x-ct}^{x+ct} \widetilde{g}(s)\,ds \tag{2.29}$$
と表されることが導かれた．このように初期関数を奇関数（または偶関数）として実軸全体に拡張し解を構成する方法を**反射の方法**と呼ぶ．

逆に (2.29) が (2.23), (2.24) の解になっていることを確かめるためには, $\widetilde{f}(x)$, $\widetilde{g}(x)$ の微分可能性を調べれば良い. 次の補題で確認する.

補題 2.2

関数 $f(x), g(x)$ が $x \geq 0$ においてそれぞれ C^2 級, C^1 級で, さらに整合条件 (2.25), (2.26) を満たすならば, (2.28) で定義される $\widetilde{f}(x), \widetilde{g}(x)$ は原点で, したがって $\mathbb{R}$ 上でそれぞれ C^2 級, C^1 級となる.

[証明] 原点での連続性は整合条件 (2.25) からわかる. $f(0) = 0$ に注意すれば

$$\widetilde{f}'_-(0) = \lim_{x \to -0} \frac{\widetilde{f}(x) - \widetilde{f}(0)}{x} = \lim_{x \to -0} \frac{-f(-x)}{x}$$
$$= \lim_{y \to +0} \frac{f(y)}{y} = \lim_{y \to +0} \frac{f(y) - f(0)}{y} = f'(0) = \widetilde{f}'_+(0).$$

すなわち, $\widetilde{f}(x)$ は $x = 0$ で微分可能で, $\widetilde{f}'(x)$ の連続性も導かれる. $\widetilde{g}(x)$ も同様にして C^1 級となる. 最後に $\widetilde{f}(x)$ が原点で C^2 級であることを示す. $\widetilde{f}'(x) = f'(-x),\ x < 0,\ \widetilde{f}'(0) = f'(0)$ であったから, 整合条件 (2.26) を用いて

$$\widetilde{f}''_-(0) = \lim_{x \to -0} \frac{\widetilde{f}'(x) - \widetilde{f}'(0)}{x} = \lim_{x \to -0} \frac{f'(-x) - f'(0)}{x}$$
$$= \lim_{y \to +0} \frac{f'(y) - f'(0)}{-y} = -f''(0) = 0 = f''(0) = \widetilde{f}''_+(0)$$

を得る. よって $\widetilde{f}(x)$ は $x = 0$ で 2 回微分可能で $\widetilde{f}''(x)$ の連続性も確かめられる. ∎

エネルギー不等式から一意性も導かれ, 以上をまとめると次の結果を得る.

定理 2.4 (初期境界値問題の解の一意存在)

初期関数 $f(x), g(x)$ は $[0, \infty)$ 上それぞれ C^2 級, C^1 級で整合条件 (2.25), (2.26) を満たす. このとき, 波動方程式の初期境界値問題 (2.23), (2.24) の解は一意的に (2.29) で与えられる.

解の公式 (2.29) を使って依存領域を調べる. 正数の組 (x_0, t_0) が $x_0 - ct_0 > 0$ を満たすならば, 初期値問題と同様に依存領域は集合 $\Gamma_-(x_0, t_0)$ で与えられる.

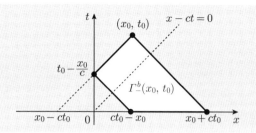

一方，$x_0 - ct_0 < 0$ の場合を考える．初期変位に関しては $ct_0 - x_0, x_0 + ct_0$ における情報で，初期速度に関しては区間 $[ct_0 - x_0, x_0 + ct_0]$ の情報により $u(x_0, t_0)$ は定まり，この場合の依存領域 $\Gamma_-^b(x_0, t_0)$ は上図のようになる．

影響領域は次の例から類推できる．

例2.3 次図は

$$c = 1, \quad g(x) = 0, \quad f(x) = \begin{cases} 1 - |x - 3|, & 2 \leq x \leq 4, \\ 0, & \text{その他の } x \end{cases}$$

と選んだときの $z = u(x, t)$ のグラフである．

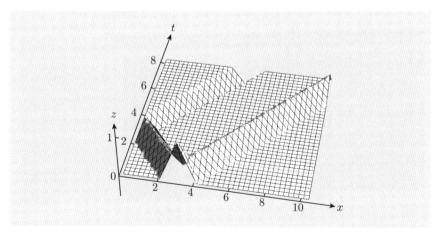

左進行波 $\frac{f(x+t)}{2}$ は境界で反射され，符号を変えて右進行波 $-\frac{f(t-x)}{2}$ となって現れる．$t = 2$ から入れ替わり始め，$t = 3$ のとき $x = 0$ 周辺での波の変位がゼロになり，$t = 4$ で入れ替わりが完了する． □

x 軸上の点 $(x_0, 0)$ の影響領域 $\Gamma_+^b(x_0, 0)$ は下図のようになる.

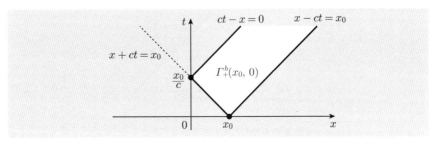

次に, もう 1 つの代表的な境界条件である**ノイマン**（Neumann）**境界条件**
(NBC)（自由端の条件）のもとで (2.23) を解こう.

$$\text{(NBC)} \quad u_x(0, t) = 0, \quad t > 0. \tag{2.30}$$

このときの初期関数と境界条件の整合条件は次のようになる.

$$f'(0) = g'(0) = 0. \tag{2.31}$$

一般解

$$u(x, t) = \varphi(x - ct) + \psi(x + ct)$$

が初期条件, 境界条件を満たすように φ, ψ を決定して解を構成する. ディリクレ境界条件の問題と同様に, $x > 0$ に対しては $\varphi(x), \psi(x)$ を (2.27) で定義する. さらに (2.30) により

$$\varphi'(-x) = -\psi'(x), \quad x > 0$$

を満たさなければならないので

$$\varphi(x) = \psi(-x), \quad x < 0$$

と選ぶ. したがって, $f(x), g(x)$ を $\mathbb{R}$ 上の偶関数に拡張すれば良い. $x \geq 0$ でそれぞれ C^2, C^1 級関数 $f(x), g(x)$ に対して

$$\widetilde{f}_e(x) = \begin{cases} f(x), & x \geq 0, \\ f(-x), & x < 0, \end{cases} \quad \widetilde{g}_e(x) = \begin{cases} g(x), & x \geq 0, \\ g(-x), & x < 0 \end{cases} \tag{2.32}$$

と定義すれば整合条件 (2.31) より, $\widetilde{f}_e(x), \widetilde{g}_e(x)$ は $\mathbb{R}$ 上でそれぞれ C^2 級, C^1 級になることが確かめられる（演習問題 **2.16**）. 定理 2.4 と同様に反射の方法により次の結果を得る.

2.4 半直線上の初期境界値問題

命題 2.4 (初期境界値問題のダランベールの公式)

初期関数 $f(x), g(x)$ は $[0, \infty)$ 上それぞれ C^2 級, C^1 級で整合条件 (2.31) を満たす. このとき, 波動方程式の初期境界値問題 (2.23), (2.30) の解は次の等式で与えられる.

$$u(x,t) = \frac{\widetilde{f}_{\mathrm{e}}(x-ct) + \widetilde{f}_{\mathrm{e}}(x+ct)}{2} + \frac{1}{2c}\int_{x-ct}^{x+ct} \widetilde{g}_{\mathrm{e}}(s)\,ds. \qquad (2.33)$$

例2.4

$$c = 1, \quad g(x) = 0$$

とし, $f(x)$ は 例2.3 と同じ関数とする. このとき初期境界値問題 (2.23), (2.30) の解 $u(x,t)$ のグラフは次図で与えられる. ディリクレ境界条件の場合と同様に $f(x+t)$ は境界 $x=0$ で反射するが, 反転せずに対称な形 $f(t-x)$ が現れる. □

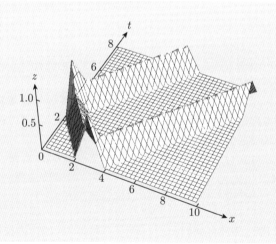

2章の演習問題

2.1 ダランベールの公式 (2.8) で与えられた関数 $u(x,t)$ を偏微分して初期値問題 (2.1), (2.7) の解になることを直接確かめなさい.

2.2 関数
$$u(x,t) = \frac{1}{3}\left\{2f(x-ct) + f(x+2ct)\right\} + \frac{1}{3c}\int_{x-ct}^{x+2ct} g(s)\,ds$$
は波動方程式の初期値問題
$$u_{tt}(x,t) - cu_{xt}(x,t) - 2c^2 u_{xx}(x,t) = 0, \quad x, t \in \mathbb{R},$$
$$u(x,0) = f(x), \quad u_t(x,0) = g(x)$$
の解になることを確かめなさい.

2.3 1次元波動方程式
$$\text{(WE)} \quad u_{tt}(x,t) - cu_{xt} - 6c^2 u_{xx}(x,t) = 0$$
に対して (1) から (4) の問いに答えなさい. ただし $c > 0$ は定数.

(1) 変数変換 $\xi = x + 3ct$, $\tau = x - 2ct$ を行い, $u(x,t) = U(\xi,\tau)$ と表す. このとき, $u_x, u_t, u_{xx}, u_{tt}, u_{xt}$ をそれぞれ U の第2次までの偏導関数を用いて表しなさい. ただし U は C^2 級としてよい.

(2) (1) から波動方程式 (WE) を $U(\xi,\tau)$ に関する偏微分方程式に書き換えなさい. ただし U は C^2 級としてよい.

(3) $U(\xi,\tau)$ に関する偏微分方程式を解いて一般解 $u(x,t)$ を導きなさい.

(4) 初期条件 $u(x,0) = f(x)$, $u_t(x,0) = g(x)$ を満たす波動方程式 (WE) の解 $u(x,t)$ を導きなさい.

2.4 定数 $\alpha, \beta, \gamma, \delta$ (ただし $\alpha\delta - \beta\gamma \neq 0$) に対して $x = \alpha\xi + \beta\tau$, $t = \gamma\xi + \delta\tau$ によって (x,t) から (ξ,τ) への変数変換を行うとき, 次の等式を導きなさい.
$$\frac{\partial}{\partial \xi} = \alpha\frac{\partial}{\partial x} + \gamma\frac{\partial}{\partial t}, \quad \frac{\partial}{\partial \tau} = \beta\frac{\partial}{\partial x} + \delta\frac{\partial}{\partial t}.$$

2.5 演習問題 2.4 の結果を参考にして, (x,t) から (ξ,τ) への適当な正則1次変換を行い次の偏微分方程式の一般解を構成しなさい. ただし c は正定数. また初期条件
$$u(x,0) = f(x), \quad u_t(x,0) = g(x)$$
を満たす解を構成しなさい.

(1) $c^2 u_{xx} + cu_{xt} - 2u_{tt} = 0$

(2) $c^2 u_{xx} - 5cu_{xt} + 6u_{tt} = 0$

(3) $c^2 u_{xx} - 2cu_{xt} + u_{tt} = 0$

2.6 演習問題 2.5 の偏微分方程式の初期値問題を特性曲線の方法で解きなさい．

2.7 例 2.1 の関数 $u(x,t)$ に対して $t=\frac{1}{4}, \frac{3}{4}$ のときのグラフを描きなさい．

2.8 次の初期関数 f, g

$$f(x) = \begin{cases} |x|, & |x| \leq 1, \\ 0, & |x| > 1, \end{cases}$$
$$g(x) = 0$$

に対して，$c=1$ のときのダランベールの公式 (2.8) を適用し，時刻 $t=\frac{1}{4}, \frac{1}{2}, \frac{3}{4}, 1$ に対する $z=u(x,t)$ のグラフを描きなさい．

2.9 3 変数関数

$$u(x,y,t) = \frac{1}{\sqrt{c^2 t^2 - (x^2 + y^2)}}$$

は領域 $\{(x,y,t) \mid \sqrt{x^2+y^2} < ct, t > 0\}$ において 2 次元波動方程式 $u_{tt} - c^2 \Delta u = 0$ を満たすことを偏微分して直接確かめなさい．ただし，Δ は 2 次元ラプラス作用素を表す．

2.10 $r = \sqrt{x^2 + y^2 + z^2}$ と置く．任意の C^2 級 1 変数関数 $f(s)$ に対して

$$u_\pm(r,t) = \frac{f(r \pm ct)}{r}$$

は $r \neq 0$ のとき 3 次元波動方程式 $u_{tt} - c^2 \Delta u = 0$ を満たすことを偏微分して直接確かめなさい．ただし，Δ は 3 次元ラプラス作用素を表す．

2.11 不等式 (2.15) を導きなさい．

2.12 命題 2.3 の後の注意の計算を確かめなさい．

2.13 C^1 級 2 変数関数 $\varphi(s,t)$ に対して定義される関数

$$\Phi(t) = \int_0^t \varphi(s,t)\,ds$$

を微分の定義に従って t で微分しなさい．

2.14 $f(x) = g(x) = 0$ のときに (2.22) で与えられる関数 $u(x,t)$ は非斉次波動方程式 (2.17) の初期条件 $u(x,0) = u_t(x,0) = 0$ を満たす解であることを，偏微分することによって直接確かめなさい（演習問題 2.13 の結果参照）．

2.15 $f(x) = g(x) = 0$ とし，非斉次項 $h(x,t)$ を以下で与えるとき，(2.22) で与えられる解 $u(x,t)$ を計算しなさい．

(1) $\cos t \cos x$ (2) $\sin t \cos x$ (3) $e^{-t} \sin x$

2.16 (2.32) で与えられた関数 $\widetilde{f}_e(x), \widetilde{g}_e(x)$ がそれぞれ C^2 級，C^1 級になることを確かめなさい．

2.17 ディリクレ境界条件 $u(0,t) = 0$ のもとで半直線上の非斉次波動方程式

$$\begin{cases} u_{tt} - c^2 u_{xx} = h(x,t), & 0 < x < \infty, \, 0 < t < \infty, \\ u(x,0) = u_t(x,0) = 0, & 0 < x < \infty \end{cases}$$

の解 $u(x,t)$ を，(x_0, t_0) 上の依存領域 $\Gamma^b_-(x_0, t_0)$ （ただし，$ct_0 - x_0 > 0$）上で波動方程式を2重積分することによって構成しなさい．ただし非斉次項 $h(x,t)$ は境界条件との整合条件を満たすとする．一方，ノイマン境界条件 $u_x(0,t) = 0$ の場合にはどのような修正が必要か．

2.18 正定数 b に対して消散項 bu_t を持つ波動方程式 $u_{tt} - c^2 u_{xx} + bu_t = 0$ のエネルギーを $b = 0$ の場合と同じもので定義する．初期関数に関する全エネルギーが有限であるとき次の等式を導きなさい．

$$E(\tau; \mathbb{R}) = E(0; \mathbb{R}) - b \iint_{\Omega_\tau} u_t^2 \, dxdt, \quad \Omega_\tau = \{(x,t) \,|\, x \in \mathbb{R}, \, 0 \leq t \leq \tau\}.$$

3 1次元熱伝導方程式

　この章では，1次元熱伝導方程式の基本解，または熱核と呼ばれる特別な解をフーリエ変換を使わずに構成する．基本解を使って初期値問題の解を表し，さらに解の性質を調べる．また，基本解の性質と関連してディラックのデルタ関数を紹介する．第3章の内容の多くは再び第7章でフーリエ変換の応用としても紹介する．

キーワード

熱伝導方程式　自己相似解　初期値問題
熱核　合成積　ポアソンの公式　平滑化性
伝播速度は無限大　正値性　解の正則性
ディラックのデルタ関数　ヘビサイド関数

3.1　1次元熱伝導方程式の基本解と初期値問題

3.1.1　初期値問題の自己相似解

x 軸上に置かれた長さが無限の針金に対して，点 x，時刻 t における針金の温度分布 $u(x,t)$ を考える．すなわち，**熱伝導率**を表す正定数 k に対して次の**1次元熱伝導方程式**の初期値問題を考える．

$$\begin{cases} u_t(x,t) - ku_{xx}(x,t) = 0, & x \in \mathbb{R},\ t > 0, \\ u(x,0) = f(x), & x \in \mathbb{R}. \end{cases} \tag{3.1}$$

1次元波動方程式とは異なり熱伝導方程式に対しては一般解を構成できない．また (3.1) を解く最も良く知られた方法は，第7章で紹介するフーリエ変換を用いた解の構成法である．しかし，ここではフーリエ変換を使わずに，方程式の構造を反映した**自己相似解**と呼ばれる，特殊であるが最も重要な解を構成する．

まず，正のパラメータ λ，実数 r，関数 $u = u(x,t)$ に対して u のスケール変換 $u_\lambda(x,t) = u(\lambda^r x, \lambda t)$ を考える．u が熱伝導方程式の解であるときに，任意の λ に対して u_λ もまた解となるように r を決める．偏微分の連鎖律により

$$\frac{\partial}{\partial t} u_\lambda = \lambda u_t(\lambda^r x, \lambda t), \quad \frac{\partial^2}{\partial x^2} u_\lambda = \lambda^{2r} u_{xx}(\lambda^r x, \lambda t)$$

となるので，これらを方程式 (3.1) に代入すると

$$0 = \left(\frac{\partial}{\partial t} - k\frac{\partial^2}{\partial x^2}\right) u_\lambda = \lambda\{u_t(\lambda^r x, \lambda t) - k\lambda^{2r-1} u_{xx}(\lambda^r x, \lambda t)\}$$

を得る．よって，$r = \frac{1}{2}$ と取れば u_λ もまた方程式 (3.1) を満たすことになる．

次に，波動方程式に対するエネルギー $E(t;\mathbb{R})$ のような熱伝導方程式に対する保存量を調べる．これは自己相似解を定義，正規化する際にも必要である．

命題 3.1（熱伝導方程式の保存量）

連続な初期関数 $f(x)$ は $\mathbb{R}$ 上の積分が絶対収束し，初期値問題の解 $u(x,t)$ は $x \to \pm\infty$ のとき十分速く減衰する．特に $u \to 0$, $u_x \to 0$ と仮定する．このとき，任意の $t > 0$ に対して等式

$$\int_{-\infty}^{\infty} u(x,t)\,dx = \int_{-\infty}^{\infty} f(x)\,dx \tag{3.2}$$

が成り立つ．すなわち左辺で定義される総熱量は時刻 t によらず一定である．

3.1 1次元熱伝導方程式の基本解と初期値問題

[証明] 任意の正定数 R, T に対して閉領域 D を次のように取る.

$$D = \{(x,t) \mid |x| \leq R,\ 0 \leq t \leq T\}.$$

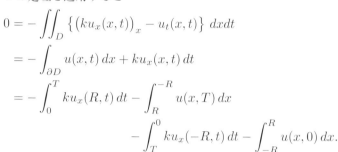

熱伝導方程式を D 上で 2 重積分してグリーンの定理を適用すると

$$0 = -\iint_D \{(ku_x(x,t))_x - u_t(x,t)\}\,dxdt$$
$$= -\int_{\partial D} u(x,t)\,dx + ku_x(x,t)\,dt$$
$$= -\int_0^T ku_x(R,t)\,dt - \int_R^{-R} u(x,T)\,dx$$
$$\quad - \int_T^0 ku_x(-R,t)\,dt - \int_{-R}^R u(x,0)\,dx.$$

最後の等式の右辺第 2 項を左辺に移項して両辺を (-1) 倍すれば

$$\int_{-R}^R u(x,T)\,dx = \int_{-R}^R u(x,0)\,dx + k\int_0^T \{u_x(R,t) - u_x(-R,t)\}dt$$
$$= \int_{-R}^R f(x)\,dx + k\int_0^T \{u_x(R,t) - u_x(-R,t)\}dt.$$

$R \to \infty$ として u の減衰条件を使えば $t = T$ のときの等式 (3.2) を得る. ∎

任意の $t > 0,\ \lambda > 0$, 方程式の解 u に対してスケール変換した解 $u_\lambda(x,t) = u(\sqrt{\lambda}x, \lambda t)$ とその総熱量について考える. 積分で置換 $y = \sqrt{\lambda}x$ を行うと

$$\int_{-\infty}^\infty \sqrt{\lambda}\,u_\lambda(x,t)\,dx = \int_{-\infty}^\infty u(y,\lambda t)\,dy = \int_{-\infty}^\infty f(x)\,dx$$

が命題 3.1 により成立する. そこで

$$v(x,t;\lambda) = \sqrt{\lambda}\,u_\lambda(x,t)$$
$$= \sqrt{\lambda}\,u(\sqrt{\lambda}x, \lambda t)$$

と置けば, $v(x,t;\lambda)$ は総熱量が一定の熱伝導方程式の解になる. 任意の $x \in \mathbb{R}$, $t > 0,\ \lambda > 0$ に対して等式 $v(x,t;\lambda) = u(x,t)$ が成り立つとき, $u(x,t)$ を**自己相似解**という. 自己相似解 $u(x,t)$ に対してパラメータ λ を $\lambda = \frac{1}{t}$ と選べば

$$u(x,t) = v(x,t;\lambda) = \frac{1}{\sqrt{t}} u\left(\frac{x}{\sqrt{t}}, 1\right)$$

となる．そこで定数を調整し適当な 1 変数関数 $\varphi(z)$ に対して

$$u(x,t) = \frac{1}{\sqrt{t}} \varphi\left(\frac{x}{\sqrt{t}}\right) \tag{3.3}$$

の形で解 $u(x,t)$ を求める．ただし初期条件を考慮しないが，命題 3.1 により

$$1 = \int_{-\infty}^{\infty} u(x,t)\,dx = \int_{-\infty}^{\infty} \frac{1}{\sqrt{t}} \varphi\left(\frac{x}{\sqrt{t}}\right) dx = \int_{-\infty}^{\infty} \varphi(z)\,dz \tag{3.4}$$

と φ を正規化しておく．$z = \frac{x}{\sqrt{t}}$ と置くと偏微分の連鎖律により

$$u_t = -\frac{1}{2t\sqrt{t}}\left\{\varphi(z) + \frac{x}{\sqrt{t}}\varphi'(z)\right\}, \quad u_{xx} = \left(\frac{1}{\sqrt{t}}\right)^3 \varphi''(z)$$

と計算できる．これらを熱伝導方程式に代入すれば

$$0 = u_t - k u_{xx} = -\frac{1}{2t\sqrt{t}}\left\{\varphi(z) + z\varphi'(z) + 2k\varphi''(z)\right\},$$

すなわち，$\varphi(z)$ に関する変数係数 2 階線形常微分方程式

$$0 = 2k\varphi''(z) + z\varphi'(z) + \varphi(z) = \left\{2k\varphi'(z) + z\varphi(z)\right\}'$$

を得る．両辺積分して

$$\varphi'(z) + \frac{z}{2k}\varphi(z) = C_1.$$

ただし C_1 は任意定数．この 1 階線形非斉次方程式を解けば，別の任意定数 C_2 に対して

$$\varphi(z) = \exp\left(-\frac{z^2}{4k}\right)\left\{C_1 \int \exp\left(\frac{z^2}{4k}\right) dz + C_2\right\}$$

と一般解が与えられる．この解が等式 (3.4) を満たすためには $C_1 = 0$, $C_2 = \frac{1}{\sqrt{4\pi k}}$ でなければならない．以上から

$$u(x,t) = K(x,t) \equiv \frac{1}{\sqrt{4\pi kt}} \exp\left(-\frac{x^2}{4kt}\right) \tag{3.5}$$

は (3.4) を満たす自己相似解である．これを熱伝導方程式の**基本解**，または**熱核**という．(3.5) は平均値が 0，分散が $\left(\sqrt{2kt}\right)^2$ である正規分布 $N(0, 2kt)$ の確率密度関数である．したがって $t \to +0$ のとき分散 $\to 0$ となり，平均値＝原点に集中し，$t \to \infty$ のとき分散 $\to \infty$ で平均化されることが容易に想像される（次図参照）．

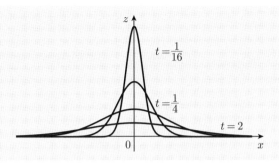

$z = K(x,t)$ の $k=1$, 各時刻 t に対するグラフ

3.1.2 初期値問題の解

定理 3.1 (ポアソンの公式)

初期値問題 (3.1) において初期関数 $f(x)$ は有界連続であるとする. $K(x,t)$ を熱核 (3.5) とするとき, 関数

$$u(x,t) = \int_{-\infty}^{\infty} K(x-y,t) f(y)\, dy \tag{3.6}$$

は有界で熱伝導方程式を満たし, さらに次の意味で初期条件を満たす.

$$\lim_{t \to +0} u(x,t) = f(x). \tag{3.7}$$

ただし, 収束は x に関して広義一様である. (3.6) の右辺の積分は $K(\cdot,t)$ と f の**合成積**を表し (詳細は 7.4 節参照), **ポアソン** (Poisson) **の公式**と呼ばれる.

注意 $K(x-y,t) = K(y-x,t)$ だから, 積分 (3.6) は正規分布 $N(x, 2kt)$ に従う確率変数 Y に対して $f(Y)$ の期待値を表している. また, 定理 (3.1) では $f(x)$ が有界であることを仮定したが, $|x| \to \infty$ のときに多項式程度の発散は許され, 次の例題に見られるように指数関数に対しても収束して解になる. □

―― 例題 3.1 ――

$f(x) = e^x$ のとき (3.6) で与えられる関数 $u(x,t)$ を計算しなさい．

【解答】 被積分関数における指数関数をまとめて指数の部分を整理し，$K(x,t)$ の $\mathbb{R}$ 上の積分が 1 になることを用いれば良い．実際に

$$u(x,t) = \frac{1}{\sqrt{4\pi kt}} \int_{-\infty}^{\infty} \exp\left\{-\frac{(x-y)^2}{4kt}\right\} e^y \, dy$$

$$= \frac{1}{\sqrt{4\pi kt}} \int_{-\infty}^{\infty} \exp\left\{-\frac{(x-y)^2}{4kt} + y\right\} dy$$

となるので，指数関数の指数の部分をまとめると

$$-\frac{(x-y)^2}{4kt} + y = -\frac{1}{4kt}\{y - (x+2kt)\}^2 + (x+kt)$$

が従う．$z = y - (x+2kt)$ と置換して積分すれば，次を得る．

$$u(x,t) = \int_{-\infty}^{\infty} K\bigl(y-(x+2kt),t\bigr) e^{x+kt} dy$$

$$= e^{x+kt} \int_{-\infty}^{\infty} K(z,t) \, dz = e^{x+kt}.$$

初期関数 $f(x)$ の連続性は等式 (3.7) にしか用いない．$f(x)$ が有界であるが必ずしも連続ではない場合について考える．関数 $f(x)$ が $\mathbb{R}$ 上で**区分的連続**であるとは，不連続な点が有限個か，または無限個の場合には任意の有限区間には高々有限個で，任意の不連続点 a においてはそれぞれ右極限，左極限

$$f(a+0) = \lim_{x \to a+0} f(x), \quad f(a-0) = \lim_{x \to a-0} f(x)$$

が存在することをいう．定理 3.1 と同様にして次の結果を得る． ■

―― 定理 3.2 （区分的連続な初期関数）――

初期値問題 (3.1) において関数 $f(x)$ は有界かつ区分的連続であるとする．このとき，(3.6) で与えられる関数 $u(x,t)$ は有界で熱伝導方程式を満たし，さらに次の等式が成り立つ．

$$\lim_{t \to +0} u(x,t) = \frac{f(x+0) + f(x-0)}{2}.$$

ただし，$f(x)$ が x で連続ならば右辺は $f(x)$ で置き換えることができる．

例3.1 $k=1$ とし，非負定数 u_ℓ, u_r ($u_r \neq u_\ell$) に対して $f(x)$ を

$$f(x) = \begin{cases} u_\ell, & x < 0, \\ u_r, & x \geq 0 \end{cases}$$

とするとき，(3.6) で与えられる関数 $u(x,t)$ の性質を調べる．この問題は温度が相異なる 2 つの半無限の長さを持つ針金の端点どうしを，$t=0$ で接したときの温度分布を調べる問題と解釈される．積分区間を分けて置換 $x-y=\sqrt{4t}z$ を行えば

$$\begin{aligned}
u(x,t) &= \int_{-\infty}^{0} K(x-y,t)u_\ell\,dy + \int_{0}^{\infty} K(x-y,t)u_r\,dy \\
&= \frac{u_\ell}{\sqrt{\pi}} \int_{\frac{x}{\sqrt{4t}}}^{\infty} \exp(-z^2)\,dz + \frac{u_r}{\sqrt{\pi}} \int_{-\infty}^{\frac{x}{\sqrt{4t}}} \exp(-z^2)\,dz \\
&= \frac{u_r + u_\ell}{2} + \frac{u_r - u_\ell}{2} \operatorname{erf}\left(\frac{x}{\sqrt{4t}}\right).
\end{aligned}$$

ここに，$\operatorname{erf}(x) = \dfrac{2}{\sqrt{\pi}} \int_{0}^{x} \exp(-z^2)\,dz$ は**誤差関数**と呼ばれる．

初期関数 $f(x)$ が $x=0$ で連続ではないにもかかわらず，解 $u(x,t)$ は $t>0$ において (x,t) の C^∞ 級関数となり，$t>0$ が十分小さいときには不連続関数 $f(x)$ の良い近似関数となっている．すなわち**平滑化性**と呼ばれる性質を持つ（定理 3.4 参照）．

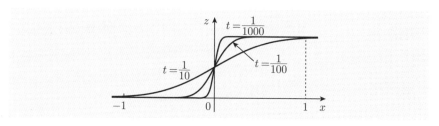

上図は $u_\ell = 0$, $u_r = 1$ の場合の，$t = \frac{1}{10}, \frac{1}{100}, \frac{1}{1000}$ のときのグラフである．一方，t が大きくなるにつれて $K(x,t)$ によって定まる正規分布の分散 $2kt$ が大きくなるので，$u(x,t)$ の値は平均化されることが予想される．実際，任意の x に対して

$$\lim_{t \to \infty} u(x,t) = \frac{u_\ell + u_r}{2} + \frac{u_r - u_\ell}{2} \operatorname{erf}(0) = \frac{u_\ell + u_r}{2}$$

と定数値に収束する．$z = u(x,t)$ のグラフを (1) $u_\ell = 1, u_r = 0$, (2) $u_\ell = 0, u_r = 1$ の場合にそれぞれ示しておく．右側の xu 平面上のグラフは $z = u(x,n)$ $(n = 1, 2, \ldots, 15)$ をまとめて書いたものである． □

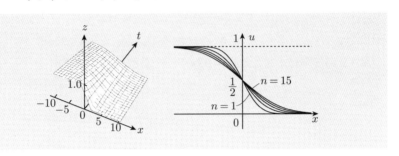

(1) $u_\ell = 1, u_r = 0$

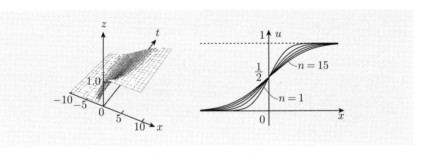

(2) $u_\ell = 0, u_r = 1$

例3.2 $k = 1$ とし，定数 $a > 0$ に対して次のような初期関数 $f(x)$ を与えたとき，(3.6) で定まる関数 $u(x,t)$ の性質を調べる．

$$f(x) = \begin{cases} 1, & |x| \leq a, \\ 0, & |x| > a. \end{cases}$$

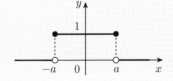

3.1　1次元熱伝導方程式の基本解と初期値問題

積分において置換した上で積分の平均値の定理を使えば

$$u(x,t) = \int_{-a}^{a} K(x-y,t)dy = \int_{x-a}^{x+a} K(z,t)dz = 2aK(x+\xi,t)$$

となる．ただし，$x-a < \xi < x+a$．初期関数は $|x| > a$ でゼロであるが，任意の z に対して $K(z,t) > 0$ であるので，時刻 t が正となった直後にあらゆる x に対して $u(x,t) > 0$ となる．すなわち，波動方程式とは異なり<u>有限伝播性は成り立たず，伝播速度は無限大</u>となる．次図は $a = \frac{1}{2}$，$t = \frac{1}{1000}, \frac{1}{100}, \frac{1}{10}, 1$ のときの $u(x,t)$ のグラフである． □

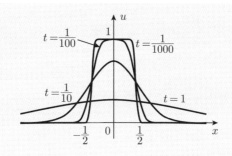

例3.1 , 例3.2 から熱伝導方程式の一般的な解の性質を推測できるが，その解は (3.6) の表現を前提としている．この表現以外に解がないことと，(3.6) を用いた解の性質をまとめておく．

定理 3.3（熱伝導方程式の解の性質）

初期値問題 (3.1) を考える．
(1)（**最大値・最小値の原理**）初期関数 $f(x)$ は有界である，$m \leq f(x) \leq M$ $(x \in \mathbb{R})$ とする．このとき，(3.1) の有界な解 $u(x,t)$ は
$$m \leq u(x,t) \leq M, \quad x \in \mathbb{R}, \quad t > 0$$
を満たす．すなわち初期関数および解がともに最大値・最小値を取るならば，解の最大値・最小値は初期関数のそれらと一致する．
(2)（**正値性**）初期関数 $f(x)$ が非負ならば解 $u(x,t)$ も非負である．
(3)（**解の一意性**）有界な解はただ1つである．

解の一意性によりポアソンの公式を用いて解の微分可能性を調べる．次の結果を用いる．例えば，杉浦[6, 定理14.2, 14.3] 参照．

補題 3.1（微分と積分の順序交換）

$a \leq x \leq b, y \in \mathbb{R}$ において C^1 級の関数 $g(x,y)$ が次の条件を満たすとする．

(i) $a \leq x \leq b$ に対して積分 $\displaystyle\int_{-\infty}^{\infty} g(x,y)\,dy$ は収束する．

(ii) $\mathbb{R}$ 上の積分が収束する関数 $h(y) \geq 0$ があって，任意の $a \leq x \leq b$, $y \in \mathbb{R}$ に対して，$|g_x(x,y)| \leq h(y)$ が成り立つ．

このとき，x の関数 $\displaystyle\int_{-\infty}^{\infty} g(x,y)\,dy$ は微分可能で，微分と積分の順序交換が可能である．
$$\frac{d}{dx}\int_{-\infty}^{\infty} g(x,y)\,dy = \int_{-\infty}^{\infty} \frac{\partial}{\partial x}g(x,y)\,dy, \quad a \leq x \leq b.$$

この補題から積分記号下で偏微分を計算して次の結果が得られる．

定理 3.4（解の正則性）

$f(x)$ は有界な連続関数とする．このとき初期値問題 (3.1) の有界な解 $u(x,t)$ は $t > 0$ のとき (x,t) の C^∞ 級関数で，$|f(x)| \leq M$ ならば任意の自然数 p, q に対して定数 C_{pq} があって，不等式
$$\left|\left(\frac{\partial}{\partial x}\right)^p \left(\frac{\partial}{\partial t}\right)^q u(x,t)\right| \leq C_{pq}\frac{M}{t^{(p/2)+q}}, \quad t > 0, x \in \mathbb{R}$$
が成立する．

波動方程式では，初期関数の微分可能性に応じて解の偏微分可能性も増すが，熱伝導方程式では，初期関数が有界連続でさえあれば解は何回でも偏微分可能で連続となる，というように全く異なった性質がある．

熱伝導方程式に対する半直線上の初期境界値問題も 2.4 節と同様にして取り扱うことができるが（演習問題 3.5, 3.7 参照），第 6 章のフーリエ級数の応用（6.1 節）や第 7 章のフーリエ変換（7.5 節）のところで詳しく紹介することにする．

3.2 ディラックのデルタ関数

熱核 $K(x,t)$ の導入の仕方,その性質,および初期値問題の解の性質に関連して工学でもしばしば用いられる**ディラック**(Dirac)**のデルタ関数** $\delta(x)$ を紹介する.厳密にいえば関数ではなく**超関数**(**シュワルツ**(Schwartz)**の超関数**)と呼ばれる汎関数であるが,通常は次のような性質を持つ関数として与えられる: $\delta(-x) = \delta(x)$

$$\delta(x) = \begin{cases} 0, & x \neq 0, \\ \infty, & x = 0, \end{cases} \quad \int_{-\infty}^{\infty} \delta(x)\,dx = 1. \tag{3.8}$$

積分の性質は,任意の点 a,**テスト関数**と呼ばれる任意の連続関数 $\varphi(x)$ に対して

$$\int_{-\infty}^{\infty} \delta(x-a)\varphi(x)\,dx = \varphi(a) \tag{3.9}$$

で置き換えることもできる.1 点を除いてゼロであるにもかかわらず積分の値が 1 であることは,普通の関数ではあり得ない.

熱核 $K(x,t)$ とデルタ関数 $\delta(x)$ の関係を紹介する.各 $t > 0$ に対して熱核 $K(x,t)$ の $\mathbb{R}$ 上の積分は 1 で,$t \to +0$ のとき関数は $x = 0$ に集中する.また $K(x,t)$ は x の偶関数であるから,(3.7) により各 a,有界連続な関数 $\varphi(x)$ に対して

$$\lim_{t \to +0} \int_{-\infty}^{\infty} K(a-x,t)\varphi(x)\,dx = \varphi(a)$$

が成り立つ.これから

$$\delta(x) = \lim_{t \to +0} \frac{1}{\sqrt{4\pi k t}} \exp\left(-\frac{x^2}{4kt}\right)$$

が成り立つ.実は,熱核 $K(x,t)$ は初期条件 $u(x,0) = \delta(x)$ のもとで熱伝導方程式の初期値問題の解として構成されたものである.

デルタ関数 $\delta(x)$ を近似する他の関数も紹介しておく.

例3.3 $\varepsilon > 0$ に対して

$$f_\varepsilon(x) = \begin{cases} \frac{1}{2\varepsilon}, & |x| \leq \varepsilon, \\ 0, & |x| > \varepsilon \end{cases}$$

とすれば,$f_\varepsilon(x) \to \delta(x)$ ($\varepsilon \to +0$) が成り立つ. □

例3.4 2次元ラプラス方程式のディリクレ境界値問題（7.8節の例題7.14）にも現れる関数
$$f_\varepsilon(x) = \frac{\varepsilon}{\pi(x^2 + \varepsilon^2)}$$
は $f_\varepsilon(x) \to \delta(x)$（$\varepsilon \to +0$）を満たす．この関数は熱核の場合と同じで，境界上で $\delta(x)$ と一致するラプラス方程式の解を構成したことによる． □

例3.5 自然数 N に対して
$$f_N(x) = \frac{\sin Nx}{\pi x}, \quad x \neq 0$$
は $N \to \infty$ のとき $f_N(x) \to \delta(x)$ となる．この関数はフーリエ級数に現れるディリクレ核 $D_N(x)$ と関連が深い（5.4節の補題5.1, 5.2 参照）． □

デルタ関数 $\delta(x)$ は原点付近では連続でさえないが，超関数としての微分を定義できる．有限閉区間の外側ではゼロとなる C^∞ 級関数の集合を $C_0^\infty(\mathbb{R})$ とする．任意の $\varphi(x) \in C_0^\infty(\mathbb{R})$ に対して，$\delta'(x) = \frac{d}{dx}\delta(x)$ を
$$\int_{-\infty}^{\infty} \delta'(x)\varphi(x)\,dx = \int_{-\infty}^{\infty} \delta(x)\left(-\frac{d}{dx}\right)\varphi(x)\,dx = -\varphi'(0)$$
と定義する．大きな $|x|$ に対して $\varphi(x) = 0$ となるから，最初の等式右辺の積分は部分積分した形となっている．高次導関数も同様に定義できる．デルタ関数に限らず超関数の微分を同様に定義する．**ヘビサイド**（Heaviside）**関数**
$$H(x) = \begin{cases} 1, & x \geq 0, \\ 0, & x < 0 \end{cases}$$
に対して，デルタ関数 $\delta(x)$ はヘビサイド関数の導関数となっている．すなわち
$$\frac{d}{dx}H(x) = \delta(x) \tag{3.10}$$
が成り立つ．実際に，任意の $\varphi(x) \in C_0^\infty(\mathbb{R})$ に対して
$$\int_{-\infty}^{\infty}\left(\frac{d}{dx}H(x)\right)\varphi(x)\,dx = -\int_{-\infty}^{\infty} H(x)\varphi'(x)\,dx = -\int_0^{\infty} \varphi'(x)\,dx$$
$$= -\Big[\varphi(x)\Big]_0^{\infty} = \varphi(0)$$
となる．

3章の演習問題

3.1 初期関数 $f(x)$ を次のように与えるとき,熱伝導方程式の解 (3.6) を計算しなさい.
(1) $\exp\left(-\dfrac{cx^2}{2}\right)$, $c > 0$ (2) x
(3) x^2 (4) x^3 (5) x^4

3.2 正定数 b に対して消散項 bu を持つ次の熱伝導方程式の初期値問題を $u(x,t) = e^{-bt}v(x,t)$ と置いて解きなさい.
$$u_t - ku_{xx} + bu = 0, \quad x \in \mathbb{R},\ t > 0, \quad u(x,0) = f(x).$$

3.3 定数 a に対して移流項 au_x を持つ次の熱伝導方程式の初期値問題
$$u_t - ku_{xx} + au_x = 0, \quad x \in \mathbb{R},\ t > 0, \quad u(x,0) = f(x)$$
を (1) 適当な定数 α, β を見つけて従属変数の変換 $v(x,t) = e^{-(\alpha x + \beta t)}u(x,t)$ を行うことにより,(2) 独立変数の変換 $y = x - at,\ s = t$ を行うことにより,それぞれ偏微分方程式を書き換えて解きなさい.

3.4 $u(x,t)$ が熱伝導方程式 $u_t - ku_{xx} = 0$ の解であるとき
$$v(x,t) = \sqrt{\dfrac{4\pi k}{t}} \exp\left(\dfrac{x^2}{4kt}\right) u\left(\dfrac{x}{t}, \dfrac{1}{t}\right)$$
で定義される関数 $v(x,t)$ は後ろ向き熱伝導方程式
$$v_t + kv_{xx} = 0, \quad x \in \mathbb{R},\ t > 0$$
を満たすことを示しなさい.

3.5 端点が断熱された長さが無限の針金の温度分布を表す半直線上の熱伝導方程式を考える.すなわち境界条件はディリクレ境界条件 (DBC) を考える.
$$\begin{cases} \text{(PDE)} & u_t - ku_{xx} = 0, \quad 0 < x < \infty,\ t > 0, \\ \text{(IC)} & u(x,0) = f(x), \quad 0 < x < \infty, \\ \text{(DBC)} & u(0,t) = 0, \quad t > 0. \end{cases} \quad (3.11)$$
ただし,波動方程式と同様に初期関数 $f(x)$ は整合条件 $u(0,t)|_{t=0} = f(0) = 0$ を満たす.2.4 節と同様に反射の方法によって,この初期境界値問題のポアソンの公式で与えられる解を求めなさい.

3.6 演習問題 3.5 の条件で,(1) $f(x) = x^2$,(2) $f(x) = x^4$ のときの解を求め,演習問題 3.1 の (3), (5) の解と比較しなさい.また (3) $f(x) = e^x - 1$ のときの解を求めなさい.

3.7 演習問題 3.5 の境界条件 (DBC) の代わりに，端点 $x=0$ で熱の出入りがないことを表すノイマン境界条件

$$\text{(NBC)} \quad u_x(0,t) = 0, \quad t > 0$$

を課して熱方程式の初期境界値問題を解きなさい．

3.8 演習問題 3.7 の条件で，(1) $f(x) = x$，(2) $f(x) = x^3$ のときの解を求め，演習問題 3.1 の (2), (4) の解と比較しなさい．また (3) $f(x) = e^x$ のときの解を求めなさい．

3.9 熱核 $K(x,t)$ に対して，$u(x,y,z,t) = K(x,t)K(y,t)K(z,t)$ は3次元熱伝導方程式

$$u_t - k(u_{xx} + u_{yy} + u_{zz}) = 0$$

を満たすことを確かめなさい．

3.10 (3.8) から (3.9) を導きなさい．

3.11 ディラック関数 $\delta(x)$ と定数 a に対して次の性質を導きなさい．

(1) $\delta(ax) = \dfrac{\delta(x)}{|a|} \quad (a \neq 0)$

(2) $\delta(x^2 - a^2) = \dfrac{\delta(x-a) + \delta(x+a)}{2a} \quad (a > 0)$

3.12 例 3.3 の結果を確かめなさい．

3.13 例 3.4 の結果を確かめなさい．

4 2次元ラプラス方程式

　この章ではまず2次元ラプラス作用素の性質を調べ，基本解を導く．しかし，時-空間でそれぞれ1変数である波動方程式，熱伝導方程式とは異なり，それ以上の議論は難しく，フーリエ級数で必要になる有限区間における1次元ラプラス作用素の固有値問題を様々な境界条件のもとで考えることが第4章の中心となる．この結果をもとに変数分離法を利用すれば，矩形での2次元ラプラス作用素に対しても固有値問題を扱うことができる．

キーワード
ラプラス作用素　ラプラス方程式　調和関数
基本解　ポアソン方程式　固有値
固有関数　周期境界条件　ディリクレ境界条件
ノイマン境界条件　ロバン境界条件
変数分離法　分離定数
ベッセルの微分方程式　ベッセル関数
確定特異点型微分方程式　決定方程式　指数

4.1　2次元ラプラス作用素

この節では2次元ラプラス方程式

$$\Delta u(x,y) = u_{xx}(x,y) + u_{yy}(x,y) = 0, \quad (x,y) \in \mathbb{R}^2 \tag{4.1}$$

についてその性質を調べ，基本解を導く．ここに偏微分作用素

$$\Delta = \frac{\partial^2}{\partial x^2} + \frac{\partial^2}{\partial y^2}$$

は **2次元ラプラス作用素** または **ラプラシアン**（Laplacian）と呼ばれ，(4.1) を満たす C^2 級関数を (x,y) の **調和関数** という．

複素関数論の関連する結果を復習する．複素変数 $z = x + iy$（$i = \sqrt{-1}$）で微分可能な関数である **正則関数** $w = f(z) = u(x,y) + iv(x,y)$ に対して，その実部 $u(x,y)$，虚部 $v(x,y)$ は (x,y) の調和関数となる．実関数の場合と同様に $w = z^2, z^3, \ldots$ は複素平面上の任意の点で微分可能であるから正則関数である．よってそれぞれの実部 $x^2 - y^2$, $x^3 - 3xy^2, \ldots$，および虚部 $2xy$, $3x^2y - y^3, \ldots$ は調和関数である．これからラプラス方程式の解は無数にあることになるが，波動方程式には一般解があるので解は無数にある，ということとは事情が異なる．したがって，解として適切な調和関数を選ぶ必要がある．そこでまず，ラプラス作用素の性質を調べておく．

命題 4.1（ラプラス作用素の性質）

(1) ラプラス作用素は平行移動 $(x,y) \longmapsto (\xi,\eta) = (x+a, y+b)$ に対して不変である．すなわち，$u(x,y) = U(\xi,\eta)$ と置くと次の等式が成り立つ．

$$u_{xx} + u_{yy} = U_{\xi\xi} + U_{\eta\eta}. \tag{4.2}$$

(2) ラプラス作用素は原点中心の反時計回りに α だけの回転移動

$$(x,y) \longmapsto (\xi,\eta) = (x\cos\alpha - y\sin\alpha, x\sin\alpha + y\cos\alpha)$$

に対しても不変である．すなわち等式 (4.2) が成り立つ．

［証明］　(2) のみ示す．(1) とともに偏微分の連鎖律の重要な応用例である．u は C^2 級，したがって U も C^2 級関数とする．連鎖律により

4.1 2次元ラプラス作用素

$$u_x = U_\xi \xi_x + U_\eta \eta_x = U_\xi \cos\alpha + U_\eta \sin\alpha,$$
$$u_y = U_\xi \xi_y + U_\eta \eta_y = -U_\xi \sin\alpha + U_\eta \cos\alpha = U_\eta \cos\alpha - U_\xi \sin\alpha$$

となる．この結果をそれぞれもう1度用いる．仮定から $U_{\xi\eta} = U_{\eta\xi}$ により

$$\begin{aligned} u_{xx} &= (u_x)_x = (u_x)_\xi \cos\alpha + (u_x)_\eta \sin\alpha \\ &= \left(U_\xi \cos\alpha + U_\eta \sin\alpha\right)_\xi \cos\alpha + \left(U_\xi \cos\alpha + U_\eta \sin\alpha\right)_\eta \sin\alpha \\ &= U_{\xi\xi} \cos^2\alpha + 2U_{\xi\eta} \sin\alpha\cos\alpha + U_{\eta\eta} \sin^2\alpha. \end{aligned}$$

同様に

$$\begin{aligned} u_{yy} &= (u_y)_y = \left(U_\eta \cos\alpha - U_\xi \sin\alpha\right)_\eta \cos\alpha - \left(U_\eta \cos\alpha - U_\xi \sin\alpha\right)_\xi \sin\alpha \\ &= U_{\xi\xi} \sin^2\alpha - 2U_{\xi\eta} \sin\alpha\cos\alpha + U_{\eta\eta} \cos^2\alpha. \end{aligned}$$

2つの等式の和を取り，$\cos^2\alpha + \sin^2\alpha = 1$ を使えば (4.2) が得られる． ∎

偏微分方程式 (4.1) を常微分方程式に帰着することを考えてみる．命題 4.1 の (2) により原点周りの回転移動に不変な解が存在するはずである．そこで極座標 (r, θ) を導入し，原点との距離関数 r だけに依存する解を見つけよう．

ラプラス作用素を極座標で表示することから始める．

命題 4.2（ラプラス作用素の極座標表示）

$x = r\cos\theta, y = r\sin\theta, u(x, y) = U(r, \theta)$ と置くとき

$$u_{xx} + u_{yy} = U_{rr} + \frac{1}{r} U_r + \frac{1}{r^2} U_{\theta\theta} \tag{4.3}$$

を得る．すなわち，ラプラス作用素を極座標で表示すると

$$\Delta = \frac{\partial^2}{\partial r^2} + \frac{1}{r}\frac{\partial}{\partial r} + \frac{1}{r^2}\frac{\partial^2}{\partial \theta^2} \tag{4.4}$$

となる．

[証明]　連鎖律により

$$U_r = u_x x_r + u_y y_r = u_x \cos\theta + u_y \sin\theta,$$
$$U_\theta = u_x x_\theta + u_y y_\theta = u_x(-r\sin\theta) + u_y r\cos\theta$$

を得る．これを未知数 u_x, u_y に関する連立1次方程式とみなして解く．係数行列の行列式は

$$\begin{vmatrix} \cos\theta & \sin\theta \\ -r\sin\theta & r\cos\theta \end{vmatrix} = r\cos^2\theta + r\sin^2\theta = r$$

と計算できる．原点以外では正だからクラメル（Cramer）の公式により

$$\begin{aligned}
u_x &= \frac{1}{r}\begin{vmatrix} U_r & \sin\theta \\ U_\theta & r\cos\theta \end{vmatrix} \\
&= U_r\cos\theta - U_\theta\frac{\sin\theta}{r}, \\
u_y &= \frac{1}{r}\begin{vmatrix} \cos\theta & U_r \\ -r\sin\theta & U_\theta \end{vmatrix} \\
&= U_r\sin\theta + U_\theta\frac{\cos\theta}{r}
\end{aligned}$$

が導かれる．命題 4.1 と同様にこの結果をそれぞれもう一度用いる．ただし，この場合には係数は定数ではなく，(r,θ) の関数であることに注意しなければならない．

$$\begin{aligned}
u_{xx} &= (u_x)_x \\
&= (u_x)_r\cos\theta - (u_x)_\theta\frac{\sin\theta}{r} \\
&= \left(U_r\cos\theta - U_\theta\frac{\sin\theta}{r}\right)_r\cos\theta - \left(U_r\cos\theta - U_\theta\frac{\sin\theta}{r}\right)_\theta\frac{\sin\theta}{r} \\
&= \left(U_{rr}\cos\theta - U_{\theta r}\frac{\sin\theta}{r} + U_\theta\frac{\sin\theta}{r^2}\right)\cos\theta \\
&\quad - \left(U_{r\theta}\cos\theta - U_r\sin\theta - U_{\theta\theta}\frac{\sin\theta}{r} - U_\theta\frac{\cos\theta}{r}\right)\frac{\sin\theta}{r} \\
&= U_{rr}\cos^2\theta + U_r\frac{\sin^2\theta}{r} + U_{\theta\theta}\frac{\sin^2\theta}{r^2} + U_\theta\frac{\sin 2\theta}{r^2} - U_{r\theta}\frac{\sin 2\theta}{r}.
\end{aligned}$$

ここに，$U_{\theta r} = U_{r\theta}$ を用いた．同様にして

$$\begin{aligned}
u_{yy} &= (u_y)_y \\
&= \left(U_r\sin\theta + U_\theta\frac{\cos\theta}{r}\right)_r\sin\theta + \left(U_r\sin\theta + U_\theta\frac{\cos\theta}{r}\right)_\theta\frac{\cos\theta}{r} \\
&= U_{rr}\sin^2\theta + U_r\frac{\cos^2\theta}{r} + U_{\theta\theta}\frac{\cos^2\theta}{r^2} - U_\theta\frac{\sin 2\theta}{r^2} + U_{r\theta}\frac{\sin 2\theta}{r}
\end{aligned}$$

を得る．2 つの等式の和を取って整理すれば等式 (4.3) を得る．∎

4.1 2次元ラプラス作用素

2次元ラプラス方程式 (4.1) の解 $u = u(x,y)$ を r のみの関数 $u = U(r,\theta) = \varphi(r)$ で見つける．$U = \varphi(r)$ を (4.3) の右辺に代入して

$$0 = \Delta u = \varphi''(r) + \frac{1}{r}\varphi'(r) = \frac{1}{r}\{r\varphi'(r)\}'.$$

これを積分すれば，定数 C_1 があって $r\varphi'(r) = C_1$，すなわち $\varphi'(r) = \frac{C_1}{r}$．もう1度積分して $\varphi(r) = C_1 \log r + C_2$ を得る．ただし，C_2 は任意定数である．$C_1 = \frac{1}{2\pi}, C_2 = 0$ と取るとき，関数

$$E(x,y) = \frac{1}{2\pi} \log r = \frac{1}{2\pi} \log \sqrt{x^2 + y^2} \tag{4.5}$$

はラプラス方程式の**基本解**と呼ばれる．実際には**ポアソン方程式**

$$\Delta u = h(x,y), \quad (x,y) \in \mathbb{R}^2 \tag{4.6}$$

の基本解と呼ぶ方がふさわしい．なぜならば，次の結果が成り立つ．

定理 4.1

関数 $h(x,y)$ は C^1 級で，$\sqrt{x^2 + y^2} \to \infty$ のときに $h(x,y)$ およびその偏導関数は十分速く減衰するとする．このとき，

$$u(x,y) = \iint_{\mathbb{R}^2} E(x-\xi, y-\eta) h(\xi, \eta) \, d\xi d\eta$$

はポアソン方程式 (4.6) の解である．ここに等式の右辺の積分は，$E(x,y)$ と $h(x,y)$ の2変数関数としての合成積を表す．

この節の最初に述べたように，正則関数の実部または虚部は調和関数になる．逆に，任意の2変数調和関数を実部または虚部とする正則関数も存在する．そこで，調和関数 $u(x,y) = \log \sqrt{x^2 + y^2}$ を実部とする正則関数について述べておく．複素変数を $z = x + iy$ とするとき原点と負の実軸を除いて正則な複素対数関数 $\log z$ の主値は

$$\mathrm{Log}\, z = \log |z| + i \operatorname{Arg} z$$

と定義され（チャーチル-ブラウン[8]，藤本[13]），$u(x,y)$ は $\mathrm{Log}\, z$ の実部になっている．ここに，$\operatorname{Arg} z$ は z の偏角 $\arg z$ の主値を表す．

4.2　1次元ラプラス作用素の固有値問題

この節では，有限区間における 1 次元ラプラス作用素 $\frac{d^2}{dx^2}$ の**固有値問題** $-u''(x) = \lambda u(x)$ を様々な境界条件のもとで解く．これらの固有関数は第 5 章でフーリエ級数を構成する役割を果たす．固有値問題とは，常微分方程式 $-u''(x) = \lambda u(x)$ を満たす『恒等的にゼロではない解』$u(x)$ と定数 λ を同時に求める問題である．n 次行列 A に対して固有値 λ とその固有ベクトル $\boldsymbol{v} \neq \boldsymbol{0}$：$A\boldsymbol{v} = \lambda \boldsymbol{v}$ を求める線形代数の問題と同じであるが，本質的に異なるのは固有値 λ は無数にあり，したがってその固有関数 $u(x)$ もまた無数にあることである．

例題 4.1 ──────────────── 周期境界条件

区間 $(0, L)$ 上で次の**周期境界条件**のもとでの固有値問題を考える．
$$\begin{cases} u''(x) + \lambda u(x) = 0, & 0 < x < L, \\ u(0) = u(L), & u'(0) = u'(L). \end{cases} \quad (4.7)$$
ただし λ は実数とする．このとき，**固有値** λ，**固有関数** $u(x)$ は次のように与えられることを導きなさい．

$\lambda_0 = 0, \quad u_0(x) = 1,$
$\lambda_n = \left(\frac{2n\pi}{L}\right)^2, \quad u_n(x) = \left\{\cos \frac{2n\pi x}{L}, \sin \frac{2n\pi x}{L}\right\}, \quad n = 1, 2, \ldots$

または，$A_n^2 + B_n^2 \neq 0$ に対して，$u_n(x) = A_n \cos \frac{2n\pi x}{L} + B_n \sin \frac{2n\pi x}{L}$．
ゼロ固有値 λ_0 を除いて各固有値の重複度は 2 となる．

注意1　表記の簡略化のために $L = 2\ell$ と置けば，$n \geq 1$ に対する固有値，固有関数は次のように与えられる．
$$\lambda_n = \left(\frac{n\pi}{\ell}\right)^2, \quad u_n(x) = \left\{\cos \frac{n\pi x}{\ell}, \sin \frac{n\pi x}{\ell}\right\}, \quad n = 1, 2, \ldots. \quad \square$$

注意2　問題 (4.7) の区間を $\frac{L}{2} = \ell$ だけ負の方に移動したときの固有値問題
$$\begin{cases} u''(x) + \lambda u(x) = 0, & -\ell < x < \ell, \\ u(-\ell) = u(\ell), & u'(-\ell) = u'(\ell) \end{cases}$$
に対しても，例題 4.1 と全く同じ固有値，固有関数が導かれる． $\square$

4.2 １次元ラプラス作用素の固有値問題

【解答】 (i) $\lambda < 0$, (ii) $\lambda = 0$, (iii) $\lambda > 0$, それぞれの場合に分けて考える．定数係数常微分方程式 $u'' + \lambda u = 0$ の特性方程式 $\mu^2 + \lambda = 0$ の解を μ と置く．

(i) $\lambda < 0$ のとき，特性方程式の解は $\mu = \pm\sqrt{-\lambda}$ だから，一般解は $u(x) = Ae^{-\sqrt{-\lambda}x} + Be^{\sqrt{-\lambda}x}$ となる．解 $u(x)$ が境界条件を満たすための必要十分条件は

$$A + B = Ae^{-L\sqrt{-\lambda}} + Be^{L\sqrt{-\lambda}}, \tag{4.8}$$

$$-\sqrt{-\lambda}A + \sqrt{-\lambda}B = -\sqrt{-\lambda}Ae^{-L\sqrt{-\lambda}} + \sqrt{-\lambda}Be^{L\sqrt{-\lambda}} \tag{4.9}$$

である．(4.9) の両辺を $\sqrt{-\lambda}$ で割り，その結果を (4.8) に加えて整理すれば

$$2(1 - e^{L\sqrt{-\lambda}})B = 0.$$

ここで $e^{L\sqrt{-\lambda}} > 1$ だから $B = 0$ となるので，それを (4.8) に代入して

$$(1 - e^{-L\sqrt{-\lambda}})A = 0$$

を得る．よって $A = 0$, すなわち $u(x) \equiv 0$ となるので負の固有値はない．

(ii) $\lambda = 0$ のとき，特性方程式は $\mu^2 = 0$ だから μ は 2 重解 $\mu = 0$ となる．一般解 $u(x) = A + Bx$ が境界条件を満たすための必要十分条件は

$$A = A + BL, \quad B = B$$

である．ゆえに，$B = 0$, $A = $ 任意の定数 が導かれるので $\lambda = \lambda_0 = 0$ は固有値であり，固有関数は $A = 1$ と置いて $u_0(x) = 1$ と選べる．

(iii) $\lambda > 0$ のとき，特性方程式の解は $\mu = \pm i\sqrt{\lambda}$ だから，一般解は $u(x) = A\cos\sqrt{\lambda}x + B\sin\sqrt{\lambda}x$ となる．解 $u(x)$ が境界条件を満たすための必要十分条件は

$$A = A\cos L\sqrt{\lambda} + B\sin L\sqrt{\lambda}, \quad \sqrt{\lambda}B = -\sqrt{\lambda}A\sin L\sqrt{\lambda} + \sqrt{\lambda}B\cos L\sqrt{\lambda}$$

である．A, B の連立 1 次方程式として書き直せば次のようになる．

$$\begin{cases} \{\cos(L\sqrt{\lambda}) - 1\}A + \sin(L\sqrt{\lambda})B = 0, \\ -\sqrt{\lambda}\sin(L\sqrt{\lambda})A + \sqrt{\lambda}\{\cos(L\sqrt{\lambda}) - 1\}B = 0. \end{cases}$$

これが自明でない解 $\{A, B\}$ を持つための必要十分条件は

$$0 = \text{係数行列の行列式} = \sqrt{\lambda}(\cos L\sqrt{\lambda} - 1)^2 + \sqrt{\lambda}\sin^2 L\sqrt{\lambda}$$
$$= 2\sqrt{\lambda}(1 - \cos L\sqrt{\lambda}),$$

すなわち，$\cos L\sqrt{\lambda} = 1$ でなければならない．符号を考慮すれば任意の自然数 n に対して $L\sqrt{\lambda} = 2n\pi$，よって $\lambda = \lambda_n = \left(\frac{2n\pi}{L}\right)^2$ は固有値であり，固有関数は $u_n(x) = A_n \cos\frac{2n\pi x}{L} + B_n \sin\frac{2n\pi x}{L}$ となる．各 $n \geq 1$ に対して $\{\cos\frac{2n\pi x}{L}, \sin\frac{2n\pi x}{L}\}$ は1次独立だから例題の主張を得る．∎

他の境界条件のもとで固有値問題を考える前に，例題 4.1 で調べた常微分方程式 $u''(x) + \lambda u(x) = 0$ の一般解 $u(x)$ を，改めて λ の符号により分類しまとめておく．任意定数 A, B に対して

$$u(x) = \begin{cases} Ae^{-\sqrt{-\lambda}\,x} + Be^{\sqrt{-\lambda}\,x}, & \lambda < 0, \\ A + Bx, & \lambda = 0, \\ A\cos\sqrt{\lambda}\,x + B\sin\sqrt{\lambda}\,x, & \lambda > 0. \end{cases} \quad (4.10)$$

例題 4.2 ────────────────────────── **ディリクレ境界条件** ─

ディリクレ境界条件のもとで1次元ラプラス作用素の固有値問題

$$\begin{cases} u''(x) + \lambda u(x) = 0, & 0 < x < L, \\ u(0) = 0, \quad u(L) = 0 \end{cases}$$

を考える．このとき固有値 λ，固有関数 $u(x)$ は

$$\lambda_n = \left(\frac{n\pi}{L}\right)^2, \quad u_n(x) = \sin\frac{n\pi x}{L}, \quad n = 1, 2, \ldots$$

で与えられ，各固有値の重複度は1であることを導きなさい．ただし，例題 4.1 とは固有値，固有関数が異なっていることを注意しておく．

【解答】 (i) $\lambda < 0$, (ii) $\lambda = 0$, (iii) $\lambda > 0$，それぞれの場合に分けて考える．

(i) $\lambda < 0$ のとき，(4.10) から得られる一般解 $u(x) = Ae^{-\sqrt{-\lambda}\,x} + Be^{\sqrt{-\lambda}\,x}$ がディリクレ境界条件を満たすための必要十分条件は，次のようになる．

$$\begin{cases} A + B = 0, \\ e^{-L\sqrt{-\lambda}}A + e^{L\sqrt{-\lambda}}B = 0. \end{cases}$$

A, B の斉次連立1次方程式とみなして係数行列の行列式を計算すると

$$1 \cdot e^{L\sqrt{-\lambda}} - 1 \cdot e^{-L\sqrt{-\lambda}} = e^{-L\sqrt{-\lambda}}\left(e^{2L\sqrt{-\lambda}} - 1\right) > 0.$$

したがって自明な解 $A = B = 0$ しか持たないので，$\lambda < 0$ は固有値ではない．

4.2 1次元ラプラス作用素の固有値問題

(ii) $\lambda = 0$ のとき，(4.10) から得られる一般解 $u(x) = A + Bx$ がディリクレ境界条件を満たすための必要十分条件は $A = 0, A + BL = 0$ である．しかし $A = B = 0$ となるので $\lambda = 0$ は固有値ではない．

(iii) $\lambda > 0$ のとき，(4.10) から得られる一般解 $u(x) = A\cos\sqrt{\lambda}\,x + B\sin\sqrt{\lambda}\,x$ がディリクレ境界条件を満たすための必要十分条件は

$$A = 0, \quad A\cos L\sqrt{\lambda} + B\sin L\sqrt{\lambda} = 0$$

である．自明でない解が存在するためには $\sin L\sqrt{\lambda} = 0$ でなければならない．$L\sqrt{\lambda} > 0$ により，自然数 n に対して $L\sqrt{\lambda} = n\pi$，したがって $\lambda = \lambda_n = \left(\frac{n\pi}{L}\right)^2$ となる．これから対応する固有関数も導かれる． ∎

注意 例題 4.2 は，無限に深い井戸型ポテンシャル $V(x)$

$$V(x) = \begin{cases} 0, & 0 \leq x \leq L, \\ \infty, & x < 0,\ \text{または}\ x > L \end{cases}$$

を持つ 1 次元シュレディンガー作用素の固有値問題

$$\left\{-\frac{d^2}{dx^2} + V(x)\right\}u(x) = \lambda u(x)$$

と解釈することもできる．このとき $\lambda = \lambda_n, u(x) = u_n(x)$ である． ∎

例題 4.2 と全く同様にして，ノイマン境界条件の場合も次のように解くことができる．

例題 4.3 ────────────────── ノイマン境界条件 ─

ノイマン境界条件のもとで 1 次元ラプラス作用素の固有値問題

$$\begin{cases} u'' + \lambda u = 0, & 0 < x < L, \\ u'(0) = 0, & u'(L) = 0 \end{cases}$$

を考える．このとき固有値 λ，固有関数 $u(x)$ は，$\lambda_0 = 0, u_0(x) = 1$，および

$$\lambda_n = \left(\frac{n\pi}{L}\right)^2, \quad u_n(x) = \cos\frac{n\pi x}{L}, \quad n = 1, 2, \ldots$$

で与えられ，各固有値の重複度は 1 であることを導きなさい．

注意 ディリクレ境界条件の問題とは固有関数が異なるだけではなく，ゼロ固有値 $\lambda_0 = 0$ が現れる． ∎

---- 例題 4.4 ----　　　　　　　　　　　　　　　　　　　　---- 混合境界条件 ----

片側ディリクレ, 片側ノイマンの混合境界条件のもとでの固有値問題

$$\begin{cases} u''(x) + \lambda u(x) = 0, & 0 < x < L, \\ u(0) = 0, & u'(L) = 0 \end{cases}$$

を考える. このとき固有値 λ, 固有関数 $u(x)$ は次のようになることを導きなさい.

$$\lambda_n = \left\{ \frac{(n+\frac{1}{2})\pi}{L} \right\}^2, \quad u_n(x) = \sin\frac{(n+\frac{1}{2})\pi x}{L}, \quad n = 0, 1, 2, \ldots.$$

【解答】(i) $\lambda < 0$, (ii) $\lambda = 0$, (iii) $\lambda > 0$ に場合分けして考える.

(i) $\lambda < 0$ のとき, 一般解 $u(x) = Ae^{-\sqrt{-\lambda}x} + Be^{\sqrt{-\lambda}x}$ が混合境界条件を満たすための必要十分条件は

$$\begin{cases} A + B = 0, \\ -\sqrt{-\lambda}e^{-L\sqrt{-\lambda}}A + \sqrt{-\lambda}e^{L\sqrt{-\lambda}}B = 0 \end{cases}$$

である. A, B に関する連立 1 次方程式としての係数行列の行列式を調べれば, $\sqrt{-\lambda}\bigl(e^{L\sqrt{-\lambda}} + e^{-L\sqrt{-\lambda}}\bigr) > 0$ となる. したがって自明な解しか持たないので $\lambda < 0$ は固有値ではない.

(ii) $\lambda = 0$ のとき, 一般解 $u(x) = A + Bx$ による混合境界条件の表現は $A = 0, B = 0$ であり, 自明な解しかないので $\lambda = 0$ もまた固有値ではない.

(iii) $\lambda > 0$ のとき, 一般解 $u(x) = A\cos\sqrt{\lambda}x + B\sin\sqrt{\lambda}x$ に対して, $u(0) = 0$ から $A = 0$, $u'(L) = 0$ により

$$-\sqrt{\lambda}A\sin L\sqrt{\lambda} + \sqrt{\lambda}B\cos L\sqrt{\lambda} = 0$$

が成り立つ. すなわち $\cos L\sqrt{\lambda} = 0$. したがってゼロまたは自然数 n に対して $L\sqrt{\lambda} = (n+\frac{1}{2})\pi$ でなければならない. これから求める結果を得る. ∎

今まで扱ってきた固有値問題では負の固有値は存在しなかったが, この節の最後に負の固有値が現れる境界条件の例を 1 つ紹介する. **ロバン (Robin) 境界条件**: $u'(0) - \sigma_0 u(0) = 0$, $u'(L) + \sigma_L u(L) = 0$ を課した 1 次元ラプラス作用素の固有値問題を考える. ここに σ_0, σ_L は定数で, 符号, 値の大小により負の固

4.2　1次元ラプラス作用素の固有値問題

有値が現れることを導く。$\lambda < 0$ に対する一般解 $u(x) = Ae^{-\sqrt{-\lambda}x} + Be^{\sqrt{-\lambda}x}$ が境界条件を満たすための必要十分条件は

$$\begin{cases} (-\sqrt{-\lambda} - \sigma_0)A + (\sqrt{-\lambda} - \sigma_0)B = 0, \\ (-\sqrt{-\lambda} + \sigma_L)e^{-L\sqrt{-\lambda}}A + (\sqrt{-\lambda} + \sigma_L)e^{L\sqrt{-\lambda}}B = 0 \end{cases}$$

となる。この A, B に関する連立1次方程式が自明でない解を持つためには，$\mu = \sqrt{-\lambda} > 0$ が

$$(-\mu - \sigma_0)(\mu + \sigma_L)e^{L\mu} - (\mu - \sigma_0)(-\mu + \sigma_L)e^{-L\mu} = 0$$

を満たさなければならない。したがって，$(\mu + \sigma_0)(\mu + \sigma_L) \neq 0$ として

$$\frac{(\mu - \sigma_0)(\mu - \sigma_L)}{(\mu + \sigma_0)(\mu + \sigma_L)} = e^{2L\mu}$$

を得る。ここで $L = 1$ として，$\sigma_0 = 0$（ノイマン境界条件），$\sigma_1 = -1$ の場合を調べれば

$$1 + \frac{2}{\mu - 1} = e^{2\mu}$$

を満たす μ がただ1つ存在する（下図参照）。すなわち負の固有値 $\lambda = -\mu^2$ が1つだけ現れる。

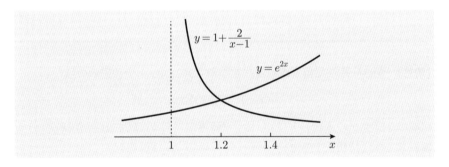

4.3 2次元ラプラス作用素の固有値問題

本書では扱わないが，有界領域上で2次元波動方程式，2次元熱伝導方程式をフーリエの方法（5.1節参照）により解こうとすれば，例題 4.1–4.4 に対応する2次元ラプラス作用素の固有値問題を調べる必要がある．そこで 5.1 節でも紹介する**変数分離法**を用いて2次元ラプラス作用素の固有値問題を矩形および円に対してディリクレ境界条件のもとで考える．

— 例題 4.5 —————————————————— 矩形での固有値問題 —

正定数 a, b に対して $D = \{(x,y) \mid 0 < x < a, 0 < y < b\}$ とする．ディリクレ境界条件を課した2次元ラプラス作用素の固有値問題

$$\begin{cases} u_{xx}(x,y) + u_{yy}(x,y) + \lambda u(x,y) = 0, & (x,y) \in D, \\ u(x,y) = 0, & (x,y) \in \partial D \end{cases}$$

に対して，固有値 λ，固有関数 $u(x,y)$ は次のようになることを導きなさい．

$$\lambda = \lambda_{m,n} = \left(\frac{m^2}{a^2} + \frac{n^2}{b^2}\right)\pi^2,$$

$$u(x,y) = u_{m,n}(x,y) = \sin\frac{m\pi x}{a} \sin\frac{n\pi y}{b}.$$

ただし，m, n は自然数である：$m = 1, 2, \ldots, n = 1, 2, \ldots$．

【**解答**】 変数分離法で解を求める．すなわち，2つの1変数関数の積

$$u(x,y) = X(x)Y(y)$$

が解になるように $X(x), Y(y)$ を見つける方法である．$u(x,y) = X(x)Y(y)$ を偏微分方程式に代入すると

$$X''(x)Y(y) + X(x)Y''(y) + \lambda X(x)Y(y) = 0$$

を得る．$X(x)Y(y) \not\equiv 0$ として両辺を $X(x)Y(y)$ で割って整理すれば

$$\frac{X''(x)}{X(x)} = -\frac{Y''(y)}{Y(y)} - \lambda.$$

左辺は変数 x のみの関数，右辺は変数 y のみの関数で，それらが一致するから両辺ともに同じ定数 $-\mu$（**分離定数**と呼ばれる）でなければならない．よって，

$$X''(x) + \mu X(x) = 0, \quad Y''(y) + (\lambda - \mu)Y(y) = 0$$

4.3 2次元ラプラス作用素の固有値問題

が従う．またディリクレ境界条件により

$$X(0)Y(y) = X(a)Y(y) = 0, \quad 0 < y < b,$$
$$X(x)Y(0) = X(x)Y(b) = 0, \quad 0 < x < a$$

を得る．$X(x) \not\equiv 0, Y(y) \not\equiv 0$ だから，$X(x), Y(y)$ それぞれに対するディリクレ境界条件 $X(0) = X(a) = 0, Y(0) = Y(b) = 0$ が導かれる．$X(x)$ については例題 4.2 により，自然数 m に対して

$$\mu = \mu_m = \left(\frac{m\pi}{a}\right)^2, \quad X(x) = X_m(x) = \sin\frac{m\pi x}{a}.$$

$Y(y)$ についても $\nu = \lambda - \mu$ と置換して考えれば $X(x)$ と同様にして

$$\nu = \nu_n = \left(\frac{n\pi}{b}\right)^2, \quad Y(y) = Y_n(y) = \sin\frac{n\pi y}{b}$$

を得る．ここに n は自然数．以上から例題 4.5 の結果が導かれた． ■

次に，原点中心半径 a の円内 $D = \{(x,y) \,|\, x^2 + y^2 < a^2\}$ において，ディリクレ境界条件のもとで固有値問題を考える．

$$\begin{cases} u_{xx}(x,y) + u_{yy}(x,y) + \lambda u(x,y) = 0, & (x,y) \in D, \\ u(x,y) = 0, & (x,y) \in \partial D. \end{cases} \quad (4.11)$$

この問題では矩形の場合とは異なり計算が容易ではないので，ゼロおよび負の固有値はないことを初めから認めて正の固有値の計算を行う．

$\lambda > 0$ とし，極座標 (r, θ) を導入して考える．このため実質的には領域 D の代わりに原点を除いた領域 $D \setminus \{(0,0)\}$ で固有値問題を考えることになる．4.1 節の等式 (4.3) により，(4.11) は $u = U = U(r, \theta)$ に対して

$$\begin{cases} U_{rr} + \frac{1}{r}U_r + \frac{1}{r^2}U_{\theta\theta} + \lambda U = 0, & 0 < r < a, 0 < \theta < 2\pi, \\ U(a, \theta) = 0, & 0 < \theta < 2\pi \end{cases}$$

と書き換えられる．$U(r, \theta) = R(r)\Theta(\theta)$ と置いてこれを上段の方程式に代入すれば

$$R''\Theta + \frac{1}{r}R'\Theta + \frac{1}{r^2}R\Theta'' + \lambda R\Theta = 0.$$

両辺に r^2 をかけ，$R\Theta \not\equiv 0$ として両辺を $R\Theta$ で割って整理すると

$$\frac{r^2 R''}{R} + \frac{rR'}{R} + \lambda r^2 = -\frac{\Theta''}{\Theta}$$

が得られるが,これらは同じ定数でなければならない.分離定数を μ と置けば次の2つの常微分方程式が導かれる.

$$R'' + \frac{1}{r}R' + \left(\lambda - \frac{\mu}{r^2}\right)R = 0, \quad 0 < r < a, \tag{4.12}$$

$$\Theta'' + \mu\Theta = 0, \quad 0 < \theta < 2\pi.$$

$r = a$ におけるディリクレ境界条件は $R(a)\Theta(\theta) = 0$ ($0 < \theta < 2\pi$) と書き換えられ,$\Theta \not\equiv 0$ だから R に関する境界条件は $R(a) = 0$ となる.もう1つの端点 $r = 0$ では,発散する関数を除外する条件

$$R(0) \text{ は有限である} \tag{4.13}$$

を置く.一方,(4.11) からは Θ に関する境界条件は何も導かれないが,周期性 $\Theta(\theta) = \Theta(\theta + 2\pi)$ を考慮して周期境界条件 $\Theta(0) = \Theta(2\pi)$, $\Theta'(0) = \Theta'(2\pi)$ を置くと,例題 4.1 により固有値,固有関数は,$n = 0, 1, 2, \ldots$ に対して

$$\mu = \mu_n = n^2, \quad \Theta = \Theta_n = A_n \cos n\theta + B_n \sin n\theta$$

となる.よって (4.12) を $\mu = n^2$ の場合に考えれば良い.

$$R''(r) + \frac{1}{r}R'(r) + \left(\lambda - \frac{n^2}{r^2}\right)R(r) = 0.$$

さらに $\lambda > 0$ に注意して $\rho = \sqrt{\lambda}\,r$ と変数変換すれば $\frac{d}{dr} = \frac{\sqrt{\lambda}\,d}{d\rho}$ であるから,上の方程式は次の**ベッセル**(Bessel)**の微分方程式**に書き換えられる.

$$R''(\rho) + \frac{1}{\rho}R'(\rho) + \left(1 - \frac{n^2}{\rho^2}\right)R(\rho) = 0. \tag{4.14}$$

ここで,ベッセルの微分方程式について復習しておく.詳細は矢嶋[19, 4.5 節],島倉[5, 第 4 章,第 7 章] を参照.ベッセルの微分方程式は $x = 0$ を確定特異点に持つ**確定特異点型微分方程式**で,その一般形は次で与えられる.

$$x^2 y'' + x p(x) y' + q(x) y = 0. \tag{4.15}$$

ここに係数 $p(x), q(x)$ は $x = 0$ における解析関数,すなわちマクローリン級数展開できる関数である.(4.14) は $p(x) = 1$, $q(x) = x^2 - n^2$ の場合に対応する.(4.15) の解法の概略を述べておく.基本的にベキ級数の形で書ける解を想定し,その未定係数を漸化式により決定する.実際に,既知関数 $p(x), q(x)$ のマクローリン級数展開,および未知定数 k も含む形式解 y を,それぞれ

4.3 2次元ラプラス作用素の固有値問題

$$p(x) = \sum_{\ell=0}^{\infty} p_\ell x^\ell, \quad q(x) = \sum_{\ell=0}^{\infty} q_\ell x^\ell, \quad y = x^k \sum_{m=0}^{\infty} c_m x^m$$

と置く．これらを (4.15) に代入する．y の導関数を項別微分して計算すると

$$x^2 \sum_{m=0}^{\infty} (k+m)(k+m-1)c_m x^{m+k-2}$$
$$+ x \left(\sum_{\ell=0}^{\infty} p_\ell x^\ell \right) \left(\sum_{m=0}^{\infty} (k+m) c_m x^{m+k-1} \right)$$
$$+ \left(\sum_{\ell=0}^{\infty} q_\ell x^\ell \right) \left(\sum_{m=0}^{\infty} c_m x^{k+m} \right) = 0.$$

各 x^{k+m} の係数がゼロになるように k および c_m を決めて行く．次数が最も低い x^k の係数は $\{k(k-1) + p_0 k + q_0\}c_0$ で与えられ，$c_0 \neq 0$ として条件

$$\varphi(k) \equiv k(k-1) + p_0 k + q_0 = 0$$

を得る．これを (4.15) の**決定方程式**という．少なくとも k は決定方程式の解でなければならない．解 k を**指数**という．c_0 は任意の定数で良い．上の φ を用いれば x^{m+k} の係数がゼロとなる条件は

$$\varphi(k+m) c_m + \sum_{j=0}^{m-1} \{(k+j)p_{m-j} + q_{m-j}\}c_j = 0 \tag{4.16}$$

となる．指数が 2 つの実数 k_1, k_2 となる場合を考え，$k_1 \geq k_2$ とする．もしも $k_1 - k_2$ が自然数でなければ，すべての自然数 m に対して $\varphi(k_1 + m) \neq 0$, $\varphi(k_2 + m) \neq 0$ となるので，(4.16) から係数 c_m を

$$c_m = -\frac{1}{\varphi(k+m)} \sum_{j=0}^{m-1} \{(k+j)p_{m-j} + q_{m-j}\}c_j$$

によって逐次定めることができる．このとき k_1, k_2 それぞれに対応する 1 次独立な 2 つの形式解 y_1, y_2 を得る．これらの形式解は実際に適当な $|x|$ の範囲で収束し，解になる．

一方，$k_1 - k_2$ が自然数 N である場合には，$\varphi(k_2 + N) = \varphi(k_1) = 0$ となるので $k = k_2$ に対応する形式解を構成できないが，$k = k_1$ に対応する解 y_1 の構成に支障はない．このとき y_1 に 1 次独立な解 y_2 は

$$y_2 = cy_1 \log x + x^{k_2} z(x), \quad x > 0$$

の形で求められる．ただし，$z(x)$ は $x = 0$ における解析関数で，$z(0) \neq 0$ を満たす．最後に，$k_1 = k_2$ の場合も同様に扱うことができる．

さて方程式 (4.14) にもどろう．この確定特異点型微分方程式の決定方程式は

$$0 = k(k-1) + k - n^2 = k^2 - n^2$$

であるから，指数 k は $k = \pm n$ となる．$k = n$ に対応する解は，

$$J_n(\rho) = \sum_{m=0}^{\infty} \frac{(-1)^m}{m!\,(n+m)!} \left(\frac{\rho}{2}\right)^{2m+n}$$

で与えられ，**n 次ベッセル関数**と呼ばれる．ダランベールの定理によりこの整級数の収束半径は ∞ になり，任意の ρ に対して収束する．解 $J_n(\rho)$ に 1 次独立な解は次の **n 次ノイマン関数** $N_n(\rho)$ で与えられる（犬井[2, p.282]）．

$$N_n(\rho) = \frac{2}{\pi} J_n(\rho) \log \frac{\rho}{2} - \frac{1}{\pi} \sum_{m=0}^{n-1} \frac{(n-m-1)!}{m!} \left(\frac{\rho}{2}\right)^{-n+2m}$$
$$- \frac{1}{\pi} \sum_{m=0}^{\infty} \frac{(-1)^n}{m!\,(n+m)!} \{\psi(m+1) + \psi(n+m+1)\} \left(\frac{\rho}{2}\right)^{n+2m}.$$

ここに，

$$\psi(0) = 0, \quad \psi(m) = \frac{1}{1} + \frac{1}{2} + \frac{1}{3} + \cdots + \frac{1}{m}, \, m \geq 1$$

と置いた．n 次ベッセル関数，n 次ノイマン関数の 1 次独立性は原点での挙動からわかる．実際に，$\rho \to +0$ のとき

$$J_n(\rho) \sim \frac{1}{n!} \left(\frac{\rho}{2}\right)^n \quad (n \geq 0),$$
$$N_n(\rho) \sim -\frac{(n-1)!}{\pi} \left(\frac{\rho}{2}\right)^{-n} \quad (n \geq 1), \quad N_0(\rho) \sim \frac{2}{\pi} \log \frac{\rho}{2}.$$

以上の議論により (4.14) の 1 次独立な解は $\{J_n(\rho), N_n(\rho)\}$ となることがわかった．しかし $\rho \to +0$ のとき $|N_n(\rho)| \to \infty$ だから $N_n(\rho)$ は境界条件 (4.13) を満たさない．したがって求める解の候補は $J_n(\rho)$ のみで，$n \geq 1$ に対して $J_n(0) = 0, J_0(0) = 1$ だから境界条件 (4.13) を満たす．後はもう 1 つの境界条件 $R(\sqrt{\lambda}a) = 0$ を満たすように $J_n(\sqrt{\lambda}a) = 0$ となる $\sqrt{\lambda}$ を見つければ良い．すなわちベッセル関数 $J_n(x)$ の正のゼロ点を調べれば良い．

4.3 2次元ラプラス作用素の固有値問題

ベッセル関数に関しては次の漸近挙動が知られている．$x \to \infty$ のとき
$$J_n(x) = \sqrt{\frac{2}{\pi x}} \cos\left\{x - \frac{(2n+1)\pi}{4}\right\} + O\left(\frac{1}{\sqrt{x^3}}\right).$$
これから $J_n(x)$ の正のゼロ点は無数に現れ，その間隔は長さ π の等間隔に近づくことが予想され，実際にそうなっている（例えば，島倉[5, p.207] 参照）．

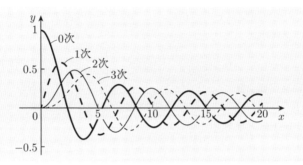

各 n に対して $J_n(x)$ の正のゼロ点を小さいものから順番に $j_{n,1} < j_{n,2} < \cdots < j_{n,m} < \cdots$ と並べる．上図は 0 次，1 次，2 次，3 次ベッセル関数のグラフである．以上をまとめて次の結果を得る．

命題 4.3（円での固有値問題）

固有値問題 (4.11) の固有値 λ，固有関数 $u(x,y)$ は
$$\lambda = \lambda_{n,m} = \left(\frac{j_{n,m}}{a}\right)^2,$$
$$u(x,y) = \begin{cases} u_{0,m} = J_0\left(\sqrt{\lambda_{0,m}(x^2+y^2)}\right), \\ u_{n,m} = J_n\left(\sqrt{\lambda_{n,m}(x^2+y^2)}\right)(A_n \cos n\theta + B_n \sin n\theta), \quad n \geq 1 \end{cases}$$
で与えられる．ただし m は自然数．

4章の演習問題

4.1 命題 4.1 の (1) を示しなさい．

4.2 空間座標 (x,y,z) に対して $r=\sqrt{x^2+y^2+z^2}$ と置くとき $f(r)=\frac{1}{4\pi r}$ は 3 次元ラプラス方程式の解になることを確かめなさい．ここで $f(r)$ は 3 次元ラプラス方程式の基本解と呼ばれる．

4.3 空間での極座標変換 $x=r\sin\theta\cos\varphi,\ y=r\sin\theta\sin\varphi,\ z=r\cos\theta$ により，3 次元ラプラス作用素は次のように書き換えられることを導きなさい．

$$\Delta = \frac{\partial^2}{\partial r^2} + \frac{2}{r}\frac{\partial}{\partial r} + \frac{1}{r^2}\left(\frac{\partial^2}{\partial \theta^2} + \frac{1}{\sin^2\theta}\frac{\partial^2}{\partial \varphi^2} + \frac{1}{\tan\theta}\frac{\partial}{\partial \theta}\right)$$

ヒント：円柱座標変換 (ρ,φ,z) $(x=\rho\cos\varphi, y=\rho\sin\varphi)$ を行い，次に変数変換 $z=r\cos\theta,\ \rho=r\sin\theta$ を行って，ともに (4.4) を使い等式を導く．

4.4 例題 4.1 の後の 注意2 を確かめなさい．

4.5 区間 $(0,L)$ において反周期境界条件 $u(0)=-u(L),\ u'(0)=-u'(L)$ のもとで 1 次元ラプラス作用素の固有値問題を解きなさい．

4.6 例題 4.3 を確かめなさい．

4.7 区間 $(0,L)$ において境界条件 $u'(0)=0,\ u(L)=0$ のもとで 1 次元ラプラス作用素の固有値問題を解きなさい．

4.8 矩形領域 $D=\{(x,y)\,|\,0<x<a,\ 0<y<b\}$ においてノイマン境界条件

$$u_x(0,y)=u_x(a,y)=0,\quad 0<y<b,$$
$$u_y(x,0)=u_y(x,b)=0,\quad 0<x<a$$

のもとで 2 次元ラプラス作用素の固有値問題を解きなさい．

4.9 演習問題 4.8 と同じ矩形領域 D において混合境界条件

$$u(0,y)=u(a,y)=0,\quad 0<y<b,$$
$$u_y(x,0)=u_y(x,b)=0,\quad 0<x<a$$

のもとで 2 次元ラプラス作用素の固有値問題を解きなさい．

4.10 円 $D=\{(x,y)\,|\,x^2+y^2<a^2\}$ においてノイマン境界条件

$$\frac{\partial u}{\partial \boldsymbol{n}}=0,\quad (x,y)\in\partial D$$

のもとで 2 次元ラプラス作用素の正の固有値とその固有関数を求めなさい．ただし，$\boldsymbol{n}$ は D の外向き単位法線ベクトルを表す．

5 フーリエ級数

　この章では，フーリエの考え方の数学的裏付けをフーリエ級数の収束性を中心に紹介する．数学ではたとえ通常では微分可能性等について，最低限の条件で結果を導いても，実質的には無限回微分可能と仮定して差し支えないことが多い．しかしフーリエ級数においては連続でさえない関数を応用上扱うことが多く，収束性を調べることを含めて取扱いが難しくなる．詳細を知りたい読者のためにかなり踏み込んだ内容を紹介しているが，収束の判定条件を理解していれば十分である．フーリエ級数では極力，複素関数論を用いずに議論を進めた．

キーワード

フーリエの方法　変数分離法　分離定数
固有値問題　重ね合わせの原理
フーリエ級数　区分的連続　ノコギリ波
矩形波　フーリエ係数　固有関数展開
偶関数　奇関数　フーリエ正弦級数
フーリエ余弦級数　各点収束
ベッセルの不等式　リーマンの補題
ディリクレ核　一様収束
ワイエルシュトラスの優級数定理
ギブス現象　2乗平均収束
パーセヴァルの等式

5.1 フーリエの方法

周期境界条件 (PBC) のもとで次の熱伝導方程式の初期境界値問題を考える.

$$\begin{cases} \text{(PDE)} & u_t(x,t) - ku_{xx}(x,t) = 0, \quad 0 < x < L,\, t > 0, \\ \text{(PBC)} & u(0,t) = u(L,t), \quad u_x(0,t) = u_x(L,t), \quad t > 0, \\ \text{(IC)} & u(x,0) = f(x), \quad 0 < x < L. \end{cases} \quad (5.1)$$

これは長さ L の針金の両端をつなぎ，円形に閉じた状態での針金の熱伝導問題を表す．この問題の解 $u(x,t)$ を**変数分離法**で求める．すなわち，2つの1変数関数の積

$$u(x,t) = X(x)T(t)$$

が解になるように $X(x), T(t)$ を見つける．まず偏微分方程式 (PDE) に代入して

$$X(x)T'(t) = kX''(x)T(t)$$

を得る．X または T が恒等的にゼロであるならば，$f(x) \equiv 0$ でない限り u は解にはならないのでこの場合を除外する．上の式の両辺を kXT で割れば

$$\frac{T'(t)}{kT(t)} = \frac{X''(x)}{X(x)}$$

を得る．左辺は変数 t のみの関数，右辺は変数 x のみの関数である．両辺を t または x で偏微分することによって両辺は実定数に等しいことがわかる．この実定数を $-\lambda$ と置く．この定数 λ を**分離定数**という．周期境界条件 (PBC) は T には関係しないから，X への制約条件と考えることにより X, T に関する次の常微分方程式が導かれる．

$$\begin{cases} X''(x) + \lambda X(x) = 0, \quad 0 < x < L, \\ X(0) = X(L),\, X'(0) = X'(L), \end{cases} \quad (5.2)$$

$$T'(t) + \lambda k T(t) = 0. \quad (5.3)$$

分離定数 λ は問題 (5.2), (5.3) に共通である．境界値問題 (5.2) は1次元ラプラス作用素の**固有値問題**と呼ばれ，固有値 λ とそれに対応する固有関数 $X(x)$ を同時に求めなければならない．ただし関数 $X(x)$ は恒等的にゼロではない．簡単のために $\ell = \frac{L}{2}$ と表すと，4.2 節の例題 4.1 から $n = 0, 1, 2, \ldots$ に対して

$$\lambda_n = \left(\frac{n\pi}{\ell}\right)^2,$$
$$X_n(x) = A_n \cos \frac{n\pi x}{\ell} + B_n \sin \frac{n\pi x}{\ell}$$

と無限個の固有値，固有関数を得る．ここに A_n, B_n は任意定数である．一方，$\lambda = \lambda_n$ に対応する常微分方程式 (5.3) の解は

$$T_n(t) = C_n e^{-(n\pi/\ell)^2 kt}, \quad n = 0, 1, 2, \ldots$$

となる．ここに C_n は任意定数である．したがって

$$u_0(x, t) = \frac{A_0}{2},$$
$$u_n(x, t) = e^{-(n\pi/\ell)^2 kt} \left(A_n \cos \frac{n\pi x}{\ell} + B_n \sin \frac{n\pi x}{\ell} \right)$$

はそれぞれ初期条件 (IC) 以外を満たす (5.1) の解である．ただし，u_0 の任意定数 A_0 の係数 $\frac{1}{2}$ は後のフーリエ級数を意識した，単に表記上の理由にすぎない．$n \geq 1$ に対して

$$u_n(x, 0) = X_n(x)$$

であるから，初期関数 $f(x)$ が特別な三角関数であれば適当な n を見つけて解を構成できるが，一般的な関数，例えば

$$f(x) = x$$

であればそのような n は存在しない．そこでまずは有限個の解の1次結合を考えれば，次の**重ね合わせの原理**によりそれもまた解になる．

定理 5.1（重ね合わせの原理）

N 個の関数 $u_1, u_2, \ldots, u_N$ が斉次線形偏微分方程式 $Pu = 0$ を満たすとき，任意の定数 $c_1, c_2, \ldots, c_N$ による1次結合

$$u = c_1 u_1 + c_2 u_2 + \cdots + c_N u_N \tag{5.4}$$

もまた $Pu = 0$ を満たす．さらに各関数 u_n が斉次境界条件 $Bu_n = 0$ を満たすならば，(5.4) の関数 u もまた境界条件 $Bu = 0$ を満たす．

重ね合わせの原理により任意の自然数 N に対して

$$u(x,t;N) = \frac{A_0}{2} + \sum_{n=1}^{N} e^{-(n\pi/\ell)^2 kt}\left(A_n \cos\frac{n\pi x}{\ell} + B_n \sin\frac{n\pi x}{\ell}\right)$$

もまた境界条件を満たす熱伝導方程式の解になる．適当な N を見つけて

$$f(x) = \frac{A_0}{2} + \sum_{n=1}^{N}\left(A_n \cos\frac{n\pi x}{\ell} + B_n \sin\frac{n\pi x}{\ell}\right)$$

が成り立てば $u(x,t;N)$ は (5.1) の解である．しかし再び $f(x) = x$ の場合にはそのような N はない．そこで係数 A_n, B_n を適切に選ぶことにより，無限和

$$u(x,t) = \frac{A_0}{2} + \sum_{n=1}^{\infty} e^{-(n\pi/\ell)^2 kt}\left(A_n \cos\frac{n\pi x}{\ell} + B_n \sin\frac{n\pi x}{\ell}\right) \qquad (5.5)$$

が収束して境界条件を満たす偏微分方程式の解になり，さらに初期条件

$$f(x) = \frac{A_0}{2} + \sum_{n=1}^{\infty}\left(A_n \cos\frac{n\pi x}{\ell} + B_n \sin\frac{n\pi x}{\ell}\right) \qquad (5.6)$$

を満たすことが可能ならば (5.5) は初期境界値問題 (5.1) の解になる．この一連の解法を**フーリエ（Fourier）の方法**と呼び，(5.6) は関数 $f(x)$ の**フーリエ級数展開**になる．ただし，A_n, B_n をフーリエ係数と呼ばれる係数に選んでも，関数 $f(x)$ が単に連続という条件だけではフーリエ級数は $f(x)$ に収束しない（5.4 節参照）．

5.2 線形代数からフーリエ級数へ

フーリエ級数の本論に入る前に，線形代数で学んだ行列の固有値，固有ベクトルおよび内積空間の正規直交系の話題を復習し，フーリエ級数の理論はそれらの無限次元内積空間への拡張であることを紹介する．

V を有限または無限次元内積空間とし，$(\cdot, \cdot)$ で内積を，$\|\cdot\|$ で内積から導かれるノルムを表す：$\|\boldsymbol{v}\| = \sqrt{(\boldsymbol{v}, \boldsymbol{v})}$．$\{\boldsymbol{u}_j\}_{j=1}^m$ を V の任意の正規直交系とする．すなわち，互いに直交し（直交系）

$$(\boldsymbol{u}_i, \boldsymbol{u}_j) = 0, \quad 1 \leq i \neq j \leq m,$$

長さが 1 である（正規系）

$$\|\boldsymbol{u}_j\| = 1, \quad j = 1, 2, \ldots, m,$$

とする．直交系は 1 次独立系である．すなわち実数 $c_1, c_2, \ldots, c_m$ に対して

$$c_1 \boldsymbol{u}_1 + c_2 \boldsymbol{u}_2 + \cdots + c_m \boldsymbol{u}_m = \boldsymbol{0} \implies c_1 = c_2 = \cdots = c_m = 0$$

が成立する．実際に，任意の $1 \leq j \leq m$ に対して直交性と正規性を使えば

$$\begin{aligned}
0 &= (c_1 \boldsymbol{u}_1 + c_2 \boldsymbol{u}_2 + \cdots + c_m \boldsymbol{u}_m, \boldsymbol{u}_j) \\
&= c_1 (\boldsymbol{u}_1, \boldsymbol{u}_j) + c_2 (\boldsymbol{u}_2, \boldsymbol{u}_j) + \cdots + c_m (\boldsymbol{u}_m, \boldsymbol{u}_j) \\
&= c_j \|\boldsymbol{u}_j\|^2 = c_j
\end{aligned} \tag{5.7}$$

が導かれる．逆に 1 次独立系 $\{\boldsymbol{v}_j\}_{j=1}^m$ があれば，グラム-シュミット（Gram-Schmidt）の正規直交化法によって同じ部分空間を生成する正規直交系を構成できる．

$V = \mathbb{R}^n$ の場合には，最も簡単な正規直交基底は標準基底 $\{\boldsymbol{e}_1, \boldsymbol{e}_2, \ldots, \boldsymbol{e}_n\}$ であるが，必要に応じてより適切な基底に取り換えた．例えば $\mathbb{R}^n$ 上の対称変換 $F, (F(\boldsymbol{x}), \boldsymbol{y}) = (\boldsymbol{x}, F(\boldsymbol{y})) \ (\boldsymbol{x}, \boldsymbol{y} \in \mathbb{R}^n)$ に対しては F の固有ベクトルから正規直交基底を構成することができた．実際に，F の標準行列を $A, F(\boldsymbol{x}) = A\boldsymbol{x}$ とすると A は対称行列である．対称行列 A の固有値 λ はすべて実数で，対応する固有ベクトルから $\mathbb{R}^n$ の基底を構成できる．このとき，相異なる固有値 λ, μ に対する固有ベクトルをそれぞれ $\boldsymbol{p}, \boldsymbol{q}$ とすれば $\boldsymbol{p}, \boldsymbol{q}$ は互いに直交する：$(\boldsymbol{p}, \boldsymbol{q}) = 0$．実際に，等式

$$\lambda(\boldsymbol{p}, \boldsymbol{q}) = (\lambda \boldsymbol{p}, \boldsymbol{q}) = (A\boldsymbol{p}, \boldsymbol{q}) = (\boldsymbol{p}, A\boldsymbol{q}) = (\boldsymbol{p}, \mu \boldsymbol{q}) = \mu(\boldsymbol{p}, \boldsymbol{q})$$

から $(\lambda - \mu)(\boldsymbol{p}, \boldsymbol{q}) = 0$ となるが,$\lambda \neq \mu$ により $(\boldsymbol{p}, \boldsymbol{q}) = 0$ を得る.よって,各固有空間内で固有ベクトルを正規直交化することにより $\mathbb{R}^n$ の正規直交基底 $\{\boldsymbol{p}_1, \boldsymbol{p}_2, \ldots, \boldsymbol{p}_n\}$ を構成できる.この基底を用いると対称変換 F が対角化される.すなわち

$$A\boldsymbol{p}_j = \lambda_j \boldsymbol{p}_j$$

とすれば,任意の $\boldsymbol{x} \in \mathbb{R}^n$ に対して (5.7) と同様な計算から

$$x_j = (\boldsymbol{x}, \boldsymbol{p}_j)$$

に対して

$$\boldsymbol{x} = x_1 \boldsymbol{p}_1 + x_2 \boldsymbol{p}_2 + \cdots + x_n \boldsymbol{p}_n$$

となる.このとき写像は

$$F(\boldsymbol{x}) = A\boldsymbol{x} = x_1 A\boldsymbol{p}_1 + x_2 A\boldsymbol{p}_2 + \cdots + x_n A\boldsymbol{p}_n$$
$$= \lambda_1 x_1 \boldsymbol{p}_1 + \lambda_2 x_2 \boldsymbol{p}_2 + \cdots + \lambda_n x_n \boldsymbol{p}_n$$

と表され,この意味で F が $\{\boldsymbol{p}_1, \boldsymbol{p}_2, \ldots, \boldsymbol{p}_n\}$ により対角化される.

さて,有限閉区間 $[a, b]$ 上の実連続関数の集合 $V = C([a, b])$ は内積

$$(f, g) = \int_a^b f(x)g(x)\,dx, \quad f(x), g(x) \in V \tag{5.8}$$

によって内積空間になる.多項式は V に含まれ,任意の自然数 n に対して $\{1, x, x^2, \ldots, x^n\}$ は 1 次独立系であるから,V は無限次元ベクトル空間である.

例題 5.1 ──────── **正規直交系(ディリクレ,ノイマン境界条件)**

正定数 L に対して $V = C([0, L])$ とし,V の内積を (5.8) により定義すると,任意の自然数 n に対して次の関数系はそれぞれ V の正規直交系であることを示しなさい.

(1) $\left\{\sqrt{\dfrac{2}{L}}\sin\dfrac{\pi x}{L},\ \sqrt{\dfrac{2}{L}}\sin\dfrac{2\pi x}{L},\ \ldots,\ \sqrt{\dfrac{2}{L}}\sin\dfrac{n\pi x}{L}\right\}$

(2) $\left\{\dfrac{1}{\sqrt{L}},\ \sqrt{\dfrac{2}{L}}\cos\dfrac{\pi x}{L},\ \sqrt{\dfrac{2}{L}}\cos\dfrac{2\pi x}{L},\ \ldots,\ \sqrt{\dfrac{2}{L}}\cos\dfrac{n\pi x}{L}\right\}$

5.2 線形代数からフーリエ級数へ

【解答】 (2) についてのみ確かめる．(1) についても同様である．任意の m, $1 \leq m \leq n$ に対して

$$\left(\frac{1}{\sqrt{L}}, \sqrt{\frac{2}{L}}\cos\frac{m\pi x}{L}\right) = \frac{\sqrt{2}}{L}\int_0^L \cos\frac{m\pi x}{L}\,dx$$

$$= \left[\frac{\sqrt{2}}{m\pi}\sin\frac{m\pi x}{L}\right]_0^L = 0.$$

また，積和公式 $\cos A\cos B = \frac{\cos(A-B)+\cos(A+B)}{2}$ により任意の $k, m, 1 \leq k \neq m \leq n$ に対して

$$\left(\sqrt{\frac{2}{L}}\cos\frac{k\pi x}{L}, \sqrt{\frac{2}{L}}\cos\frac{m\pi x}{L}\right)$$

$$= \frac{2}{L}\int_0^L \cos\frac{k\pi x}{L}\cos\frac{m\pi x}{L}\,dx$$

$$= \frac{1}{L}\int_0^L \left\{\cos\frac{(k-m)\pi x}{L} + \cos\frac{(k+m)\pi x}{L}\right\}dx$$

$$= \left[\frac{1}{(k-m)\pi}\sin\frac{(k-m)\pi x}{L} + \frac{1}{(k+m)\pi}\sin\frac{(k+m)\pi x}{L}\right]_0^L = 0.$$

すなわち直交系である．また等式 $\left\|\frac{1}{\sqrt{L}}\right\|^2 = 1$ は明らか．半角の公式により

$$\left\|\sqrt{\frac{2}{L}}\cos\frac{m\pi x}{L}\right\|^2 = \int_0^L \left(\sqrt{\frac{2}{L}}\cos\frac{m\pi x}{L}\right)^2 dx$$

$$= \frac{1}{L}\int_0^L \left(1 + \cos\frac{2m\pi x}{L}\right)dx = \frac{1}{L}\left[x + \frac{L}{2m\pi}\sin\frac{2m\pi x}{L}\right]_0^L = 1$$

も成立するから正規系である． ∎

[注意] (1), (2) の関数系はそれぞれ単独では直交系であるが，その和集合は直交系にはならないことを注意しておく（後述の例題 5.2 と比較参照）． □

例題 5.1 の (1) に現れる各関数 $\sin\frac{m\pi x}{L}$ は，例題 4.2 により $[0, L]$ 上でディリクレ境界条件を課した 1 次元ラプラス作用素 $\Delta = \frac{d^2}{dx^2}$ の固有値問題における固有値 $\left(\frac{m\pi}{L}\right)^2$ に対応する固有関数であった．C^2 級関数 $f(x), g(x)$ がディリクレ境界条件 $f(0) = g(0) = f(L) = g(L) = 0$ を満たすならば，2 回部分積分することにより，等式

$$(\Delta f, g) \equiv \int_0^L \Delta f(x)\, g(x)\, dx$$
$$= \int_0^L f''(x) g(x)\, dx$$
$$= \Big[f'(x) g(x)\Big]_0^L - \int_0^L f'(x) g'(x)\, dx$$
$$= -\Big[f(x) g'(x)\Big]_0^L + \int_0^L f(x) g''(x)\, dx$$
$$= (f, \Delta g)$$

を得る.この意味により Δ は対称写像を定めるので,既に紹介した対称行列の性質に照らし合わせれば,相異なる固有値 $\left(\frac{m\pi}{L}\right)^2$ に対応する固有関数 $\sin\frac{m\pi x}{L}$ が互いに直交することは自然である.

例題 5.1 の (2) の関数系は,例題 4.3 によりノイマン境界条件のもとでの対称写像 Δ の固有関数であった.例題 4.1 の後の 注意1 により,次の例題は周期境界条件のもとでの固有関数も正規直交系であることを意味する.

例題 5.2 ──────────────── **正規直交系(周期境界条件)**

ベクトル空間 $V = C\big([-\ell, \ell]\big)$ で内積を (5.8) により定義すると,任意の自然数 n に対して次の関数系は V の正規直交系であることを示しなさい.

$$\left\{ \frac{1}{\sqrt{2\ell}},\ \frac{1}{\sqrt{\ell}}\cos\frac{\pi x}{\ell},\ \frac{1}{\sqrt{\ell}}\cos\frac{2\pi x}{\ell},\ \ldots,\ \frac{1}{\sqrt{\ell}}\cos\frac{n\pi x}{\ell}, \right.$$
$$\left. \frac{1}{\sqrt{\ell}}\sin\frac{\pi x}{\ell},\ \frac{1}{\sqrt{\ell}}\sin\frac{2\pi x}{\ell},\ \ldots,\ \frac{1}{\sqrt{\ell}}\sin\frac{n\pi x}{\ell} \right\} \quad (5.9)$$

【解答】は読者に委ねる.関数系 (5.9) は内積空間 $C\big([0, 2\ell]\big)$ においても正規直交系になることを注意しておく.

任意の n 次元内積空間 V と正規直交基底 $\{\boldsymbol{u}_m\}_{m=1}^n$ に話を戻す.任意のベクトル $\boldsymbol{v} \in V$ は再び (5.7) と同様の計算により

$$\boldsymbol{v} = (\boldsymbol{v},\, \boldsymbol{u}_1)\boldsymbol{u}_1 + (\boldsymbol{v},\, \boldsymbol{u}_2)\boldsymbol{u}_2 + \cdots + (\boldsymbol{v},\, \boldsymbol{u}_n)\boldsymbol{u}_n$$

と一意的に表される.これから内積の双線形性を用いて次の等式を得る.

5.2 線形代数からフーリエ級数へ

$$\|\boldsymbol{v}\|^2 = (\boldsymbol{v},\, \boldsymbol{v}) = \left(\sum_{k=1}^{n}(\boldsymbol{v},\, \boldsymbol{u}_k)\boldsymbol{u}_k,\, \sum_{m=1}^{n}(\boldsymbol{v},\, \boldsymbol{u}_m)\boldsymbol{u}_m\right)$$

$$= \sum_{m=1}^{n}(\boldsymbol{v},\, \boldsymbol{u}_m)\left\{\sum_{k=1}^{n}(\boldsymbol{v},\, \boldsymbol{u}_k)(\boldsymbol{u}_k,\, \boldsymbol{u}_m)\right\} \tag{5.10}$$

$$= \sum_{m=1}^{n}(\boldsymbol{v},\, \boldsymbol{u}_m)^2 = c_1^2 + c_2^2 + \cdots + c_n^2.$$

一方で, 基底とは限らない正規直交系 $\{\boldsymbol{u}_j\}_{j=1}^{m}$ が与えられたときに, 任意のベクトル $\boldsymbol{v}\in V$ を $\{\boldsymbol{u}_j\}_{j=1}^{m}$ の1次結合で近似するためには, 係数をどのように選ぶのが最も良いかを考える. すなわち, 差のノルム

$$\|\boldsymbol{v} - (c_1\boldsymbol{u}_1 + c_2\boldsymbol{u}_2 + \cdots + c_m\boldsymbol{u}_m)\|$$

が最小になる1次結合の係数 c_j を求めよう. これを**最小2乗近似法**という. ノルムを2乗すれば (5.10) の計算と同様にして

$$\|\boldsymbol{v} - (c_1\boldsymbol{u}_1 + c_2\boldsymbol{u}_2 + \cdots + c_m\boldsymbol{u}_m)\|^2$$
$$= \|\boldsymbol{v}\|^2 - 2(\boldsymbol{v},\, c_1\boldsymbol{u}_1 + c_2\boldsymbol{u}_2 + \cdots + c_m\boldsymbol{u}_m) + \|c_1\boldsymbol{u}_1 + c_2\boldsymbol{u}_2 + \cdots + c_m\boldsymbol{u}_m\|^2$$
$$= \|\boldsymbol{v}\|^2 - 2\{(\boldsymbol{v},\, \boldsymbol{u}_1)c_1 + (\boldsymbol{v},\, \boldsymbol{u}_2)c_2 + \cdots + (\boldsymbol{v},\, \boldsymbol{u}_m)c_m\} + c_1^2 + c_2^2 + \cdots + c_m^2$$
$$= \|\boldsymbol{v}\|^2 + \sum_{j=1}^{m}\{c_j - (\boldsymbol{v},\, \boldsymbol{u}_j)\}^2 - \sum_{j=1}^{m}(\boldsymbol{v},\, \boldsymbol{u}_j)^2 \tag{5.11}$$

が従う. よって基底の場合と同様に, $c_j = (\boldsymbol{v},\, \boldsymbol{u}_j)$ $(j=1,2,\ldots,m)$ のとき最小値

$$\|\boldsymbol{v}\|^2 - \sum_{j=1}^{m}(\boldsymbol{v},\, \boldsymbol{u}_j)^2 \tag{5.12}$$

を取る. (5.11) の最初の等式の左辺は常に非負であるから, 任意の正規直交系 $\{\boldsymbol{u}_j\}_{j=1}^{m}$ に対して不等式

$$\sum_{j=1}^{m}(\boldsymbol{v},\, \boldsymbol{u}_j)^2 \leq \|\boldsymbol{v}\|^2 \tag{5.13}$$

が成立する. この不等式は**ベッセルの不等式**と呼ばれる. $m\to\infty$ としたとき, この不等式が等式 (**パーセヴァルの等式**) になれば $\boldsymbol{v}$ は $\{\boldsymbol{u}_m\}_{m=1}^{\infty}$ の1次結合で表すことができる.

再び無限次元ベクトル空間 $V = C\big([0, L]\big)$ に戻る．後で見るように，$C\big([0, L]\big)$ の関数を例題 5.1 の (1) または (2) の関数の無限個の 1 次結合で表す問題は，$C\big([-L, L]\big)$ の関数を (5.9) の $\ell = L$ の関数系による無限個の 1 次結合で表す問題の特別な場合として扱うことができる．そこでしばらくは $V = C\big([-\ell, \ell]\big)$ についてのみ考える．前の議論から，任意の n に対して正規直交系 (5.9) による任意の関数 $f(x) \in V$ の最良近似関数は

$$A_0 \frac{1}{\sqrt{2\ell}} + \sum_{m=1}^{n} \left(A_m \frac{1}{\sqrt{\ell}} \cos \frac{m\pi x}{\ell} + B_m \frac{1}{\sqrt{\ell}} \sin \frac{m\pi x}{\ell} \right) \qquad (5.14)$$

となる．ただし係数 A_0, A_m, B_m $(1 \leq m \leq n)$ は次で与えられる．

$$A_0 = \left(f(x), \frac{1}{\sqrt{2\ell}} \right) = \frac{1}{\sqrt{2\ell}} \int_{-\ell}^{\ell} f(x)\, dx,$$

$$A_m = \left(f(x), \frac{1}{\sqrt{\ell}} \cos \frac{m\pi x}{\ell} \right) = \frac{1}{\sqrt{\ell}} \int_{-\ell}^{\ell} f(x) \cos \frac{m\pi x}{\ell}\, dx,$$

$$B_m = \left(f(x), \frac{1}{\sqrt{\ell}} \sin \frac{m\pi x}{\ell} \right) = \frac{1}{\sqrt{\ell}} \int_{-\ell}^{\ell} f(x) \sin \frac{m\pi x}{\ell}\, dx.$$

(5.14) で形式的に $n \to \infty$ とした級数をフーリエ級数，上の係数 A_m, B_m をフーリエ係数と本来は呼ぶべきであろうが，三角関数の係数 $\frac{1}{\sqrt{\ell}}$ を残したままでは取り扱いが煩わしいので，$\frac{1}{\sqrt{\ell}}$ を係数 A_m, B_m に取り込んで次節でフーリエ級数を定義し直すことにする．

最後に $n = \infty$ と取っても (5.9) は <u>V の正規直交基底にはなっていないこと</u>を再び注意しておく．関数 $f(x)$ が連続という条件だけでは，$f(x)$ を (5.9) による無限級数で表すことはできない．

5.3 フーリエ級数

フーリエ級数では連続でない関数も取り扱う．まず 3.1 節で既に導入した区分的連続な関数を再び定義しておく．

定義 5.1（区分的連続）
区間 $[a,b]$ 上の関数 $f(x)$ が**区分的連続**であるとは，有限個の点 $a \leq x_1 < x_2 < \cdots < x_N \leq b$ を除いて $f(x)$ は $[a,b]$ 上連続で，不連続点 x_j $(j=1,2,\ldots,N)$ では右極限 $f(x_j+0)$ および左極限 $f(x_j-0)$ を持つ．ここに
$$f(x_j+0) = \lim_{h \to +0} f(x_j+h),$$
$$f(x_j-0) = \lim_{h \to -0} f(x_j+h).$$
ただし，$x_1 = a$ の場合には右極限のみ，$x_N = b$ の場合には左極限のみが存在すれば良い．無限区間上の関数に対しては，任意の有限閉区間上で区分的連続な関数を区分的連続と定義する．

$[-\pi, \pi]$ 上の関数 $f(x) = \tan x$ は $x = \pm\frac{\pi}{2}$ を除いて連続であるが，点 $x = \pm\frac{\pi}{2}$ では左右のいずれの極限も発散するから区分的連続ではない．

区分的連続関数を扱わなければならない理由は，主に有限閉区間上の関数を周期的に実数全体に拡張しなければならない必要性による．有限区間で連続であっても，周期区間の端点では不連続になることは次の例でもわかる．

例 5.1 正定数 ℓ に対して次の周期 2ℓ の周期関数は $\mathbb{R}$ 上で区分的連続で，それぞれ**ノコギリ波**，**矩形波**と呼ばれる． □

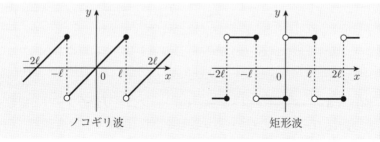

ノコギリ波　　　　矩形波

区間 $[-\ell, \ell]$ 上のフーリエ級数　原点に対称な区間 $[-\ell, \ell]$ 上のフーリエ級数から定義する．

定義 5.2（区間 $[-\ell, \ell]$ 上のフーリエ級数）

区間 $[-\ell, \ell]$ 上の区分的連続な関数 $f(x)$ に対して

$$a_m = \frac{1}{\ell}\int_{-\ell}^{\ell} f(x) \cos\frac{m\pi x}{\ell}\, dx, \quad m = 0, 1, 2, \ldots,$$

$$b_n = \frac{1}{\ell}\int_{-\ell}^{\ell} f(x) \sin\frac{n\pi x}{\ell}\, dx, \quad n = 1, 2, \ldots$$

を $f(x)$ の**フーリエ係数**という．これらを係数とする形式的な関数項級数

$$\frac{a_0}{2} + \sum_{n=1}^{\infty}\left(a_n\cos\frac{n\pi x}{\ell} + b_n\sin\frac{n\pi x}{\ell}\right) \qquad (5.15)$$

を $f(x)$ の**フーリエ級数**といい

$$f(x) \sim \frac{a_0}{2} + \sum_{n=1}^{\infty}\left(a_n\cos\frac{n\pi x}{\ell} + b_n\sin\frac{n\pi x}{\ell}\right)$$

と書く．$f(x)$ への収束が保証されていないので記号 $\sim$ により単なる対応を表す．

フーリエ級数の第 $N+1$ 項までの部分和を $S_N(x)$ とする．

$$S_N(x) = \frac{a_0}{2} + \sum_{n=1}^{N}\left(a_n\cos\frac{n\pi x}{\ell} + b_n\sin\frac{n\pi x}{\ell}\right). \qquad (5.16)$$

このとき例題 5.2 の (5.11), (5.12), (5.14) で既に見たように，部分和 $S_N(x)$ は $C\bigl([-\ell, \ell]\bigr)$ 内での次の正規直交関数系による $f(x)$ の最小 2 乗近似である．

$$\left\{\frac{1}{\sqrt{2\ell}},\, \frac{1}{\sqrt{\ell}}\cos\frac{\pi x}{\ell},\, \frac{1}{\sqrt{\ell}}\sin\frac{\pi x}{\ell},\, \cdots,\, \frac{1}{\sqrt{\ell}}\cos\frac{N\pi x}{\ell},\, \frac{1}{\sqrt{\ell}}\sin\frac{N\pi x}{\ell}\right\}.$$

どのような条件を置けば $S_N(x)$ が $f(x)$ に収束するかが次節の中心問題となる．ここでは具体的な関数に対して部分和 $S_N(x)$ の近似の様子を調べてみる．

例題 5.3　　　　　　　　　　　　　　　　　　**ノコギリ波のフーリエ級数**

次の関数 $f(x)$ に対してフーリエ級数を計算しなさい．

$$f(x) = x, \quad -\ell \leq x \leq \ell.$$

【解答】 $f(x)$ は奇関数だから $f(x)\cos\frac{n\pi x}{\ell}$ は奇関数になり $a_n = 0$ を得る．一方，$f(x)\sin\frac{n\pi x}{\ell}$ が偶関数であることを利用して b_n を計算すれば

$$
\begin{aligned}
b_n &= \frac{1}{\ell}\int_{-\ell}^{\ell} f(x)\sin\frac{n\pi x}{\ell}\,dx \\
&= \frac{2}{\ell}\int_0^{\ell} f(x)\sin\frac{n\pi x}{\ell}\,dx \\
&= \frac{2}{\ell}\int_0^{\ell} x\sin\frac{n\pi x}{\ell}\,dx \\
&= \frac{2}{\ell}\left[-\frac{\ell x}{n\pi}\cos\frac{n\pi x}{\ell}\right]_0^{\ell} + \frac{2}{n\pi}\int_0^{\ell}\cos\frac{n\pi x}{\ell}\,dx \\
&= -\frac{2\ell}{n\pi}\cos n\pi + \frac{2}{n\pi}\left[\frac{\ell}{n\pi}\sin\frac{n\pi x}{\ell}\right]_0^{\ell} = \frac{(-1)^{n+1}2\ell}{n\pi}
\end{aligned}
$$

を得る．ここに，$\cos n\pi = (-1)^n$ を用いた．これから $f(x)$ のフーリエ級数は

$$
\begin{aligned}
f(x) &\sim \sum_{n=1}^{\infty}\frac{(-1)^{n+1}2\ell}{n\pi}\sin\frac{n\pi x}{\ell} \\
&= \frac{2\ell}{\pi}\left\{\sin\frac{\pi x}{\ell} - \frac{1}{2}\sin\frac{2\pi x}{\ell} + \cdots + \frac{(-1)^{n+1}}{n}\sin\frac{n\pi x}{\ell} + \cdots\right\}.
\end{aligned}
$$
∎

$\ell = \pi$ のとき $y = S_N(x)$ のグラフを $N = 10, N = 20$ に対して描くとそれぞれ次のようになる．

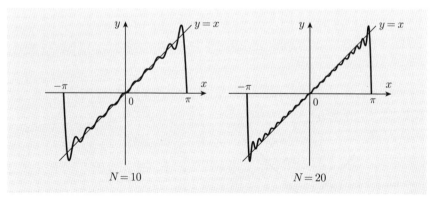

$N = 10$ に比べて $N = 20$ のほうが全般的に近似は良いが，$N = 20$ であっても $x = \pm\pi$ 付近での近似はかなり悪い．両端点 $x = \pm\pi$ を除けばフーリエ級数が $f(x)$ に収束することは直接計算により確かめることもできる．

例題 5.4 ──────────────────────── 三角波のフーリエ級数 ──

次の関数 $g(x)$ に対してフーリエ級数を計算しなさい．
$$g(x) = |x|, \quad -\ell \leq x \leq \ell.$$

【解答】 $g(x)$ は偶関数だから $g(x)\sin\frac{n\pi x}{\ell}$ は奇関数になり $b_n = 0$ を得る．一方，$g(x)\cos\frac{n\pi x}{\ell}$ が偶関数であることを利用して a_n を計算すれば

$$a_0 = \frac{1}{\ell}\int_{-\ell}^{\ell} g(x)dx = \frac{2}{\ell}\int_0^{\ell} g(x)dx = \frac{2}{\ell}\int_0^{\ell} x\,dx = \left[\frac{1}{\ell}x^2\right]_0^{\ell} = \ell.$$

$$a_n = \frac{1}{\ell}\int_{-\ell}^{\ell} g(x)\cos\frac{n\pi x}{\ell}\,dx = \frac{2}{\ell}\int_0^{\ell} g(x)\cos\frac{n\pi x}{\ell}\,dx = \frac{2}{\ell}\int_0^{\ell} x\cos\frac{n\pi x}{\ell}\,dx$$

$$= \frac{2}{\ell}\left[\frac{\ell x}{n\pi}\sin\frac{n\pi x}{\ell}\right]_0^{\ell} - \frac{2}{n\pi}\int_0^{\ell}\sin\frac{n\pi x}{\ell}\,dx = \frac{2}{n\pi}\left[\frac{\ell}{n\pi}\cos\frac{n\pi x}{\ell}\right]_0^{\ell}$$

$$= \frac{2\ell}{n^2\pi^2}\left\{(-1)^n - 1\right\}$$

を得る．n の偶奇で整理すると $m \geq 0$ に対して，$a_{2m+1} = -\frac{4\ell}{(2m+1)^2\pi^2}$，$a_{2m+2} = 0$．以上から $g(x)$ のフーリエ級数は

$$g(x) \sim \frac{\ell}{2} - \frac{4\ell}{\pi^2}\sum_{m=0}^{\infty}\frac{1}{(2m+1)^2}\cos\frac{(2m+1)\pi x}{\ell}$$

$$= \frac{\ell}{2} - \frac{4\ell}{\pi^2}\left\{\cos\frac{\pi x}{\ell} + \frac{1}{9}\cos\frac{3\pi x}{\ell} + \frac{1}{25}\cos\frac{5\pi x}{\ell}\right.$$

$$\left. + \cdots + \frac{1}{(2m+1)^2}\cos\frac{(2m+1)\pi x}{\ell} + \cdots\right\}. \quad (5.17)\blacksquare$$

$\ell = \pi$ のとき $y = S_N(x)$ のグラフを $N = 3, N = 9$ に対して描くとそれぞれ次のようになる．

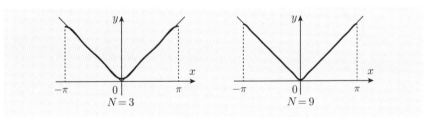

例題 5.3 に比べると，小さな N に対しても近似はかなり良い．また詳細は省

くが，ワイエルシュトラスの優級数定理（5.5 節の定理 5.3）によりフーリエ級数は一様収束することがわかる．ただし，その極限が元の関数 $g(x) = |x|$ となることは別に確かめなければならない．

一般区間 $[0, L]$ 上のフーリエ級数　後に導入するフーリエ正弦級数，余弦級数の便宜のために，最初に原点に対称な区間 $[-\ell, \ell]$ 上の関数に対してフーリエ級数を考えたが，ここでは一般的な区間 $[0, L]$ 上の関数に対するフーリエ級数を定義する．区間の位置にかかわらず，フーリエ級数は周期境界条件を課した 1 次元ラプラス作用素の固有関数による**固有関数展開**である．

例題 5.2 の後で注意したように $2\ell = L$ と置けば，任意の自然数 n に対して次の関数系は内積空間 $C([0, L])$ 内の正規直交系である．

$$\left\{ \frac{1}{\sqrt{L}}, \sqrt{\frac{2}{L}} \cos \frac{2\pi x}{L}, \sqrt{\frac{2}{L}} \cos \frac{4\pi x}{L}, \ldots, \sqrt{\frac{2}{L}} \cos \frac{2n\pi x}{L}, \right.$$
$$\left. \sqrt{\frac{2}{L}} \sin \frac{2\pi x}{L}, \sqrt{\frac{2}{L}} \sin \frac{4\pi x}{L}, \ldots, \sqrt{\frac{2}{L}} \sin \frac{2n\pi x}{L} \right\}. \quad (5.18)$$

$[0, L]$ 上の区分的連続関数 $f(x)$ および $m = 0, 1, 2, \ldots, n = 1, 2, 3 \ldots$ に対して

$$a_m = \frac{2}{L} \int_0^L f(x) \cos \frac{2m\pi x}{L} \, dx, \quad b_n = \frac{2}{L} \int_0^L f(x) \sin \frac{2n\pi x}{L} \, dx \quad (5.19)$$

と置き，次の関数項級数を $f(x)$ の**フーリエ級数**と呼ぶ．

$$f(x) \sim \frac{a_0}{2} + \sum_{n=1}^{\infty} \left(a_n \cos \frac{2n\pi x}{L} + b_n \sin \frac{2n\pi x}{L} \right). \quad (5.20)$$

$[-\ell, \ell]$ 上のフーリエ級数 (5.15) との比較のために $L = 2\ell$ と表せば，(5.19)，(5.20) は次のように書き換えられる．

$$a_m = \frac{1}{\ell} \int_0^{2\ell} f(x) \cos \frac{m\pi x}{\ell} \, dx, \quad b_n = \frac{1}{\ell} \int_0^{2\ell} f(x) \sin \frac{n\pi x}{\ell} \, dx,$$
$$f(x) \sim \frac{a_0}{2} + \sum_{n=1}^{\infty} \left(a_n \cos \frac{n\pi x}{\ell} + b_n \sin \frac{n\pi x}{\ell} \right).$$

$[-\ell, \ell]$ 上の (5.15) との違いは，**フーリエ係数** a_m, b_n を求める際の積分区間が異なるだけである．5.4 節から紹介する収束性についても $[-\ell, \ell]$ 上のフーリエ級数と全く同じ結果が $[0, 2\ell]$ 上のフーリエ級数に対して成り立つ．

フーリエ正弦級数・フーリエ余弦級数　区間 $[0, L]$ 上の関数 $f(x)$ のフーリエ正弦級数，余弦級数を導入する．フーリエ級数が (5.18) で与えられる周期境界条件を課した 1 次元ラプラス作用素の固有関数系による固有関数展開であるのに対して，フーリエ正弦級数はディリクレ境界条件を課した 1 次元ラプラス作用素の固有関数系

$$\left\{ \sqrt{\frac{2}{L}} \sin \frac{\pi x}{L},\ \sqrt{\frac{2}{L}} \sin \frac{2\pi x}{L},\ \ldots,\ \sqrt{\frac{2}{L}} \sin \frac{n\pi x}{L} \right\} \tag{5.21}$$

による固有関数展開であり，フーリエ余弦級数はノイマン境界条件を課した 1 次元ラプラス作用素の固有関数系

$$\left\{ \frac{1}{\sqrt{L}},\ \sqrt{\frac{2}{L}} \cos \frac{\pi x}{L},\ \sqrt{\frac{2}{L}} \cos \frac{2\pi x}{L},\ \ldots,\ \sqrt{\frac{2}{L}} \cos \frac{n\pi x}{L} \right\} \tag{5.22}$$

による固有関数展開である．(5.21) と (5.22) を合わせた関数系は正規直交系にはならないし，(5.18) とは一致しないことを再び注意しておく．

フーリエ正弦級数を次のように定義する．

$$\begin{aligned} b_n &= \frac{2}{L} \int_0^L f(x) \sin \frac{n\pi x}{L}\, dx, \quad n = 1, 2, \ldots, \\ f(x) &\sim \sum_{n=1}^\infty b_n \sin \frac{n\pi x}{L} \end{aligned} \tag{5.23}$$

b_n を**フーリエ正弦係数**と呼ぶ．(5.21) のように余弦関数は固有関数には現れないので，奇関数を扱った例題 5.3 とは異なり a_m を初めから考えない．

フーリエ余弦級数を次のように定義する．

$$\begin{aligned} a_m &= \frac{2}{L} \int_0^L f(x) \cos \frac{m\pi x}{L}\, dx, \quad m = 0, 1, 2, \ldots, \\ f(x) &\sim \frac{a_0}{2} + \sum_{n=1}^\infty a_n \cos \frac{n\pi x}{L}. \end{aligned} \tag{5.24}$$

a_m を**フーリエ余弦係数**と呼ぶ．(5.22) のように正弦関数は固有関数には現れないので，偶関数を扱った例題 5.4 とは異なり b_n を初めから考えない．

問題になることはいずれの級数も $f(x)$ に収束するかという点である．この収束問題も含めて区間 $[-L, L]$ 上の関数に対するフーリエ級数と $[0, L]$ 上の関数のフーリエ正弦級数，余弦級数との関係を調べておく．$[0, L]$ 上の関数 $f(x)$

を $[-L, L]$ 上の奇関数

$$\widetilde{f}_{\mathrm{o}}(x) = \begin{cases} f(x), & 0 \leq x \leq L, \\ -f(-x), & -L \leq x < 0 \end{cases} \tag{5.25}$$

に拡張して，$\widetilde{f}_{\mathrm{o}}(x)$ の区間 $[-L, L]$ 上のフーリエ級数 (5.15) を考える．例題 5.3 のように計算して

$$\begin{aligned}
\widetilde{a}_m &= \frac{1}{L} \int_{-L}^{L} \widetilde{f}_{\mathrm{o}}(x) \cos \frac{m\pi x}{L} \, dx \\
&= 0, \\
\widetilde{b}_n &= \frac{1}{L} \int_{-L}^{L} \widetilde{f}_{\mathrm{o}}(x) \sin \frac{n\pi x}{L} \, dx \\
&= \frac{2}{L} \int_{0}^{L} f(x) \sin \frac{n\pi x}{L} \, dx \\
&= b_n, \\
\widetilde{f}_{\mathrm{o}}(x) &\sim \frac{\widetilde{a}_0}{2} + \sum_{n=1}^{\infty} \left(\widetilde{a}_n \cos \frac{n\pi x}{L} + \widetilde{b}_n \sin \frac{n\pi x}{L} \right) \\
&= \sum_{n=1}^{\infty} b_n \sin \frac{n\pi x}{L}
\end{aligned}$$

が導かれる．すなわち $\widetilde{f}_{\mathrm{o}}(x)$ のフーリエ級数は $f(x)$ のフーリエ正弦級数と一致する．同様に $f(x)$ を $[-L, L]$ 上の偶関数

$$\widetilde{f}_{\mathrm{e}}(x) = \begin{cases} f(x), & 0 \leq x \leq L, \\ f(-x), & -L \leq x < 0 \end{cases} \tag{5.26}$$

に拡張して $\widetilde{f}_{\mathrm{e}}(x)$ の区間 $[-L, L]$ 上のフーリエ級数を考える．例題 5.4 と同様に計算してそれはフーリエ余弦級数 (5.24) と一致する．以上から，$[0, L]$ 上の関数に対するフーリエ正弦級数 (5.23)，余弦級数 (5.24) が $f(x)$ に収束するかどうかは，拡張した関数 $\widetilde{f}_{\mathrm{o}}(x), \widetilde{f}_{\mathrm{e}}(x)$ の $[-L, L]$ 上のフーリエ級数がそれぞれ $\widetilde{f}_{\mathrm{o}}(x), \widetilde{f}_{\mathrm{e}}(x)$ へ収束するかどうかに帰着される．

フーリエ級数とフーリエ正弦級数，余弦級数の違いを明確にするために区間の記号 $[0, L]$ を用いたが，今後は $[0, \ell]$ の記号を使うことにする．

例題 5.5 ━━━━━━━━━━━━━━━━━━━━━━━━━━━ フーリエ正弦級数 ━━

次の関数のフーリエ正弦級数を計算しなさい.

(1) $f(x) = x(\ell - x)$, $0 \leq x \leq \ell$. (2) $g(x) = \begin{cases} x, & 0 \leq x \leq \frac{\ell}{2}, \\ \ell - x, & \frac{\ell}{2} \leq x \leq \ell. \end{cases}$

【解答】 (1) $n = 1, 2, \ldots$ に対して

$$b_n = \frac{2}{\ell} \int_0^\ell x(\ell - x) \sin \frac{n\pi x}{\ell} \, dx$$

$$= \frac{2}{\ell} \left[-\frac{\ell}{n\pi} x(\ell - x) \cos \frac{n\pi x}{\ell} \right]_0^\ell + \frac{2}{n\pi} \int_0^\ell (\ell - 2x) \cos \frac{n\pi x}{\ell} \, dx$$

$$= \frac{2}{n\pi} \left[\frac{\ell}{n\pi} (\ell - 2x) \sin \frac{n\pi x}{\ell} \right]_0^\ell + \frac{4\ell}{(n\pi)^2} \int_0^\ell \sin \frac{n\pi x}{\ell} \, dx$$

$$= \frac{4\ell}{(n\pi)^2} \left[-\frac{\ell}{n\pi} \cos \frac{n\pi x}{\ell} \right]_0^\ell = \frac{4\ell^2}{(n\pi)^3} \{1 - (-1)^n\}.$$

したがって

$$f(x) \sim \frac{8\ell^2}{\pi^3} \sum_{m=0}^{\infty} \frac{1}{(2m+1)^3} \sin \frac{(2m+1)\pi x}{\ell}.$$

(2) $n = 1, 2, \ldots$ に対して

$$b_n = \frac{2}{\ell} \left\{ \int_0^{\ell/2} x \sin \frac{n\pi x}{\ell} \, dx + \int_{\ell/2}^\ell (\ell - x) \sin \frac{n\pi x}{\ell} \, dx \right\}$$

$$= \frac{2}{\ell} \left[-\frac{\ell}{n\pi} x \cos \frac{n\pi x}{\ell} \right]_0^{\ell/2} + \frac{2}{n\pi} \int_0^{\ell/2} \cos \frac{n\pi x}{\ell} \, dx$$

$$\quad + \frac{2}{\ell} \left[-\frac{\ell}{n\pi} (\ell - x) \cos \frac{n\pi x}{\ell} \right]_{\ell/2}^\ell - \frac{2}{n\pi} \int_{\ell/2}^\ell \cos \frac{n\pi x}{\ell} \, dx$$

$$= -\frac{\ell}{n\pi} \cos \frac{n\pi}{2} + \frac{2}{n\pi} \left[\frac{\ell}{n\pi} \sin \frac{n\pi x}{\ell} \right]_0^{\ell/2}$$

$$\quad + \frac{\ell}{n\pi} \cos \frac{n\pi}{2} - \frac{2}{n\pi} \left[\frac{\ell}{n\pi} \sin \frac{n\pi x}{\ell} \right]_{\ell/2}^\ell = \frac{4\ell}{(n\pi)^2} \sin \frac{n\pi}{2}.$$

したがって

$$g(x) \sim \frac{4\ell}{\pi^2} \sum_{m=0}^{\infty} \frac{(-1)^m}{(2m+1)^2} \sin \frac{(2m+1)\pi x}{\ell}.$$

5.3 フーリエ級数

複素フーリエ級数 フーリエ級数 (5.20) の複素指数関数 e^{ix} を用いた表現を紹介する．ただし，i は虚数単位 $i = \sqrt{-1}$ を表す．オイラーの公式 $e^{\pm ix} = \cos x \pm i\sin x$ から導かれる等式 $\cos x = \frac{e^{ix}+e^{-ix}}{2}$, $\sin x = \frac{e^{ix}-e^{-ix}}{2i} = \frac{i(-e^{ix}+e^{-ix})}{2}$ を使えば，フーリエ級数の各項は

$$a_n \cos \frac{2n\pi x}{L} + b_n \sin \frac{2n\pi x}{L} = \frac{a_n - ib_n}{2} e^{i2n\pi x/L} + \frac{a_n + ib_n}{2} e^{-i2n\pi x/L}$$

となる．ここで $n \geq 1$ に対して $c_n = \frac{a_n - ib_n}{2}$ と置けば，オイラーの公式により

$$c_n = \frac{1}{L} \int_0^L f(x) \left(\cos \frac{2n\pi x}{L} - i \sin \frac{2n\pi x}{L} \right) dx = \frac{1}{L} \int_0^L f(x) e^{-2n\pi ix/L} dx$$

が導かれ，$\frac{a_n + ib_n}{2} = c_{-n}$ と表せる．$c_0 = \frac{a_0}{2}$ と置けば，$[0, L]$ 上のフーリエ級数 (5.20) は

$$c_0 + \sum_{n=1}^{\infty} \left(c_n e^{2n\pi ix/L} + c_{-n} e^{-2n\pi ix/L} \right) = \sum_{n=-\infty}^{\infty} c_n e^{2n\pi ix/L}$$

とまとめることができる．以上から $[0, L]$ 上の関数 $f(x)$ のフーリエ級数は

$$f(x) \sim \sum_{n=-\infty}^{\infty} c_n e^{2n\pi ix/L} = \lim_{N \to \infty} \sum_{n=-N}^{N} c_n e^{2n\pi ix/L},$$
$$c_n = \frac{1}{L} \int_0^L f(x) e^{-2n\pi ix/L} dx \tag{5.27}$$

と対称部分和の極限として表示され，**複素フーリエ級数**と呼ばれる．c_n の定義については (5.19) とは異なり，積分の係数が $\frac{2}{L}$ ではなく $\frac{1}{L}$ となることを注意しなければならない．同様にして原点に対称な区間 $[-\ell, \ell]$ 上の関数 $f(x)$ のフーリエ級数 (5.15) は

$$f(x) \sim \sum_{n=-\infty}^{\infty} c_n e^{n\pi ix/\ell}, \quad c_n = \frac{1}{2\ell} \int_{-\ell}^{\ell} f(x) e^{-n\pi ix/\ell} dx$$

と計算される．いずれの区間に対しても注意すべきことは，無限和が対称部分和 $\sum_{n=-N}^{N}$ の極限であって，$n \geq 0$ と $n < 0$ に対して別々に級数の和を考えるのではない点である．

最後に，2 次元フーリエ級数については溝畑[17] を参照しなさい．

5.4 フーリエ級数の各点収束

$[-\ell, \ell]$ 上の関数 $f(x)$ のフーリエ級数 (5.15) が『各点 x ごとに値 $f(x)$ に収束する』ことを，フーリエ級数は $[-\ell, \ell]$ で $f(x)$ に**各点収束する**という．実際には $f(x)$ が連続という条件だけでは各点収束性さえも保証されず，さらにどのような条件が必要かを調べるのがこの節の目的である．ただし，証明では $f(x)$ を $\mathbb{R}$ 上の周期 2ℓ の周期関数に拡張する必要がある．任意の整数 n，$(2n-1)\ell \leq x \leq (2n+1)\ell$ に対して $\widetilde{f}_{2\ell}(x) = f(x - 2n\ell)$ と置き，$f(x)$ の代わりに $\widetilde{f}_{2\ell}(x)$ を考えれば初めから $f(x)$ を周期 2ℓ の周期関数として良い．注意すべき点は，元の関数 $f(x)$ が $[-\ell, \ell]$ 上連続であっても，拡張すれば一般的には $x = (2n \pm 1)\ell$ で不連続になることである．

定理 5.2（フーリエ級数の各点収束）

周期 2ℓ の周期関数 $f(x)$ は $[-\ell, \ell]$ 上区分的連続で，点 $x_0 \in [-\ell, \ell]$ において右および左微分可能であるとする．ただし，x_0 が不連続点の場合には，右微分係数 $f'_+(x_0)$，左微分係数 $f'_-(x_0)$ をそれぞれ次のように定義する．

$$f'_\pm(x_0) = \lim_{h \to \pm 0} \frac{f(x_0 + h) - f(x_0 \pm 0)}{h}.$$

このとき $f(x)$ のフーリエ級数は $x = x_0$ で $\frac{f(x_0+0)+f(x_0-0)}{2}$ に収束し，x_0 が連続点ならば $f(x_0)$ に収束する．

$$\frac{a_0}{2} + \sum_{n=1}^{\infty} \left(a_n \cos \frac{n\pi x_0}{\ell} + b_n \sin \frac{n\pi x_0}{\ell} \right) = \frac{f(x_0+0)+f(x_0-0)}{2}.$$

証明には準備が必要である．まず**ベッセル**（Bessel）**の不等式**から始める．

命題 5.1（ベッセルの不等式）

$[-\ell, \ell]$ 上区分的連続な関数 $f(x)$ に対して，a_m, b_n を $f(x)$ のフーリエ係数とする．このとき次のベッセルの不等式が成立する．

$$\frac{a_0^2}{2} + \sum_{n=1}^{\infty} (a_n^2 + b_n^2) \leq \frac{1}{\ell} \int_{-\ell}^{\ell} f(x)^2 dx.$$

証明は既に紹介した線形代数の結果 (5.10)-(5.13) での議論と全く同じである．

5.4 フーリエ級数の各点収束

フーリエ係数に関する次の**リーマン**（Riemann）**の補題**が，ベッセルの不等式から直ちに導かれる．

$$\lim_{n\to\infty} a_n = 0, \quad \lim_{n\to\infty} b_n = 0.$$

関数 $f(x)$ が奇関数，偶関数の場合を考えることによりフーリエ正弦係数，フーリエ余弦係数に対しても同じ結果が成り立ち，それもまたリーマンの補題と呼ばれる．

補題 5.1（ディリクレ核）

次の等式が成り立ち，$D_N(y)$ を**ディリクレ**（Dirichlet）**核**という．

$$\frac{1}{2} + \sum_{n=1}^{N} \cos ny = D_N(y) \equiv \frac{\sin\left(N+\frac{1}{2}\right)y}{2\sin\frac{y}{2}}, \tag{5.28}$$

$$\int_0^\pi D_N(y)dy = \frac{\pi}{2}. \tag{5.29}$$

［証明］ 等式 (5.29) は (5.28) の最初の等式左辺を積分すれば導かれるので，等式 (5.28) のみを示す．複素指数関数に関するオイラーの公式 $e^{ix} = \cos x + i\sin x$ およびド・モアブルの定理 $(\cos x + i\sin x)^n = \cos nx + i\sin nx$ を利用するのが最も適切と思われるが，ここでは別の方法で示す．積和公式 $\sin A \cos B = \frac{\sin(A+B)+\sin(A-B)}{2}$ を用いれば

$$2\sin\frac{y}{2}\left(\frac{1}{2} + \sum_{n=1}^{N}\cos ny\right) = \sin\frac{y}{2} + \sum_{n=1}^{N} 2\sin\frac{y}{2}\cos ny$$

$$= \sin\frac{y}{2} + \sum_{n=1}^{N}\left\{\sin\left(n+\frac{1}{2}\right)y - \sin\left(n-\frac{1}{2}\right)y\right\}$$

$$= \sin\frac{y}{2} + \left(\sin\frac{3y}{2} - \sin\frac{y}{2}\right) + \left(\sin\frac{5y}{2} - \sin\frac{3y}{2}\right)$$

$$+ \left(\sin\frac{7y}{2} - \sin\frac{5y}{2}\right) + \cdots + \left\{\sin\frac{(2N+1)y}{2} - \sin\frac{(2N-1)y}{2}\right\}$$

$$= \sin\frac{(2N+1)y}{2}$$

を得る．この等式を $2\sin\frac{y}{2}$ で割れば (5.28) が導かれる． ∎

次の補題が定理 5.2 の証明の核心となる.

> **補題 5.2（ディリクレ核の性質）**
> $[0, \pi]$ で区分的連続な関数 $g(z)$ が $z = 0$ で右微分可能とするとき，ディリクレ核 $D_N(z)$ に対して次の等式が成り立つ．
> $$\lim_{N \to \infty} \int_0^\pi g(z) D_N(z) dz = \frac{\pi}{2} g(+0).$$

[証明] 等式 (5.29) に注意して積分を 2 つに分ける．
$$\int_0^\pi g(z) D_N(z) dz = \int_0^\pi \{g(z) - g(+0)\} D_N(z) dz + \int_0^\pi g(+0) D_N(z) dz$$
$$= I_N + \frac{\pi}{2} g(+0).$$

これから次の極限を示せば補題の証明が終わる．
$$\lim_{N \to \infty} I_N = \lim_{N \to \infty} \int_0^\pi \{g(z) - g(+0)\} D_N(z) dz = 0.$$

被積分関数を変形し，I_N を区分的連続な関数のフーリエ正弦係数，余弦係数の形に表してリーマンの補題を適用する．実際に $D_N(z)$ の定義と加法定理により

$$I_N = \int_0^\pi \frac{g(z) - g(+0)}{2 \sin \frac{z}{2}} \sin\left(N + \frac{1}{2}\right) z \, dz$$
$$= \int_0^\pi \left\{\frac{g(z) - g(+0)}{2 \sin \frac{z}{2}} \cos \frac{z}{2}\right\} \sin Nz \, dz + \int_0^\pi \frac{g(z) - g(+0)}{2} \cos Nz \, dz$$

を得る．関数 $\frac{g(z)-g(+0)}{2}$ は区分的連続だから，最後の等式の右辺第 2 項は $N \to \infty$ のときリーマンの補題によりゼロに収束する．一方，右辺第 1 項の $\sin Nz$ を除いた被積分関数を $h(z)$ とすれば，$h(z)$ は $(0, \pi]$ 上区分的連続で，次のように変形される．

$$h(z) = \frac{g(z) - g(+0)}{2 \sin \frac{z}{2}} \cos \frac{z}{2} = \frac{g(z) - g(+0)}{z} \frac{\frac{z}{2}}{\sin \frac{z}{2}} \cos \frac{z}{2}.$$

仮定により $g(z)$ は $z = 0$ で右微分可能だから，関数 $\frac{g(z)-g(+0)}{z}$ は原点で右極限を持つ．よって $h(z)$ も原点で右極限を持ち，$h(z)$ は $[0, \pi]$ で区分的連続になる．したがって，$N \to \infty$ のとき第 1 項もまたリーマンの補題によりゼロに収束し，第 2 項と合わせて $I_N \to 0$ が成り立つ． ■

5.4 フーリエ級数の各点収束

以上の準備のもとで定理 5.2 を証明する．

[定理 5.2 の証明] $S_N(x)$ を (5.16) で定義されたフーリエ級数の部分和とする．三角関数をまとめ，等式 (5.28) によりディリクレ核 $D_N(y)$ を用いて表すと

$$S_N(x) = \frac{1}{\ell} \int_{-\ell}^{\ell} f(y) \left\{ \frac{1}{2} + \sum_{n=1}^{N} \left(\cos\frac{n\pi y}{\ell} \cos\frac{n\pi x}{\ell} + \sin\frac{n\pi y}{\ell} \sin\frac{n\pi x}{\ell} \right) \right\} dy$$

$$= \frac{1}{\ell} \int_{-\ell}^{\ell} f(y) \left\{ \frac{1}{2} + \sum_{n=1}^{N} \cos\frac{n\pi(y-x)}{\ell} \right\} dy$$

$$= \frac{1}{\ell} \int_{-\ell}^{\ell} f(y) D_N\left(\frac{\pi(y-x)}{\ell}\right) dy. \tag{5.30}$$

$f(y)$ と $D_N\left(\frac{\pi(y-x)}{\ell}\right)$ は周期 2ℓ の周期関数だから，$-\ell \leq x \leq \ell$ に対して等式

$$\int_{-\ell}^{\ell} f(y) D_N\left(\frac{\pi(y-x)}{\ell}\right) dy = \int_{x-\ell}^{x+\ell} f(y) D_N\left(\frac{\pi(y-x)}{\ell}\right) dy$$

が成り立つ（演習問題 **5.11** 参照）．置換 $z = \frac{\pi(y-x)}{\ell}$ を行えば (5.30) から

$$S_N(x) = \frac{1}{\pi} \int_{-\pi}^{\pi} f\left(\frac{\ell z}{\pi} + x\right) D_N(z)\, dz$$

を得る．ここで $x = x_0$ と取り，上の等式右辺の積分を $z = 0$ で2つに分ける．

$$S_N(x_0) = \frac{1}{\pi} \int_0^{\pi} f\left(\frac{\ell z}{\pi} + x_0\right) D_N(z)\, dz + \frac{1}{\pi} \int_{-\pi}^0 f\left(\frac{\ell z}{\pi} + x_0\right) D_N(z)\, dz$$
$$= J_N^+ + J_N^-.$$

関数 $g(z) = f\left(\frac{\ell z}{\pi} + x_0\right)$ は $[0, \pi]$ 上区分的連続で，$z = 0$ で右微分可能でもある．実際に，$f(x)$ は $x = x_0$ で右微分可能だから

$$\lim_{z \to +0} \frac{g(z) - g(+0)}{z} = \lim_{z \to +0} \frac{f\left(\frac{\ell z}{\pi} + x_0\right) - f(x_0 + 0)}{z}$$
$$= \lim_{h \to +0} \frac{\ell}{\pi} \frac{f(x_0 + h) - f(x_0 + 0)}{h} = \frac{\ell}{\pi} f'_+(x_0).$$

補題 5.2 により $N \to \infty$ のとき

$$J_N^+ \to \frac{g(+0)}{2} = \frac{f(x_0 + 0)}{2}$$

を得る．一方，J_N^- については $z = -\zeta$ と置換して $D_N(z)$ が偶関数であることに注意すれば

$$J_N^- = \frac{1}{\pi}\int_0^\pi f\left(-\frac{\ell\zeta}{\pi}+x_0\right)D_N(\zeta)\,d\zeta$$

と書き換えられる．$f(x)$ は $x=x_0$ で左微分可能だから $f\left(-\frac{\ell\zeta}{\pi}+x_0\right)$ は $\zeta=0$ で右微分可能となり，補題 5.2 により $J_N^- \to \frac{f(x_0-0)}{2}$ $(N\to\infty)$ を得る．2 つまとめれば定理の主張が導かれ，証明が完了した． ∎

定理 5.2 では証明に必要な最低限の条件を $f(x)$ に与えたが，応用上は次の系の条件で十分である．

系 5.1（収束の十分条件）

$[-\ell,\ell]$ 上の関数 $f(x)$ は区分的連続，高々有限個の点を除いて微分可能で，除外点では左右微分可能であるとする．ただし区間端点においては内側からの片側微分可能性だけを仮定する．このとき $-\ell<x<\ell$ に対して f のフーリエ級数は $\frac{f(x+0)+f(x-0)}{2}$ に収束する．x が連続点であればフーリエ級数は $f(x)$ に収束する．また，$x=\pm\ell$ では $f(x)$ のフーリエ級数は $\frac{f(\ell-0)+f(-\ell+0)}{2}$ に収束する．

例5.2 例題 5.3 の関数 $f(x)=x$（$-\ell\le x\le\ell$）は系 5.1 の条件を満たすので，$-\ell<x<\ell$ においてフーリエ級数は $f(x)$ に収束する．

$$x = \frac{2\ell}{\pi}\left\{\sin\frac{\pi x}{\ell} - \frac{1}{2}\sin\frac{2\pi x}{\ell} + \cdots + \frac{(-1)^{n+1}}{n}\sin\frac{n\pi x}{\ell} + \cdots\right\}.$$

$x=\pm\ell$ のとき右辺の級数の各項はゼロなので級数もゼロとなり，$\frac{f(\ell)+f(-\ell)}{2}=0$ に一致する．$\ell=\pi$ のとき，上記等式の両辺を 2 で割って $x=\frac{\pi}{2}$ と置けば，$\arctan x$ のマクローリン級数展開で $x\to 1-0$ としても導かれる次の等式を得る．

$$\frac{\pi}{4} = \sum_{m=1}^\infty \frac{1}{2m-1}\sin\left(m\pi-\frac{\pi}{2}\right)$$
$$= 1 - \frac{1}{3} + \frac{1}{5} - \frac{1}{7} + \frac{1}{9} + \cdots + \frac{(-1)^{m-1}}{2m-1} + \cdots. \qquad \square$$

5.5 フーリエ級数の一様収束

関数 $f(x)$ のフーリエ級数が既知であるとき，その級数を項別積分または項別微分して $f(x)$ の原始関数または導関数のフーリエ級数を計算できれば大変都合が良い．そのために通常は『一様収束性』が必要になる．ここではフーリエ級数が一様収束するための十分条件を調べる．詳細を述べる前に，一様収束の必要条件として『連続な関数項級数が一様収束すれば極限関数もまた連続になる』ことを挙げておく．関数 $f(x)$ が $[-\ell, \ell]$ で系 5.1 の条件を満たし，さらに $[-\ell, \ell]$ 上連続であっても $f(-\ell) \neq f(\ell)$ であれば極限関数は $x = \pm\ell$ で不連続になる．すなわち，フーリエ級数自体は連続な関数項級数であるから，$x = \pm\ell$ の周辺でフーリエ級数は一様収束していないことになる．

定義 5.3（関数項級数の一様収束）

$[a, b]$ 上の関数列 $\varphi_n(x)$ からなる関数項級数 $\sum_{n=1}^{\infty} \varphi_n(x)$ が $[a, b]$ 上で関数 $\psi(x)$ に**一様収束する**とは，任意の自然数 N に対して

$$\lim_{N \to \infty} \sup_{a \leq x \leq b} \left| \sum_{n=1}^{N} \varphi_n(x) - \psi(x) \right| = 0$$

が成り立つことをいう．ここに記号 sup は上限を表し，$\varphi_n(x)$ が連続関数ならば最大値 max で置き換えて良い．

関数項級数の極限関数は具体的に表示できないことが多く，上記の定義通りに一様収束性を調べるのは難しい．このような場合を含めて次の**ワイエルシュトラス**（Weierstrass）**の優級数定理**と呼ばれる判定法が大変便利である．

定理 5.3（ワイエルシュトラスの優級数定理）

関数項級数 $\sum_n \varphi_n(x)$ に対し，収束する正項級数 $\sum_n M_n$ があって，$|\varphi_n(x)| \leq M_n$ $(a \leq x \leq b)$ が成り立つとする．このとき $\sum_n \varphi_n(x)$ は $[a, b]$ 上で一様絶対収束し，$\sum_n M_n$ は $\sum_n \varphi_n(x)$ の収束する**優級数**と呼ばれる．

この節での主要結果は次の定理である．

定理 5.4（フーリエ級数の一様絶対収束）
$[-\ell, \ell]$ 上の連続関数 $f(x)$ は $f(-\ell) = f(\ell)$ を満たし，導関数 $f'(x)$ が $[-\ell, \ell]$ 上区分的連続であるとする．すなわち，$f(x)$ は高々有限個の点を除いて微分可能かつ $f'(x)$ は連続で，除外点において $f'(x)$ は左右の極限値を持つ．このとき，$f(x)$ のフーリエ級数は $[-\ell, \ell]$ 上 $f(x)$ に一様絶対収束する．

まず，定理 5.4 の条件のもとで $f(x)$ のフーリエ級数は $f(x)$ に各点収束することを確かめておく．定理 5.4 の条件から定理 5.2 の条件である『$f(x)$ は各点で左右微分可能である』ことを導けば良い．実際に，$x = x_0$ で $f(x)$ が微分可能でないときには，$h \neq 0$ に対して平均値の定理により

$$f(x_0 + h) - f(x_0) = f'(x_0 + \theta h)h, \quad 0 < \theta < 1$$

となる．それで左右微分係数は存在する．

$$f'_{\pm}(x_0) = \lim_{h \to \pm 0} \frac{f(x_0 + h) - f(x_0)}{h} = \lim_{h \to \pm 0} f'(x_0 + \theta h) = f'(x_0 \pm 0).$$

ただし $f(x)$ が右（左）微分可能であっても $f'(x+0)$（$f'(x-0)$）が存在するとは限らない．例えば，関数

$$f(x) = \begin{cases} x^2 \sin \frac{1}{x}, & x \neq 0, \\ 0, & x = 0 \end{cases}$$

は原点で微分可能：$f'(0) = 0$ であるが，導関数は原点で連続ではなく，$f'(\pm 0)$ は発散する有名な例である．

フーリエ級数の $f(x)$ への各点収束は保証されたので，定理 5.3 により収束する優級数となる正項級数を見つければ良い．各 $n \geq 1$ に対して

$$\left| a_n \cos \frac{n\pi x}{\ell} + b_n \sin \frac{n\pi x}{\ell} \right| \leq |a_n| \left| \cos \frac{n\pi x}{\ell} \right| + |b_n| \left| \sin \frac{n\pi x}{\ell} \right| \leq |a_n| + |b_n|$$

が成り立つから，$\sum_n (|a_n| + |b_n|)$ は優級数である．この優級数の収束性を示せば，フーリエ級数は $f(x)$ に一様収束することが導かれる．

補題 5.3（フーリエ係数級数の絶対収束）
定理 5.4 の条件のもとで a_n, b_n を $f(x)$ のフーリエ係数とする．このとき，級数 $\sum_n (|a_n| + |b_n|)$ は収束する．

5.5 フーリエ級数の一様収束

[証明] $f(x)$ の導関数 $f'(x)$ は区分的連続であるから，$f'(x)$ のフーリエ級数を考える．$n \geq 1$ のとき，$f(\ell) = f(-\ell)$ に注意して部分積分すると

$$c_n = \frac{1}{\ell} \int_{-\ell}^{\ell} f'(x) \cos \frac{n\pi x}{\ell} \, dx$$

$$= \frac{1}{\ell} \left[f(x) \cos \frac{n\pi x}{\ell} \right]_{-\ell}^{\ell} + \frac{n\pi}{\ell^2} \int_{-\ell}^{\ell} f(x) \sin \frac{n\pi x}{\ell} \, dx = \frac{n\pi}{\ell} b_n.$$

同様にして

$$d_n = \frac{1}{\ell} \int_{-\ell}^{\ell} f'(x) \sin \frac{n\pi x}{\ell} \, dx = -\frac{n\pi}{\ell} a_n$$

を得る．したがって

$$\left(|a_n| + |b_n| \right)^2 \leq 2 \left(a_n^2 + b_n^2 \right) = \frac{2\ell^2}{n^2 \pi^2} \left(c_n^2 + d_n^2 \right),$$

すなわち

$$|a_n| + |b_n| \leq \frac{\sqrt{2}\,\ell}{n\pi} \sqrt{c_n^2 + d_n^2}$$

を得る．$n = 1$ から N まで両辺の和を取り，N 項数ベクトルに対するシュワルツの不等式を用いれば

$$\sum_{n=1}^{N} \left(|a_n| + |b_n| \right) \leq \frac{\sqrt{2}\,\ell}{\pi} \sum_{n=1}^{N} \frac{1}{n} \sqrt{c_n^2 + d_n^2}$$

$$\leq \frac{\sqrt{2}\,\ell}{\pi} \sqrt{\sum_{n=1}^{N} \frac{1}{n^2}} \sqrt{\sum_{n=1}^{N} \left(c_n^2 + d_n^2 \right)}.$$

ここで，$\sum_n \frac{1}{n^2}$ は収束し，命題 5.1 のベッセルの不等式により $\sum_n \left(c_n^2 + d_n^2 \right)$ も収束する．よって任意の N に対して N 個の部分和は上に有界であるから，級数 $\sum_n \left(|a_n| + |b_n| \right)$ は収束する． ∎

フーリエ正弦級数，フーリエ余弦級数の一様収束性についても調べておく．$[0, \ell]$ 上の連続関数 $f(x)$ が $f(0) = 0$ を満たせば，(5.25) のように連続な奇関数 $\widetilde{f}_o(x)$ として区間 $[-\ell, \ell]$ 上に拡張できる．定理 5.4 の条件を満たすためにはさらに $\widetilde{f}_o(-\ell) = \widetilde{f}_o(\ell)$ でなければならない．すなわち $-f(\ell) = f(\ell)$，よって $f(\ell) = 0$ も必要となる．一方，$f(x)$ を (5.26) のように偶関数 $\widetilde{f}_e(x)$ として拡張する場合には $x = 0$ で連続で，しかも $\widetilde{f}_e(-\ell) = \widetilde{f}_e(\ell)$ も満たされる．

系 5.2 (フーリエ正弦級数,余弦級数の一様収束)

関数 $f(x)$ は $[0, \ell]$ 上連続で,$f'(x)$ は $[0, \ell]$ 上区分的連続であるとする.
(1) さらに $f(0) = f(\ell) = 0$ を満たせば,$f(x)$ のフーリエ正弦級数 (5.23) は $f(x)$ に $[0, \ell]$ 上で一様絶対収束する.
(2) $f(x)$ のフーリエ余弦級数 (5.24) は $f(x)$ に $[0, \ell]$ 上で一様絶対収束する.

定理 5.4 の条件のもとで
$$\frac{1}{\ell}\int_{-\ell}^{\ell} f'(x)dx = \frac{1}{\ell}\Big[f(x)\Big]_{-\ell}^{\ell} = 0$$
が成り立つので,補題 5.3 証明の c_n, d_n の計算により $f'(x)$ のフーリエ級数は $f(x)$ のフーリエ級数の項別微分で与えられる.

$$f'(x) \sim \sum_{n=1}^{\infty}\left(-\frac{n\pi}{\ell}a_n \sin\frac{n\pi x}{\ell} + \frac{n\pi}{\ell}b_n \cos\frac{n\pi x}{\ell}\right). \tag{5.31}$$

ただし (5.31) の右辺が $f'(x)$ に収束するためには $f'(x)$ そのものに対して系 5.1 の条件が必要となる.

例 5.3 例題 5.4 の関数 $g(x) = |x|$ は定理 5.4 の関数の条件を満たすので,$g(x)$ のフーリエ級数は $[-\ell, \ell]$ で $g(x)$ に一様収束する:$|x| \leq \ell$ に対して
$$|x| = \frac{\ell}{2} - \frac{4\ell}{\pi^2}\left\{\cos\frac{\pi x}{\ell} + \frac{1}{9}\cos\frac{3\pi x}{\ell} + \frac{1}{25}\cos\frac{5\pi x}{\ell}\right.$$
$$\left. + \cdots + \frac{1}{(2m+1)^2}\cos\frac{(2m+1)\pi x}{\ell} + \cdots\right\}.$$
特に $\ell = \pi$ のとき,上の等式で $x = 0$ と置けば
$$0 = \frac{\pi}{2} - \frac{4}{\pi}\left(1 + \frac{1}{3^2} + \frac{1}{5^2} + \frac{1}{7^2} + \cdots + \frac{1}{(2m+1)^2} + \cdots\right)$$
となるので,次の級数の極限を得る.
$$\sum_{m=0}^{\infty}\frac{1}{(2m+1)^2} = 1 + \frac{1}{3^2} + \frac{1}{5^2} + \frac{1}{7^2} + \cdots + \frac{1}{(2m+1)^2} + \cdots = \frac{\pi^2}{8}.$$
$g(x)$ の導関数は $g'(x) = -1 \ (-\ell < x < 0)$,$g'(x) = 1 \ (0 < x < \ell)$ であるから後で紹介する **例 5.4** と全く同様にして,$g(x)$ のフーリエ級数は $x = 0$,$x = \pm\ell$ を除いて項別微分でき,$g'(x)$ に収束することがわかる. □

5.5 フーリエ級数の一様収束

ギブス現象　一様収束しないときに収束の様子はどのようになっているか, を示す事例として**ギブス（Gibbs）現象**が知られている．これは例題 5.3 のグラフから既に読み取ることができる．N が大きくなるに伴って近似が良い点 x の範囲も拡がるが，$f(x) = x$ を周期関数として拡張したときの不連続点である $x = \pm \ell$ の周辺では，部分和 $S_N(x)$ と $f(x)$ の値の差自体はほとんど縮小せず，最終的にも一定の差が残る．これがギブス現象である．以下で別の関数に対してこの現象を数値的に調べてみる．

例5.4（**矩形波のフーリエ級数**）　次の関数 $f(x)$ のフーリエ級数を考える．

$$f(x) = \begin{cases} 1, & 0 < x < \pi, \\ -1, & -\pi < x < 0, \\ 0, & x = 0, \pm\pi. \end{cases}$$

$f(x)$ は奇関数であるから $f(x)$ のフーリエ級数はフーリエ正弦級数になる．$n = 1, 2, \ldots$ に対して

$$b_n = \frac{2}{\pi} \int_0^\pi 1 \cdot \sin nx \, dx = \frac{2}{\pi} \left[\frac{-1}{n} \cos nx \right]_0^\pi = \frac{2\{1 - (-1)^n\}}{n\pi}.$$

よってフーリエ正弦係数は $b_{2m+1} = \frac{4}{(2m+1)\pi}$, $b_{2m+2} = 0$ $(m = 0, 1, 2, \ldots)$ となり，フーリエ正弦級数は $[-\pi, \pi]$ 上で $f(x)$ に各点収束する．

$$f(x) = \frac{4}{\pi} \sum_{m=0}^\infty \frac{\sin(2m+1)x}{2m+1}$$
$$= \frac{4}{\pi} \left\{ \sin x + \frac{\sin 3x}{3} + \frac{\sin 5x}{5} + \cdots + \frac{\sin(2m+1)x}{2m+1} + \cdots \right\}. \quad (5.32)$$

第 N 項までの部分和を $S_N(x)$ と表すとき，次図はそれぞれ $N = 10$, $N = 20$ に対する $y = S_N(x)$ のグラフである．

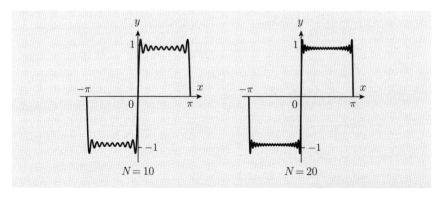

$N \to \infty$ のときに $S_N(x)$ の原点付近の値を調べよう．計算の詳細は読者各自に委ねるが，$S_N(x)$ は $x = \frac{\pi}{2N}$ で極大値を取り，$N \to \infty$ のとき

$$\frac{\pi}{2} S_N\left(\frac{\pi}{2N}\right) = \int_0^\pi \frac{\sin y}{y} dy + \int_0^\pi \frac{\sin y}{y} \left(\frac{\frac{y}{2N}}{\sin \frac{y}{2N}} - 1\right) dy$$
$$\longrightarrow \int_0^\pi \frac{\sin y}{y} dy + 0 = 1.17898\cdots$$

を得る． □

項別積分　ギブス現象の前で述べたように，$f(x)$ のフーリエ級数が項別微分可能で，それが $f'(x)$ に収束するためには $f'(x)$ 自体にさらに条件が必要であったが，項別積分については一様収束性だけで十分である．一般的に次の結果が知られている．

定理 5.5（関数項級数の項別積分）

連続な関数項級数 $\sum_n \varphi_n(x)$ が有限閉区間 $[a, b]$ で一様収束するならば，$\sum_n \varphi_n(x)$ は $[a, b]$ で連続で項別積分できる．
$$\int_{x_0}^{x_1} \sum_{n=1}^\infty \varphi_n(x)\, dx = \sum_{n=1}^\infty \int_{x_0}^{x_1} \varphi_n(x)\, dx, \quad x_0, x_1 \in [a, b].$$

例題 5.6

$[-\pi, \pi]$ 上の関数 $f(x) = x^2$ のフーリエ級数を求めなさい．それを利用して $g(x) = x^3$ のフーリエ級数を計算しなさい．

【解答】 定理 5.4 により $f(x)$ のフーリエ級数は $f(x)$ に $[-\pi, \pi]$ 上で一様収束する．$f(x)$ は偶関数であるからフーリエ余弦級数を計算すれば良い．

$$a_0 = \frac{2}{\pi} \int_0^\pi x^2 dx = \frac{2\pi^2}{3},$$
$$a_n = \frac{2}{\pi} \int_0^\pi x^2 \cos nx\, dx = \frac{2}{\pi} \left(\left[\frac{x^2 \sin nx}{n}\right]_0^\pi - \frac{2}{n} \int_0^\pi x \sin nx\, dx\right)$$
$$= \frac{4}{n\pi} \left(\left[\frac{x \cos nx}{n}\right]_0^\pi - \frac{1}{n} \int_0^\pi \cos nx\, dx\right) = \frac{4(-1)^n}{n^2}.$$

したがって

$$x^2 = \frac{\pi^2}{3} + 4\sum_{n=1}^{\infty} \frac{(-1)^n \cos nx}{n^2}$$
$$= \frac{\pi^2}{3} - 4\left\{\cos x - \frac{\cos 2x}{2^2} + \frac{\cos 3x}{3^2} + \cdots + \frac{(-1)^{n-1}\cos nx}{n^2} + \cdots\right\}.$$

定理 5.5 によりこれを 0 から x ($|x| \leq \pi$) まで項別積分すると

$$\frac{x^3}{3} = \frac{\pi^2 x}{3} - 4\sum_{n=1}^{\infty} \int_0^x \frac{(-1)^{n-1}\cos ny}{n^2} dy$$
$$= \frac{\pi^2 x}{3} - 4\sum_{n=1}^{\infty} \left[\frac{(-1)^{n-1}\sin ny}{n^3}\right]_0^x = \frac{\pi^2 x}{3} - 4\sum_{n=1}^{\infty} (-1)^{n-1} \frac{\sin nx}{n^3}.$$

ここで例題 5.3 で得られた x のフーリエ級数を右辺に代入すれば $-\pi < x < \pi$ に対して

$$x^3 = 2\pi^2 \sum_{n=1}^{\infty} \frac{(-1)^{n-1}\sin nx}{n} - 12\sum_{n=1}^{\infty} (-1)^{n-1}\frac{\sin nx}{n^3}$$
$$= 2\sum_{n=1}^{\infty} (-1)^{n-1} \left(\frac{\pi^2}{n} - \frac{6}{n^3}\right) \sin nx$$

を得る. ∎

例題 5.6 により x^2 のフーリエ級数に $x = \pi$ を代入すれば等式

$$\pi^2 = \frac{\pi^2}{3} + 4\sum_{n=1}^{\infty} \frac{1}{n^2}$$

を得るから,級数の極限値

$$\sum_{n=1}^{\infty} \frac{1}{n^2} = \frac{\pi^2}{6}$$

が求まる.

　一様収束は項別積分を保証するものであって必要条件ではない.実際に,フーリエ級数の場合には一様収束していない場合でも項別積分が収束して原始関数のフーリエ級数と一致する.その例を次に紹介する.

例5.5　例5.4 で与えた関数 $f(x)$ のフーリエ級数は $f(x)$ に各点収束したが,一様収束はしなかった.(5.32) の右辺を 0 から x ($|x| < \pi$) まで形式的に項別積分すると

$$\frac{4}{\pi}\sum_{m=0}^{\infty}\int_0^x \frac{\sin(2m+1)y}{2m+1}\,dy = \frac{4}{\pi}\sum_{m=0}^{\infty}\left[-\frac{\cos(2m+1)y}{(2m+1)^2}\right]_0^x$$
$$= \frac{4}{\pi}\sum_{m=0}^{\infty}\left\{\frac{1}{(2m+1)^2} - \frac{\cos(2m+1)x}{(2m+1)^2}\right\}$$
$$= \frac{4}{\pi}\sum_{m=0}^{\infty}\frac{1}{(2m+1)^2} - \frac{4}{\pi}\sum_{m=0}^{\infty}\frac{\cos(2m+1)x}{(2m+1)^2}.$$

例5.3 の結果により最後の等式の右辺第1項の級数は $\frac{\pi^2}{8}$ となるから

$$\frac{4}{\pi}\sum_{m=0}^{\infty}\int_0^x \frac{\sin(2m+1)y}{2m+1}\,dy = \frac{\pi}{2} - \frac{4}{\pi}\sum_{m=0}^{\infty}\frac{\cos(2m+1)x}{(2m+1)^2}$$

が得られる．一方，$\int_0^x f(y)dy = |x|$ であるが，関数 $|x|$ のフーリエ級数は収束して上の式の右辺に一致していた（例題 5.4，例5.3）．したがって結果的には項別積分しても等式が成り立つ． □

実は，一様収束しないどころか $f(x)$ のフーリエ級数自体が収束しなくても $f(x)$ のフーリエ級数を項別積分して得られる関数項級数は収束し，$f(x)$ の原始関数 $F(x)$ と一致する（演習問題 5.16 も参照）．ただし次の定理では 例5.2 の結果を使う．

定理 5.6（フーリエ級数の項別積分）

$[-\ell, \ell]$ 上区分的連続な関数 $f(x)$ に対するフーリエ級数

$$f(x) \sim \frac{a_0}{2} + \sum_{n=1}^{\infty}\left(a_n \cos\frac{n\pi x}{\ell} + b_n \sin\frac{n\pi x}{\ell}\right)$$

の収束が保証されない場合でも，$f(x)$ のフーリエ級数の項別積分は $f(x)$ の原始関数 $F(x)$ に収束する：$-\ell < x < \ell$ に対して

$$F(x) = \int_0^x f(y)\,dy = \frac{a_0}{2}x + \sum_{n=1}^{\infty}\frac{\ell b_n}{n\pi} + \sum_{n=1}^{\infty}\left(\frac{\ell a_n}{n\pi}\sin\frac{n\pi x}{\ell} - \frac{\ell b_n}{n\pi}\cos\frac{n\pi x}{\ell}\right)$$
$$= \frac{\ell}{\pi}\left[\sum_{n=1}^{\infty}\frac{b_n}{n} + \sum_{n=1}^{\infty}\left\{-\frac{b_n}{n}\cos\frac{n\pi x}{\ell} + \frac{a_n + (-1)^{n+1}a_0}{n}\sin\frac{n\pi x}{\ell}\right\}\right].$$
(5.33)

5.5 フーリエ級数の一様収束

フーリエ級数の2乗平均収束 $[-\ell, \ell]$ 上の関数 $f(x)$ が区分的連続という条件のみで，$f(x)$ のフーリエ級数が $f(x)$ に収束しないかを考える．『各点収束』はしないから別の方法による収束を考える．すなわち $f(x)$ のフーリエ級数の部分和 $S_N(x)$ に対して次の極限を確かめる．

$$\lim_{N \to \infty} \int_{-\ell}^{\ell} |f(x) - S_N(x)|^2 dx = 0. \tag{5.34}$$

このとき $S_N(x)$ は $f(x)$ に **2乗平均収束する**といい，

$$\underset{N \to \infty}{\text{l.i.m.}} S_N(x) = f(x)$$

と書いて limit in the mean と読む．定理 5.4 の条件を満たしていれば関数列 $\{S_N(x)\}$ は $f(x)$ に一様収束するから，$|S_N(x) - f(x)|^2$ もまたゼロに一様収束する．したがって定理 5.5 により積分と極限の順序を交換できるので2乗平均収束することが確かめられる．

定理 5.7（2乗平均収束）

関数 $f(x)$ は $[-\ell, \ell]$ 上連続で $f(-\ell) = f(\ell)$ を満たすとする．さらに，導関数 $f'(x)$ は $[-\ell, \ell]$ 上区分的連続であるとする．このとき (5.15) で定義されるフーリエ級数の部分和 $S_N(x)$ は $f(x)$ に2乗平均収束する．さらに次の**パーセヴァル**（Parseval）**の等式**を満たす．

$$\frac{a_0^2}{2} + \sum_{n=1}^{\infty}(a_n^2 + b_n^2) = \frac{1}{\ell}\int_{-\ell}^{\ell} f(x)^2\, dx. \tag{5.35}$$

パーセヴァルの等式はベッセルの不等式を等式にしたものであるから，命題 5.1 の証明において等式 (5.34) を用いればよい．

例5.4 例題 5.4, **例5.3** で取り上げた関数 $g(x) = |x|$ を区間 $[-\pi, \pi]$ で考える．$a_0 = \pi$, $m \geq 0$ に対して $a_{2m+1} = -\frac{4}{(2m+1)^2\pi}$, $a_{2m+2} = 0$, $n \geq 1$ に対して $b_n = 0$ だから，パーセヴァルの等式 (5.35) を適用すると

$$\frac{\pi^2}{2} + \sum_{m=0}^{\infty} \frac{16}{(2m+1)^4 \pi^2} = \frac{1}{\pi}\int_{-\pi}^{\pi} x^2\, dx = \frac{2\pi^2}{3}$$

を得る．これを整理して次の級数の極限が導かれる．

$$1 + \frac{1}{3^4} + \frac{1}{5^4} + \frac{1}{7^4} + \cdots + \frac{1}{(2m+1)^4} + \cdots = \frac{\pi^4}{96}. \qquad \square$$

定理 5.7 の $f(x)$ の条件は定理 5.4 と変わらないが，実はもっと一般的な 2 乗積分

$$\int_{-\ell}^{\ell} f(x)^2 \, dx$$

が収束する関数 $f(x)$ に対して，等式 (5.34) が成立することが知られている．たとえば伊藤 [1] を参照しなさい． 例5.4 の関数 $f(x)$ は区分的連続であるから $f(x)$ のフーリエ級数は 2 乗平均収束し，パーセヴァルの等式も成り立つ．$n \geq 0$ に対して $a_n = 0$，$m \geq 0$ に対して $b_{2m+1} = \frac{4}{(2m+1)\pi}$, $b_{2m+2} = 0$ だから，パーセヴァルの等式 (5.35) を適用すると

$$\sum_{m=0}^{\infty} \frac{16}{(2m+1)^2 \pi^2} = \frac{1}{\pi} \int_{-\pi}^{\pi} 1 \, dx = 2$$

を得る．これを整理すると， 例5.3 の級数の極限値を再び得ることができる．

5章の演習問題

5.1 $[0, 2\ell]$ 上の連続関数 $f(x)$ に対してその (1) フーリエ正弦級数, (2) フーリエ余弦級数, を計算しなさい.

5.2 次の $0 \leq x \leq \ell$ 上の関数のフーリエ正弦級数を計算しなさい.

(1) x^2 (2) $(x+1)^2$ (3) $\cos\dfrac{\pi x}{\ell}$ (4) e^x (5) $x\sin\dfrac{\pi x}{\ell}$ (6) xe^x

5.3 例題 5.5 の (1), (2) の関数のフーリエ余弦級数を計算しなさい.

5.4 次の $0 \leq x \leq \ell$ 上の関数のフーリエ余弦級数を計算しなさい.

(1) $(x+1)^2$ (2) $\sin\dfrac{\pi x}{\ell}$ (3) e^{-x} (4) $x\cos\dfrac{\pi x}{\ell}$ (5) xe^{-x} (6) x^3

5.5 $-\ell \leq x \leq 0$ では $f(x) = 0$, $0 < x \leq \ell$ では次のように与えられる関数 $f(x)$ のフーリエ級数を計算しなさい.

(1) 1 (2) x (3) $\ell - x$ (4) x^2 (5) $\sin\dfrac{\pi x}{\ell}$ (6) $\cos\dfrac{\pi x}{\ell}$

5.6 次の $-\ell \leq x \leq \ell$ 上の関数のフーリエ級数を求めなさい. ただし $a \neq 0$ は定数.

(1) $x + \ell$ (2) e^{ax} (3) $\cosh x$ (4) $\sinh x$ (5) x^3

(6) $x(\ell^2 - x^2)$ (7) $x\sin\dfrac{\pi x}{\ell}$ (8) $x\cos\dfrac{\pi x}{\ell}$ (9) $(\ell - x)\sin\dfrac{\pi x}{\ell}$

5.7 $0 \leq x \leq \pi$ 上の関数 $\cos x$ のフーリエ正弦級数を項別積分して, $0 \leq x \leq \pi$ 上の関数 $\sin x$ のフーリエ余弦級数と比較しなさい.

5.8 次の $[0, 2\ell]$ 上の関数 $f(x)$ のフーリエ級数を計算しなさい.

(1) x (2) $2\ell - x$ (3) $\sin\dfrac{\pi x}{2\ell}$ (4) $\left|\cos\dfrac{\pi x}{\ell}\right|$ (5) e^x

(6) $f(x) = \begin{cases} 0, & 0 \leq x < \ell, \\ 1, & \ell \leq x \leq 2\ell. \end{cases}$

(7) $f(x) = \begin{cases} x, & 0 \leq x < \ell, \\ 2\ell - x, & \ell \leq x \leq 2\ell. \end{cases}$

5.9 演習問題 5.5 の (1) の関数のフーリエ級数を項別積分して演習問題 5.5 の (2) の関数のフーリエ級数と比較しなさい.

5.10 演習問題 5.6 の (3), (4) の関数のフーリエ級数をそれぞれ項別微分, 項別積分して (4), (3) の関数のフーリエ級数と比較しなさい.

5.11 周期 $2p$ の周期関数 $f(x)$, 定数 $-p < a < p$ に対して, 次の等式が成り立つことを示しなさい.

$$\int_{a-p}^{a+p} f(x)\,dx = \int_{-p}^{p} f(x)\,dx$$

5.12 演習問題 5.6 の (6) の結果を利用して等式
$$\sum_{m=0}^{\infty} \frac{(-1)^m}{(2m+1)^3} = \frac{\pi^3}{32}$$
を示しなさい．

5.13 例題 5.6 およびパーセヴァルの等式 (5.35) を利用して等式
$$\sum_{n=1}^{\infty} \frac{1}{n^4} = \frac{\pi^4}{90}$$
を示しなさい．

5.14 次の等式を導きなさい．
$$\sum_{n=1}^{\infty} \frac{1}{n^6} = \frac{\pi^6}{945}.$$

5.15 $[0, L]$ 上の区分的連続な関数 $f(x), g(x)$ を周期 L で $\mathbb{R}$ 全体に拡張した関数をそれぞれ再び $f(x), g(x)$ と表し，
$$f * g(x) = \frac{1}{L} \int_0^L f(x-y)g(y)\, dy$$
により，f と g の合成積（たたみ込み）（7.4 節参照）を定義する．$f(x), g(x)$ の複素フーリエ級数をそれぞれ，$\sum_n c_n e^{i2n\pi x/L}, \sum_m d_m e^{i2m\pi x/L}$ と表すとき，$f * g(x)$ の複素フーリエ級数は次のように与えられることを確かめなさい．
$$f * g(x) \sim \sum_{n=-\infty}^{\infty} c_n d_n e^{i2n\pi x/L}.$$

5.16 定理 5.6 において，$F(x)$ のフーリエ係数を直接計算して等式 (5.33) を導きなさい．

5.17 $[-\ell, \ell]$ 上の区分的連続な関数 $f(x)$ に対して，$F(x) = \int_{-\ell}^x f(y)\, dy$ とするとき，$F(x)$ のフーリエ係数を直接計算して $F(x)$ のフーリエ級数を $f(x)$ のフーリエ係数を用いて表しなさい．

5.18 $[0, L]$ 上の区分的連続な関数 $f(x)$ に対して，$F(x) = \int_0^x f(y)\, dy$ とするとき，$F(x)$ のフーリエ係数を直接計算して $F(x)$ のフーリエ級数を $f(x)$ のフーリエ係数を用いて表しなさい．

6 フーリエ級数の偏微分方程式への応用

　フーリエ級数の応用として，第 2, 3, 4 章でも扱った主要な 3 つの 2 階線形偏微分方程式に対する初期境界値問題または境界値問題を解く．ラプラス方程式に対しては円上，矩形上の境界値問題を新たに扱い，波動方程式に対しては定常波からの視点を与える．以前の方法では取り扱えなかった問題も含めてこの章で取り扱う．

キーワード

初期境界値問題　　周期境界条件
ディリクレ境界条件　　ノイマン境界条件
熱伝導方程式　　変数分離法　　分離定数
ラプラス方程式　　境界値問題
オイラーの微分方程式
ポアソンの積分公式　　エネルギー法
半整数フーリエ正弦級数展開　　波動方程式
強制振動　　固有振動

6.1　1次元熱伝導方程式の初期境界値問題

5.1 節のフーリエの方法で紹介した熱伝導方程式に対する初期境界値問題の詳細を解説する．ただしフーリエ級数の取り扱い易さを考慮して次の区間設定で考える．

$$\begin{cases} \text{(PDE)} & u_t(x,t) - k u_{xx}(x,t) = 0, \quad -\ell < x < \ell,\, t > 0, \\ \text{(PBC)} & u(-\ell,t) = u(\ell,t), \quad u_x(-\ell,t) = u_x(\ell,t), \quad t > 0, \\ \text{(IC)} & u(x,0) = f(x), \quad -\ell < x < \ell. \end{cases} \quad (6.1)$$

ここに正定数 k は熱伝導率を表す．5.1 節では変数分離によって初期条件以外を満たす解を求め，それを無数に重ね合わせた形式解

$$u(x,t) = \frac{A_0}{2} + \sum_{n=1}^{\infty} e^{-(n\pi/\ell)^2 kt} \left(A_n \cos \frac{n\pi x}{\ell} + B_n \sin \frac{n\pi x}{\ell} \right) \quad (6.2)$$

を構成した．この形式解で $t=0$ と置いて，初期条件（IC）

$$u(x,0) = \frac{A_0}{2} + \sum_{n=1}^{\infty} \left(A_n \cos \frac{n\pi x}{\ell} + B_n \sin \frac{n\pi x}{\ell} \right) = f(x) \quad (6.3)$$

を満たすように係数 A_m, B_n を決める．ここまでがフーリエ級数を導入する際の経緯であった．実際に $f(x)$ をフーリエ級数で表し，形式解 (6.2) が収束してさらに項別微分可能で (6.1) の方程式を満たすことを確認する．少なくとも (6.3) が成立するためには $f(x)$ は $[-\ell, \ell]$ 上連続で $f'(x)$ が区分的連続，さらに $t=0$ において周期境界条件（PBC）との整合性により

$$f(-\ell) = f(\ell),$$
$$f'(-\ell) = f'(\ell)$$

を満たさなければならない．このとき A_m, B_n を $f(x)$ のフーリエ係数

$$A_m = a_m \equiv \frac{1}{\ell} \int_{-\ell}^{\ell} f(x) \cos \frac{m\pi x}{\ell}\, dx, \quad m = 0, 1, 2, \ldots,$$

$$B_n = b_n \equiv \frac{1}{\ell} \int_{-\ell}^{\ell} f(x) \sin \frac{n\pi x}{\ell}\, dx, \quad n = 1, 2, \ldots$$

に選べば，定理 5.4 によりフーリエ級数は $[-\ell, \ell]$ 上で一様絶対収束して (6.3) が成立する．さらに，任意の $t \geq 0$, $-\ell \leq x \leq \ell$ に対して不等式

6.1　1次元熱伝導方程式の初期境界値問題

$$\sum_{n=1}^{\infty}\left|e^{-(n\pi/\ell)^2 kt}\left(a_n\cos\frac{n\pi x}{\ell}+b_n\sin\frac{n\pi x}{\ell}\right)\right|$$
$$\leq \sum_{n=1}^{\infty}\left|a_n\cos\frac{n\pi x}{\ell}+b_n\sin\frac{n\pi x}{\ell}\right|\leq \sum_{n=1}^{\infty}(|a_n|+|b_n|)$$

が成り立つので，補題 5.3 と定理 5.3 により (6.2) 右辺の関数項級数は x, t について一様収束する．したがって極限関数 $u(x,t)$ は (x,t) の連続関数となり，初期条件（IC）と境界条件 $u(-\ell,t)=u(\ell,t)$ を満たす．後は項別微分可能であることを確かめれば方程式の解になることがわかる．次の結果を用いる．

定理 6.1（項別微分）

各項が $\varphi_n(x)\in C^1([a,b])$ である関数項級数 $S(x)=\sum_n\varphi_n(x)$ が $[a,b]$ で収束し，項別微分した級数 $\sum_n\varphi'_n(x)$ が $[a,b]$ 上で一様収束するならば，$S(x)$ は C^1 級で項別微分可能である．

$$S'(x)=\sum_{n=1}^{\infty}\varphi'_n(x).$$

さらに，$\varphi_n(x)\in C^m([a,b])$ で，第 m 次までの導関数の級数 $\sum\varphi_n^{(p)}(x)$, $p=1,2,\ldots,m$ が $[a,b]$ 上で一様収束するならば，$S(x)$ は C^m 級で m 回まで項別微分可能である．

$$S^{(p)}(x)=\sum_{n=1}^{\infty}\varphi_n^{(p)}(x),\quad p=1,2,\ldots,m.$$

初期関数 $f(x)$ は連続だから $M=\max\{|f(x)|\,|\,-\ell\leq x\leq \ell\}$ と置けば

$$|a_n|\leq \frac{1}{\ell}\int_{-\ell}^{\ell}|f(x)|dx\leq 2M.$$

同様に $|b_n|\leq 2M$ が成り立つことに注意すれば，任意の非負整数 p,q に対して次の不等式が成り立つ．

$$\left|\left(\frac{\partial}{\partial x}\right)^p\left(\frac{\partial}{\partial t}\right)^q e^{-(n\pi/\ell)^2 kt}\left(a_n\cos\frac{n\pi x}{\ell}+b_n\sin\frac{n\pi x}{\ell}\right)\right|$$
$$=\left|\left(\frac{n\pi}{\ell}\right)^{p+2q}k^q e^{-(n\pi/\ell)^2 kt}\left\{a_n\cos\left(\frac{n\pi x}{\ell}+\frac{p\pi}{2}\right)+b_n\sin\left(\frac{n\pi x}{\ell}+\frac{p\pi}{2}\right)\right\}\right|$$
$$\leq C_{pq}n^{p+2q}e^{-(n\pi/\ell)^2 kt}. \tag{6.4}$$

ここに,定数 C_{pq} を

$$C_{pq} = 4Mk^q \left(\frac{\pi}{\ell}\right)^{p+2q}$$

と置いた.さて任意の数 $t_0 > 0$ に対して優級数

$$\sum_{n=1}^{\infty} n^{p+2q} e^{-(n\pi/\ell)^2 k t_0}$$

が収束することを示せば,定理 5.3 および定理 6.1 により $t > 0$ ならば $u(x,t)$ は (x,t) について任意回偏微分可能で,それらの偏導関数は連続であることがわかる.例えば正項級数に関するダランベールの判定法を用いれば,項比は

$$\frac{(n+1)^{p+2q} e^{-\{(n+1)\pi/\ell\}^2 k t_0}}{n^{p+2q} e^{-(n\pi/\ell)^2 k t_0}} = \left(1 + \frac{1}{n}\right)^{p+2q} \exp\left\{-kt_0\left(\frac{2n\pi}{\ell} + \frac{\pi^2}{\ell^2}\right)\right\}$$

だから $n \to \infty$ のときゼロに収束するので,優級数は収束することがわかった.

関数項級数で定義された関数 $u(x,t)$ を書き換えておく.任意の $t_0 > 0$ に対して,$t \geq t_0$ ならば (6.4) と同様にして関数項級数の一様収束が保証されるので,定理 5.5 により級数の和と積分との順序を交換して

$$u(x,t) = \frac{a_0}{2} + \sum_{n=1}^{\infty} e^{-(n\pi/\ell)^2 kt} \left(a_n \cos\frac{n\pi x}{\ell} + b_n \sin\frac{n\pi x}{\ell}\right)$$

$$= \frac{1}{2\ell} \int_{-\ell}^{\ell} f(y)\,dy$$

$$+ \sum_{n=1}^{\infty} e^{-(n\pi/\ell)^2 kt} \left\{\frac{1}{\ell} \int_{-\ell}^{\ell} f(y) \left(\cos\frac{n\pi y}{\ell} \cos\frac{n\pi x}{\ell} + \sin\frac{n\pi y}{\ell} \sin\frac{n\pi x}{\ell}\right) dy\right\}$$

$$= \int_{-\ell}^{\ell} \left\{\frac{1}{2\ell} + \frac{1}{\ell} \sum_{n=1}^{\infty} e^{-(n\pi/\ell)^2 kt} \cos\frac{n\pi(x-y)}{\ell}\right\} f(y)\,dy$$

を得る.そこで

$$K(x,t) = \frac{1}{2\ell} + \frac{1}{\ell} \sum_{n=1}^{\infty} e^{-(n\pi/\ell)^2 kt} \cos\frac{n\pi x}{\ell} \qquad (6.5)$$

と置くと,項別微分により $K(x,t)$ は $-\ell \leq x \leq \ell$, $t > 0$ に対して C^∞ 級で,項別積分により

$$\int_{-\ell}^{\ell} K(x,t)\,dx = 1$$

を満たすことが確かめられる.

6.1　1次元熱伝導方程式の初期境界値問題

以上をまとめて次の結果を得る．

命題 6.1（1次元熱伝導方程式の初期境界値問題）

問題 (6.1) の初期関数 $f(x)$ は $[-\ell, \ell]$ 上で連続，$f'(x)$ は区分的連続で，境界条件との整合条件 $f(-\ell) = f(\ell), f'(-\ell) = f'(\ell)$ を満たすとする．このとき，(6.1) のただ1つの解 $u(x,t)$ は

$$u(x,t) = \int_{-\ell}^{\ell} K(x-y, t) f(y)\, dy, \quad t > 0$$

で与えられ，$t > 0$ のとき (x,t) の C^∞ 級関数である．ただし $K(x,t)$ は (6.5) で定義され，この初期境界値問題の**熱核**と呼ばれる．

[証明]　解の一意性以外は既に示したので，ここでは一意性のみを**エネルギー法**で確かめる（定理 2.3 の証明参照）．解が2つあるとき，それらを $u_1(x,t), u_2(x,t)$ として $v(x,t) = u_1(x,t) - u_2(x,t)$ と置けば，$v(x,t)$ は初期条件 $v(x,0) = 0$ を満たす (6.1) の解になる．さらに

$$I(t) = \int_{-\ell}^{\ell} v(x,t)^2 dx$$

と置くと，$I(t) \geq 0$ となる．微分と積分の順序を交換できるので積分記号のもとで t について偏微分し，偏微分方程式（PDE）を用いると

$$I'(t) = \int_{-\ell}^{\ell} 2v(x,t)v_t(x,t) dx = 2k \int_{\ell}^{\ell} v(x,t) v_{xx}(x,t) dx.$$

部分積分して周期境界条件（PBC）を用いると

$$I'(t) = 2k \Big[v(x,t) v_x(x,t) \Big]_{-\ell}^{\ell} - 2k \int_{-\ell}^{\ell} v_x(x,t)^2 dx$$

$$= -2k \int_{-\ell}^{\ell} v_x(x,t)^2 dx \leq 0.$$

これから $I(t)$ は広義単調減少であり，$I(0) = 0$ だから恒等的に $I(t) = 0$ となる．したがって $u_1(x,t) = u_2(x,t)$ が導かれた． ∎

6.2　2次元ラプラス方程式の境界値問題

6.2.1　円の内部におけるディリクレ境界値問題

原点中心半径 ρ の円内 $\{(x,y)\,|\,x^2+y^2<\rho^2\}$ でラプラス方程式のディリクレ境界値問題を考える．4.3 節と同様に直交座標 (x,y) のまま扱うよりも極座標 (r,θ) の方が扱い易いので，境界値問題を初めから極座標によって設定しておく．4.1 節のラプラス作用素の極座標表示 (4.4) を使えば $u=u(r,\theta)$ に対して境界値問題は次のようになる．

$$\begin{cases} \text{(PDE)} & u_{rr}+\dfrac{1}{r}u_r+\dfrac{1}{r^2}u_{\theta\theta}=0, \quad 0<r<\rho,\ -\pi<\theta<\pi, \\ \text{(DBC)} & u(\rho,\theta)=f(\theta), \quad u(0,\theta):\text{有限}, \quad -\pi<\theta<\pi, \\ \text{(PBC)} & u(r,-\pi)=u(r,\pi),\ u_\theta(r,-\pi)=u_\theta(r,\pi), \quad 0<r<\rho. \end{cases}$$
(6.6)

$r=0$ における境界条件『$u(0,\theta)$ が有限である』によって $r=0$ で発散する解を除外する．この条件と周期境界条件（PBC）はラプラス作用素を直交座標から極座標に書き換えることにより現れた条件である．周期境界条件との整合性により連続な境界関数 $f(\theta)$ に対して周期条件

$$f(-\pi)=f(\pi) \tag{6.7}$$

を置く．変数分離法

$$u(r,\theta)=R(r)\Theta(\theta)$$

によって解を求める．$u=R\Theta$ を偏微分方程式（PDE）に代入して

$$R''\Theta+\frac{1}{r}R'\Theta+\frac{1}{r^2}R\Theta''=0.$$

両辺に r^2 をかけ，$R\Theta\not\equiv 0$ として両辺を $R\Theta$ で割って整理すれば

$$\frac{r^2R''(r)}{R(r)}+\frac{rR'(r)}{R(r)}=-\frac{\Theta''(\theta)}{\Theta(\theta)}$$

を得る．両辺の変数の独立性によりこれらは定数でなければならない．分離定数を λ と置く．ただし λ の符号は固有値問題に都合が良いように選ぶ．このとき (6.6) の境界条件を加味した次の 2 つの常微分方程式の境界値問題を得る．

$$\begin{cases} R''+\dfrac{1}{r}R'-\dfrac{\lambda}{r^2}R=0, \quad 0<r<\rho, \\ R(0):\text{有限}, \end{cases}$$

$$\begin{cases} \Theta'' + \lambda\Theta = 0, & -\pi < \theta < \pi, \\ \Theta(-\pi) = \Theta(\pi), & \Theta'(-\pi) = \Theta'(\pi). \end{cases}$$

例題 4.1 に続く注意により，Θ に関する固有値問題は $n = 0, 1, 2, \ldots$ に対して

$$\lambda_n = n^2, \quad \Theta_n(\theta) = A_n \cos n\theta + B_n \sin n\theta$$

と解ける．ただし，A_n, B_n はどちらかがゼロではない任意定数．一方，R が満たす微分方程式は**オイラー（Euler）の微分方程式**である．4.2 節の (4.15) で紹介した確定特異点型微分方程式の特別な場合であるが，改めて復習しておく．

オイラーの微分方程式　　変数 x，未知関数 y のオイラーの斉次微分方程式の一般形は

$$x^2 \frac{d^2 y}{dx^2} + px \frac{dy}{dx} + qy = 0 \tag{6.8}$$

である．ただし p, q は実定数とする．独立変数の変換 $x = e^t$，すなわち $t = \log x$ を行って (6.8) を定数係数微分方程式に書き換える．このとき $y = Y(t)$ と表すと，合成関数の微分法および逆関数の微分法により

$$\frac{dy}{dx} = \frac{dY}{dt} \frac{dt}{dx} = \frac{dY}{dt} \left(\frac{dx}{dt}\right)^{-1} = e^{-t} \frac{dY}{dt}.$$

この結果をもう一度用いて第 2 次導関数を書き換えると

$$\begin{aligned} \frac{d^2 y}{dx^2} &= \frac{d}{dx}\left(\frac{dy}{dx}\right) = e^{-t} \frac{d}{dt}\left(\frac{dy}{dx}\right) = e^{-t} \frac{d}{dt}\left(e^{-t} \frac{dY}{dt}\right) \\ &= e^{-t}\left(-e^{-t} \frac{dY}{dt} + e^{-t} \frac{d^2 Y}{dt^2}\right) \\ &= e^{-2t}\left(\frac{d^2 Y}{dt^2} - \frac{dY}{dt}\right). \end{aligned}$$

これらを (6.8) に代入すれば，定数係数微分方程式

$$\frac{d^2 Y}{dt^2} + (p-1)\frac{dY}{dt} + qY = 0 \tag{6.9}$$

を得る．(6.9) に対する特性方程式 ((6.8) に対する決定方程式，4.3 節 p.71 参照)

$$k^2 + (p-1)k + q = 0 \tag{6.10}$$

が，(i) 相異なる実数解 k_1, k_2 を持つ，(ii) 実 2 重解 k_1 を持つ，(iii) 共役虚数

解 $k = a \pm ib$ ($b \neq 0$) を持つ,それぞれの場合に分けて一般解を求める.

(i) (6.9) の一般解は $Y(t) = Ae^{k_1 t} + Be^{k_2 t}$ であるから,x 変数に戻して
$$y = Ax^{k_1} + Bx^{k_2}.$$

(ii) (6.9) の一般解は $Y(t) = Ae^{k_1 t} + Bte^{k_1 t}$ であるから,x 変数に戻して
$$y = Ax^{k_1} + Bx^{k_1} \log x.$$

(iii) (6.9) の一般解は $Y(t) = Ae^{at} \cos bt + Be^{at} \sin bt$ により x 変数に戻して
$$y = Ax^a \cos(b \log x) + Bx^a \sin(b \log x).$$

k が虚数の場合も含めて,結果的に $y = x^k$ の形の解を探したことになっている.

さて $\lambda = \lambda_n$ のときの R の微分方程式に戻る:$r^2 R'' + rR' - n^2 = 0$. 特性方程式 (6.10) は $k^2 - n^2 = 0$ となるので,$n = 0$ のときには 2 重解 $k = 0$ を,$n \geq 1$ のときには相異なる実数解 $k = \pm n$ を持つ.したがって R の一般解は

$$\lambda = \lambda_0 = 0 \text{ のとき,} \quad R_0(r) = A'_0 + B'_0 \log r,$$
$$\lambda = \lambda_n = n^2 \text{ のとき,} \quad R_n(r) = A'_n r^n + \frac{B'_n}{r^n}$$

となる.境界条件『$R(0)$ は有限』により $B'_0 = B'_n = 0$ となり,求める解は

$$R_0(r) = A'_0, \quad R_n(r) = A'_n r^n, \quad n = 1, 2, \ldots$$

である.$r = \rho$ における境界条件を除いた条件を満たす解 $u_n = R_n \Theta_n$ を $n = 0$ を込めてすべて重ね合わせる.

$$u(r, \theta) = \sum_{n=0}^{\infty} r^n (A_n \cos n\theta + B_n \sin n\theta).$$

両辺に $r = \rho$ を代入した等式

$$f(\theta) = \sum_{n=0}^{\infty} (\rho^n A_n \cos n\theta + \rho^n B_n \sin n\theta) \tag{6.11}$$

が成立するように未定係数 A_n, B_n を決めれば良い.ここで (6.11) の右辺を $f(\theta)$ のフーリエ級数と考える.すなわち,$f(\theta)$ の導関数が $[-\pi, \pi]$ 上で区分的

連続であることをさらに仮定し，$f(\theta)$ のフーリエ係数

$$a_m = \frac{1}{\pi} \int_{-\pi}^{\pi} f(\varphi) \cos m\varphi \, d\varphi, \quad m = 0, 1, 2, \ldots,$$
$$b_n = \frac{1}{\pi} \int_{-\pi}^{\pi} f(\varphi) \sin n\varphi \, d\varphi, \quad n = 1, 2, \ldots \tag{6.12}$$

に対して $A_0 = \frac{a_0}{2}$ と置き，$A_n \rho^n = a_n$, $B_n \rho^n = b_n$ ($n = 1, 2, \ldots$) を満たすように A_n, B_n を選べば，定理 5.4 により (6.11) は $[-\pi, \pi]$ 上で一様絶対収束する．したがって形式解

$$u(r, \theta) = \frac{a_0}{2} + \sum_{n=1}^{\infty} \left(\frac{r}{\rho}\right)^n (a_n \cos n\theta + b_n \sin n\theta) \tag{6.13}$$

は $0 \leq r \leq \rho$, $-\pi \leq \theta \leq \pi$ に対して一様絶対収束することがわかる．$f(\theta)$ にさらに高次の微分可能性を仮定すれば $u(r, \theta)$ の 2 回までの偏微分可能性も保証されるが，ここでは (6.13) の右辺を書き換え，その結果に対して直接 $u(r, \theta)$ の性質を確かめる．定数 $0 < r_0 < \rho$ を任意に取る．$0 \leq r \leq r_0$ のときには，$0 < \frac{r}{\rho} \leq \frac{r_0}{\rho} < 1$ による一様収束性と定理 5.5 によって級数の和と積分の順序を

$$u(r, \theta) = \frac{1}{2\pi} \int_{-\pi}^{\pi} f(\varphi) \, d\varphi$$
$$+ \sum_{n=1}^{\infty} \left(\frac{r}{\rho}\right)^n \cdot \frac{1}{\pi} \int_{-\pi}^{\pi} f(\varphi)(\cos n\varphi \cos n\theta + \sin n\varphi \sin n\theta) \, d\varphi$$
$$= \frac{1}{\pi} \int_{-\pi}^{\pi} \left\{\frac{1}{2} + \sum_{n=1}^{\infty} \left(\frac{r}{\rho}\right)^n \cos n(\theta - \varphi)\right\} f(\varphi) \, d\varphi$$

と交換できる．さらに被積分関数の級数をまとめるために次の結果を使う．

補題 6.1

$0 \leq r < 1$ に対して次の等式が成り立つ．

$$\frac{1}{2} + \sum_{n=1}^{\infty} r^n \cos n\theta = \frac{1 - r^2}{2(1 - 2r \cos \theta + r^2)}.$$

[証明] この等式の証明も補題 5.1 と同様に複素指数関数の幾何級数を利用するのが常套手段であるが，別の方法で示しておく．$|r^n \cos n\theta| \leq r^n$ かつ $0 \leq r < 1$ と定理 5.3 により，級数は極限 S を持つ．部分和を S_N と置く．

$$S_N = \frac{1}{2} + \sum_{n=1}^{N} r^n \cos n\theta.$$

両辺に $r\cos\theta$ をかけて三角関数の積和公式を使って書き換えれば

$$r\cos\theta \cdot S_N = \frac{1}{2}\left[r\cos\theta + \sum_{n=1}^{N} r^{n+1}\{\cos(n+1)\theta + \cos(n-1)\theta\}\right]$$

$$= \frac{1}{2}\left\{S_{N+1} - \frac{1}{2} + r^2\left(S_{N-1} + \frac{1}{2}\right)\right\}$$

を得る. S_N の収束は保証されていたので両辺2倍して極限 $N\to\infty$ を取れば

$$2r\cos\theta \cdot S = (1+r^2)S - \frac{1}{2}(1-r^2)$$

となる. これを整理すれば求める等式を得る. ■

r_0 は任意であったから,補題 6.1 を用いればすべての $0 < r < \rho$ に対して成り立つ等式

$$u(r,\theta) = \frac{1}{2\pi}\int_{-\pi}^{\pi} \frac{\rho^2 - r^2}{\rho^2 - 2\rho r \cos(\theta-\varphi) + r^2} f(\varphi)\,d\varphi \tag{6.14}$$

が導かれる. この積分表示式は**ポアソンの積分公式**と呼ばれている.

以上をまとめ,さらに次の結果が得られる.

命題 6.2（ディリクレ境界値問題の解の存在）

$f(\theta)$ は周期条件 (6.7) を満たす連続な関数とする. このとき等式 (6.14) で与えられる関数 $u(r,\theta)$ は $0 < r < \rho$,$-\pi < \theta < \pi$ について C^∞ 級で (6.6) の偏微分方程式（PDE）,周期境界条件（PBC）を満たし

$$\lim_{r\to\rho-0} u(r,\theta) = f(\theta) \tag{6.15}$$

の意味でディリクレ境界条件（DBC）を満たす $r \le \rho$ で連続な (6.6) の解である.

注意 $f'(\theta)$ が区分的連続であれば (6.13) で与えられる関数 $u(r,\theta)$ は $r = \rho$ まで込めて連続であるが,積分型 (6.14) に書き直す際に条件 $r < \rho$ のもとで積分と級数の順序を交換したので,改めて連続性を示さなければならない. その一方で,偏微分可能性等を示すために $f(\theta)$ の高次までの微分可能性を必要としない. □

6.2 2次元ラプラス方程式の境界値問題

例題 6.1

次のラプラス方程式の境界値問題を解きなさい.
$$\begin{cases} u_{xx}(x,y) + u_{yy}(x,y) = 0, & x^2+y^2 < 4, \\ u(x,y) = x^3, & x^2+y^2 = 4. \end{cases}$$

【解答】 問題を極座標で表せば $f(\theta) = 8\cos^3\theta = 2\cos 3\theta + 6\cos\theta$ と置いたときの問題 (6.6) となる. よって (6.13) から解は次のように計算できる.

$$\begin{aligned} u(x,y) &= u(r,\theta) \\ &= \frac{r^3}{4}\cos 3\theta + 3r\cos\theta = r^3\cos^3\theta - \frac{3r^2}{4}r\cos\theta + 3x \\ &= x^3 - \frac{3x}{4}(x^2+y^2) + 3x = \frac{x^3}{4} - \frac{3xy^2}{4} + 3x. \end{aligned}$$ ■

原点中心半径 ρ の円の外部におけるラプラス方程式の境界値問題も全く同様に扱うことができる.

$$\begin{cases} \text{(PDE)} & u_{rr} + \frac{1}{r}u_r + \frac{1}{r^2}u_{\theta\theta} = 0, \quad r > \rho, \ -\pi < \theta < \pi, \\ \text{(DBC)} & u(\rho,\theta) = f(\theta), \quad -\pi < \theta < \pi, \quad r \to \infty \text{ のとき } u(r,\theta) \text{ は有界}, \\ \text{(PBC)} & u(r,-\pi) = u(r,\pi), \ u_\theta(r,-\pi) = u_\theta(r,\pi), \quad r > \rho. \end{cases}$$
(6.16)

変数分離法 $u(r,\theta) = R(r)\Theta(\theta)$ により $r \to \infty$ のとき有界な解 $R(r)$ を求めると, $R_0(r) = A_0'$, $R_n(r) = \frac{A_n'}{r^n}$ を得る. したがって境界値問題の解 (6.13) の r, ρ を $\frac{1}{r}, \frac{1}{\rho}$ で置き換えることにより, (6.16) の解が次の命題のように求まる.

命題 6.3 (円の外部におけるポアソンの積分公式)

関数
$$u(r,\theta) = \frac{1}{2\pi}\int_{-\pi}^{\pi} \frac{r^2 - \rho^2}{r^2 - 2r\rho\cos(\theta-\varphi) + \rho^2} f(\varphi)\,d\varphi$$
は (6.16) の解である.

ラプラス方程式に対するディリクレ境界値問題の解の一意性を**エネルギー法**によって証明する. この方法はノイマン境界条件の場合でも適用できる.

定理 6.2 (ディリクレ境界値問題の解の一意性)

D を有界な平面領域でその境界 $\Gamma = \partial D$ は C^∞ 級で正の向きを持つとする. Γ 上の C^1 級関数 $f(x,y)$ に対してラプラス方程式のディリクレ境界値問題

$$\Delta u(x,y) = 0, \ (x,y) \in D, \qquad u(x,y) = f(x,y), \ (x,y) \in \Gamma$$

の D で C^2 級, $D \cup \Gamma$ で C^1 級となる解 $u(x,y)$ は, 存在すればただ 1 つである.

[証明] まず $D \cup \Gamma$ 上で C^2 級の任意の関数 $\varphi(x,y), \psi(x,y)$ に対する等式を導いておく. 2 次元勾配ベクトル $\nabla \varphi$, 標準内積の記号 "$\cdot$" を使う. 等式

$$\begin{aligned}
\varphi \Delta \psi &= \varphi(\psi_{xx} + \psi_{yy}) \\
&= (\varphi \psi_x)_x + (\varphi \psi_y)_y - (\varphi_x \psi_x + \varphi_y \psi_y) \\
&= (\varphi \psi_x)_x - (-\varphi \psi_y)_y - \nabla \varphi \cdot \nabla \psi
\end{aligned}$$

を D 上で 2 重積分してグリーンの定理 (定理 2.1) を適用する. Γ の弧長パラメータ s に対して, Γ の向きから Γ の外向き単位法線ベクトル $\boldsymbol{n}$ は $\boldsymbol{n} = {}^t\left(\frac{dy}{ds}, -\frac{dx}{ds}\right)$ となることに注意すれば

$$\begin{aligned}
\iint_D \varphi \Delta \psi \, dxdy &= \int_\Gamma (-\varphi \psi_y) \, dx + \varphi \psi_x \, dy - \iint_D \nabla \varphi \cdot \nabla \psi \, dxdy \\
&= \int_\Gamma \varphi \left\{ \frac{dy}{ds} \psi_x + \left(-\frac{dx}{ds}\right) \psi_y \right\} ds - \iint_D \nabla \varphi \cdot \nabla \psi \, dxdy \qquad (6.17) \\
&= \int_\Gamma \varphi \frac{\partial \psi}{\partial \boldsymbol{n}} \, ds - \iint_D \nabla \varphi \cdot \nabla \psi \, dxdy.
\end{aligned}$$

u_1, u_2 を 2 つの解として $u = u_1 - u_2$ と置けば, 調和関数 u は斉次ディリクレ境界条件を満たす: $u(x,y) = 0, (x,y) \in \Gamma$. (6.17) で $\varphi = \psi = u$ と置くと

$$\begin{aligned}
0 &= \iint_D u \, \Delta u \, dxdy \\
&= \int_\Gamma u \frac{\partial u}{\partial \boldsymbol{n}} \, ds - \iint_D |\nabla u|^2 \, dxdy \\
&= -\iint_D |\nabla u|^2 \, dxdy
\end{aligned}$$

を得る. これから $\nabla u = 0$ が従うので u は定数となる. u は境界 Γ 上でゼロだから定数はゼロ, よって $u_1 \equiv u_2$ が成り立ち, 一意性が示された. ■

6.2.2 円の内部におけるノイマン境界値問題

原点中心半径 ρ の円内 D でラプラス方程式のノイマン境界値問題を考える.

$$\begin{cases} \text{(PDE)} & u_{rr} + \dfrac{1}{r}u_r + \dfrac{1}{r^2}u_{\theta\theta} = 0, \quad 0 < r < \rho, \; -\pi < \theta < \pi, \\ \text{(NBC)} & u_r(\rho,\theta) = f(\theta), \quad u(0,\theta) : \text{有限}, \quad -\pi < \theta < \pi, \\ \text{(PBC)} & u(r,-\pi) = u(r,\pi),\; u_\theta(r,-\pi) = u_\theta(r,\pi), \quad 0 < r < \rho. \end{cases} \tag{6.18}$$

連続な境界関数 $f(\theta)$ は周期条件 (6.7) を満たすとする. この問題を解く前に境界関数 $f(\theta)$ に関する注意を述べておく. そのためにまず, **グリーンの公式**

$$\iint_D (\varphi \Delta \psi - \psi \Delta \varphi)\, dxdy = \int_\Gamma \left(\varphi \frac{\partial \psi}{\partial \boldsymbol{n}} - \psi \frac{\partial \varphi}{\partial \boldsymbol{n}} \right) ds$$

を確認する. ただし定理 6.2 の証明と同じ記号を使っている. これは (6.17) において φ と ψ を入れ換えた等式と (6.17) を辺々引いて導かれる. (6.18) の解 u に対して, グリーンの公式で $\varphi = 1, \psi = u$ と取り, 弧長線素 ds は $ds = \rho\, d\theta$ となることに注意して u が調和関数であることを用いれば, 等式

$$0 = \iint_D \Delta u\, dxdy = \int_\Gamma \frac{\partial u}{\partial \boldsymbol{n}}\, ds = \int_\Gamma f\, ds = \rho \int_{-\pi}^{\pi} f(\theta)\, d\theta$$

が成り立つ. したがって解が存在するならば $f(\theta)$ は

$$\int_{-\pi}^{\pi} f(\theta)\, d\theta = 0 \tag{6.19}$$

を満たさなければならない. 以後 $f(\theta)$ は (6.19) を満たすと仮定する.

6.2.1 項と同様にしてノイマン境界条件 (NBC) 以外を満たす形式解

$$u(r,\theta) = \sum_{n=0}^{\infty} r^n (A_n \cos n\theta + B_n \sin n\theta)$$

が導かれる. 右辺を r で形式的に項別微分して $r = \rho$ と置いた等式

$$f(\theta) = \sum_{n=1}^{\infty} n\rho^{n-1}(A_n \cos n\theta + B_n \sin n\theta)$$

をフーリエ級数展開と考えて係数 A_n, B_n を決める. ただし A_0 は定まらないので後で決める. (6.12) で定義される $f(\theta)$ のフーリエ係数 a_n, b_n に対して $n\rho^{n-1}A_n = a_n,\, n\rho^{n-1}B_n = b_n$ を満たすように $A_n, B_n\ (n=1,2,\dots)$ を決めれば

$$u(r,\theta) = A_0 + \rho \sum_{n=1}^{\infty} \frac{1}{n}\left(\frac{r}{\rho}\right)^n (a_n \cos n\theta + b_n \sin n\theta)$$

となる．$f'(\theta)$ が区分的連続ならば，右辺の級数は r の偏導関数まで (r,θ) について広義一様収束して

$$u(r,\theta) = A_0 + \frac{\rho}{\pi}\int_{-\pi}^{\pi} f(\varphi) \sum_{n=1}^{\infty} \frac{1}{n}\left(\frac{r}{\rho}\right)^n \cos n(\theta-\varphi)\,d\varphi \qquad (6.20)$$

と表すことができる．(6.20) 右辺の被積分関数の級数をまとめる．

補題 6.2

$0 \leq r < 1$ に対して次の等式が成り立つ．
$$\sum_{n=1}^{\infty} \frac{r^n}{n}\cos n\theta = \frac{1}{2}\log\frac{1}{1-2r\cos\theta + r^2}.$$

[証明]　まず補題 6.1 と同様にして次の等式が成り立つ．

$$\sum_{n=1}^{\infty} r^n \sin n\theta = \frac{r\sin\theta}{1 - 2r\cos\theta + r^2}. \qquad (6.21)$$

級数の極限は存在するので部分和に $r\cos\theta$ をかけ，整理した後に極限を取れば良い．等式 (6.21) の左辺を θ について 0 から θ まで項別積分でき

$$\sum_{n=1}^{\infty} \frac{r^n}{n}\cos n\theta = \sum_{n=1}^{\infty}\frac{r^n}{n} - \int_0^{\theta}\sum_{n=1}^{\infty} r^n \sin n\varphi\,d\varphi$$

を得る．上の等式の右辺第 1 項は

$$\sum_{n=1}^{\infty}\frac{r^n}{n} = \sum_{n=1}^{\infty}\int_0^r t^{n-1}\,dt = \int_0^r \sum_{n=1}^{\infty} t^{n-1}\,dt$$
$$= \int_0^r \frac{1}{1-t}\,dt = -\log(1-r)$$

と書き換えられる．(6.21) の両辺を θ について 0 から θ まで積分すると

$$\int_0^{\theta}\sum_{n=1}^{\infty} r^n \sin n\varphi\,d\varphi = \int_0^{\theta} \frac{r\sin\varphi}{1 - 2r\cos\varphi + r^2}d\varphi$$
$$= \frac{1}{2}\log(1 - 2r\cos\theta + r^2) - \log(1-r).$$

以上の 3 つの等式を合わせれば求めている等式が従う． ■

6.2 2次元ラプラス方程式の境界値問題

さて (6.20) と補題 6.2 により次の等式を得る．

$$u(r,\theta) = A_0 + \frac{\rho}{2\pi}\int_{-\pi}^{\pi} f(\varphi) \log \frac{1}{1 - 2\frac{r}{\rho}\cos(\theta-\varphi) + \left(\frac{r}{\rho}\right)^2} d\varphi$$

$$= \left\{ A_0 + \frac{\rho \log \rho}{\pi}\int_{-\pi}^{\pi} f(\varphi)\, d\varphi \right\}$$

$$+ \frac{\rho}{2\pi}\int_{-\pi}^{\pi} f(\varphi) \log \frac{1}{\rho^2 - 2r\cos(\theta - \varphi) + r^2} d\varphi.$$

定数部分を消すために (6.19) を使うと，$A_0 = 0$ を選べば良い．実は (6.18) の解に定数を加えても再び解になるので，定数部分を一意的に決めることはできない．

以上をまとめて次の結果を得る．

命題 6.4（ノイマン境界値問題の解）

連続な境界関数 $f(\theta)$ は (6.7), (6.19) を満たすとき，次の関数 $u(r,\theta)$ はノイマン境界値問題 (6.18) の解で，定数を除いてただ1つである．

$$u(r,\theta) = \frac{\rho}{2\pi}\int_{-\pi}^{\pi} f(\varphi) \log \frac{1}{\rho^2 - 2r\cos(\theta - \varphi) + r^2} d\varphi \qquad (6.22)$$

例題 6.2

$\rho = 1$, $f(\theta) = \sin^3 \theta$ のときの (6.18) の解を 1 つ求めなさい．

【解答】 $\sin^3 \theta = \frac{3\sin\theta - \sin 3\theta}{4}$ および正規直交性を用いれば

$$u(x,y) = u(r,\theta) = \frac{3r}{4}\sin\theta - \frac{r^3}{12}\sin 3\theta$$

$$= \frac{3}{4}y - \frac{r^3}{12}(3\sin\theta - 4\sin^3\theta)$$

$$= \frac{3}{4}y - \frac{y}{4}(x^2 + y^2) + \frac{y^3}{3}$$

$$= \frac{3}{4}y - \frac{x^2 y}{4} + \frac{y^3}{12}.$$

6.2.3 矩形の内部における境界値問題

ここでは矩形上のディリクレ境界値問題，混合境界値問題を紹介する．

例題 6.3 ─────── ディリクレ境界値問題（矩形）

開矩形 $D = (0, p) \times (0, q) \equiv \{(x, y) \mid 0 < x < p,\ 0 < y < q\}$ で次のラプラス方程式に対するディリクレ境界値問題を考える．

$$\begin{cases} \text{(PDE)} & u_{xx}(x, y) + u_{yy}(x, y) = 0, \quad (x, y) \in D, \\ \text{(DBC}_1) & u(x, 0) = f(x), \quad 0 < x < p, \\ \text{(DBC}_2) & u(0, y) = u(p, y) = 0,\ 0 < y < q, \quad u(x, q) = 0,\ 0 < x < p. \end{cases}$$

ここに $f(x)$ は $[0, p]$ 上連続で整合条件 $f(0) = f(p) = 0$ を満たし，さらに $f'(x)$ は区分的連続とする．このとき解 $u(x, y)$ は次の等式で与えられ，D 内で C^2 級であることを導きなさい．

$$u(x, y) = \sum_{n=1}^{\infty} \frac{b_n}{\sinh \frac{n\pi q}{p}} \sin \frac{n\pi x}{p} \sinh \frac{n\pi(q-y)}{p}, \tag{6.23}$$

$$b_n = \frac{2}{p} \int_0^p f(x) \sin \frac{n\pi x}{p}\, dx.$$

【解答】 $u(x, y) = X(x)Y(y)$ と置いて偏微分方程式（PDE）に代入し，両辺を $X(x)Y(y) \not\equiv 0$ で割って整理すれば

$$\frac{X''(x)}{X(x)} = -\frac{Y''(y)}{Y(y)}$$

を得る．x, y 変数の独立性により両辺は定数でなければならない．その定数を $-\lambda$ と置く．既に取り扱った問題とは異なり矩形の場合に注意しなければならないことは，X と Y のどちらの未知関数を固有値問題に設定するか，である．基本的には，区間の両端でゼロ境界条件が課される関数を固有値問題に設定する．今の場合は（DBC$_2$）から X がそれに該当する．そのために分離定数 λ の符号を "$-$" に選んだ．これから次の 2 つの境界値問題を得る．

$$\begin{cases} X'' + \lambda X = 0, \quad 0 < x < p, \\ X(0) = X(p) = 0, \end{cases} \qquad \begin{cases} Y'' - \lambda Y = 0, \quad 0 < y < q, \\ Y(q) = 0. \end{cases}$$

固有値問題は関数 X の方で，例題 4.2 により固有値，固有関数は

$$\lambda_n = \left(\frac{n\pi}{p}\right)^2, \quad X_n(x) = \sin \frac{n\pi x}{p}, \quad n = 1, 2, \ldots$$

となる．これから $\lambda = \lambda_n$ に対する Y の一般解は

$$Y_n(y) = A_n e^{-(n\pi/p)y} + B_n e^{(n\pi/p)y}$$

で与えられ，境界条件 $Y(q) = 0$ により次のように表される．
$$Y_n(y) = B_n \left\{ e^{(n\pi/p)y} - e^{(n\pi/p)(2q-y)} \right\} = B_n' \sinh \frac{n\pi(q-y)}{p}.$$
形式解 $u(x,y) = \sum_{n=1}^{\infty} X_n(x) Y_n(y)$ が境界条件 $u(x,0) = f(x)$ を満たすように，すなわち次の等式が成り立つように B_n' を決める．
$$f(x) = \sum_{n=1}^{\infty} B_n' \sinh \frac{n\pi q}{p} \sin \frac{n\pi x}{p}.$$
この等式を $f(x)$ のフーリエ正弦級数展開と考え，次を満たすように B_n' を選ぶ．
$$B_n' \sinh \frac{n\pi q}{p} = b_n, \qquad b_n = \frac{2}{p} \int_0^p f(x) \sin \frac{n\pi x}{p} dx.$$
(6.23) の形式解 $u(x,y)$ が収束して解になることを確かめる．任意の $n \geq 1$，任意の $0 < y \leq q$ に対して不等式
$$\frac{\sinh \frac{n\pi(q-y)}{p}}{\sinh \frac{n\pi q}{p}} = \frac{e^{n\pi(q-y)/p} - e^{-n\pi(q-y)/p}}{e^{n\pi q/p} - e^{-n\pi q/p}}$$
$$= e^{-n\pi y/p} \cdot \frac{1 - e^{-2n\pi(q-y)/p}}{1 - e^{-2n\pi q/p}} \leq \frac{e^{-n\pi y/p}}{1 - e^{-2\pi q/p}} \quad (6.24)$$
が成り立つ．ゆえに
$$|u(x,y)| \leq \sum_{n=1}^{\infty} \frac{e^{-n\pi y/p}}{1 - e^{-2\pi q/p}} |b_n| \left| \sin \frac{n\pi x}{p} \right|$$
$$\leq \frac{2}{p(1 - e^{-2\pi q/p})} \int_0^p |f(x)| dx \sum_{n=1}^{\infty} e^{-n\pi y/p}$$
だから，$u(x,y)$ は $[0,p] \times (0,q]$ で広義一様収束する．よって $u(x,y)$ は境界条件 (DBC$_2$) を満たす D 上の連続関数になる．また (6.23) の右辺の関数項級数を項別微分した $u(x,y)$ の第 2 次までの形式的な偏導関数の優級数は $\sum_{n=1}^{\infty} n^2 e^{-n\pi y/p}$ の定数倍と選べるから，u の第 2 次までの偏導関数もまた $[0,p] \times (0,q]$ で広義一様収束し，定理 6.1 により u は (PDE) を満たす．

最後に u が境界条件 (DBC$_1$) を満たすことは，改めて u が $[0,p] \times [0,q]$ 上で一様収束することを示して導くことができる．一様収束するから $y = 0$ においても連続になるので $u(x,0) = f(x)$ となる．実際に，境界関数 $f(x)$ の条件から定理 5.3 により $f(x)$ のフーリエ級数 $\sum b_n \sin \frac{n\pi x}{p}$ は $[0,p]$ 上で一様絶対収束する．不等式 (6.24) は $0 \leq y \leq q$ 上で成立するから

$$\frac{1}{1-e^{-2\pi q/p}} \sum_{n=1}^{\infty} |b_n| \left|\sin\frac{n\pi x}{p}\right|$$

は u の優級数になる．したがって u は $[0,p] \times [0,q]$ 上で一様収束する． ∎

次の例題では関数の**半整数フーリエ正弦級数展開**を紹介する．

例題 6.4 ────────────── **混合境界値問題（矩形）**

開矩形 $D = (0,\pi) \times (0,\ell)$ で次のラプラス方程式に対する混合境界値問題を解きなさい．ただし $f(x)$ は $[0,\pi]$ 上連続で整合条件 $f(0) = 0$ を満たし，さらに $f'(x)$ は区分的連続とする．

$$\begin{cases} \text{(PDE)} & u_{xx}(x,y) + u_{yy}(x,y) = 0, \quad (x,y) \in D, \\ \text{(DBC}_1) & u(0,y) = u_x(\pi,y) = 0, \quad 0 < y < \ell, \\ \text{(DBC}_2) & u(x,0) = 0, \quad u_y(x,\ell) = f(x), \quad 0 < x < \pi. \end{cases}$$

【解答】 $u(x,y) = X(x)Y(y)$ を偏微分方程式（PDE）に代入して境界条件を考慮すれば，例題 6.3 と同様にして次の 2 つの境界値問題を得る．

$$\begin{cases} X'' + \lambda X = 0, \ 0 < x < \pi, \\ X(0) = 0, \quad X'(\pi) = 0, \end{cases} \quad \begin{cases} Y'' - \lambda Y = 0, \ 0 < y < \ell, \\ Y(0) = 0. \end{cases}$$

固有値問題は関数 X の方で，例題 4.4 により固有値，固有関数は次のようになる．

$$\lambda_n = \left(n + \frac{1}{2}\right)^2, \quad X_n(x) = \sin\left(n + \frac{1}{2}\right)x, \quad n = 0, 1, 2, \ldots.$$

これから $\lambda = \lambda_n$ に対する Y の一般解は $Y_n(y) = A_n e^{-(n+1/2)y} + B_n e^{(n+1/2)y}$ である．境界条件 $Y_n(0) = 0$ により $A_n = -B_n$ となるから

$$Y_n(y) = 2B_n \sinh\left(n + \frac{1}{2}\right)y.$$

が導かれる．形式解 $u(x,y) = \sum X_n(x) Y_n(y)$ が境界条件 $u_y(x,\ell) = f(x)$ を満たすためには，等式

$$f(x) = \sum_{n=0}^{\infty} (2n+1) B_n \cosh\left(n + \frac{1}{2}\right)\ell \sin\left(n + \frac{1}{2}\right)x$$

が成立しなければならない．ここで問題になるのは，$f(x)$ が

$$f(x) = \sum_{n=0}^{\infty} b_n \sin\left(n+\frac{1}{2}\right)x, \quad b_n = \frac{2}{\pi}\int_0^{\pi} f(x)\sin\left(n+\frac{1}{2}\right)x\,dx \quad (6.25)$$

と半整数フーリエ正弦級数展開できるか,である.これを調べよう.$f(x)$ を

$$\widetilde{f}(x) = f(x),\ 0 \leq x \leq \pi, \quad \widetilde{f}(x) = f(2\pi - x),\ \pi \leq x \leq 2\pi$$

と $[0, 2\pi]$ 上の関数 $\widetilde{f}(x)$ に拡張し,$[0, 2\pi]$ 上でフーリエ正弦級数展開すると

$$\widetilde{f}(x) = \sum_{n=1}^{\infty} \beta_n \sin\frac{n\pi x}{2\pi} = \sum_{n=1}^{\infty} \beta_n \sin\frac{nx}{2}, \quad 0 < x < 2\pi,$$

$$\beta_n = \frac{2}{2\pi}\int_0^{2\pi} \widetilde{f}(x)\sin\frac{n\pi x}{2\pi}\,dx$$

$$= \frac{1}{\pi}\int_0^{\pi} f(x)\sin\frac{nx}{2}\,dx + \frac{1}{\pi}\int_{\pi}^{2\pi} f(2\pi-x)\sin\frac{nx}{2}\,dx \equiv I_{n1} + I_{n2}$$

を得る.ここで $[\pi, 2\pi]$ 上の積分 I_{n2} において $z = 2\pi - x$ と置換して計算すれば

$$I_{n2} = \frac{1}{\pi}\int_{\pi}^{0} f(z)\sin\left(n\pi - \frac{nz}{2}\right)(-1)\,dz = \frac{(-1)^{n+1}}{\pi}\int_0^{\pi} f(z)\sin\frac{nz}{2}\,dz.$$

したがって

$$\beta_n = \begin{cases} \dfrac{2}{\pi}\displaystyle\int_0^{\pi} f(x)\sin\left(m+\dfrac{1}{2}\right)x\,dx, & n = 2m+1,\ m=0,1,2,\ldots, \\ 0, & n = 2m,\ m=1,2,3,\ldots \end{cases}$$

が導かれる.以上から

$$\widetilde{f}(x) = \sum_{m=0}^{\infty} \beta_{2m+1}\sin\left(m+\frac{1}{2}\right)x, \quad 0 < x < 2\pi$$

が成り立ち,$[0, \pi]$ に制限して等式 (6.25) を得る.$f(x)$ の条件と系 5.2 から $\widetilde{f}(x)$ のフーリエ正弦級数は $[0, 2\pi]$ 上で一様絶対収束するので,(6.25) の級数は $[0, \pi]$ 上で一様絶対収束していることも同時に導かれる.

Y_n の係数 B_n を $(2n+1)B_n\cosh\left(n+\frac{1}{2}\right)\ell = b_n$ と選べば,形式解

$$u(x,y) = \sum_{n=0}^{\infty} \frac{2b_n}{(2n+1)\cosh\left(n+\frac{1}{2}\right)\ell}\sin\left(n+\frac{1}{2}\right)x\ \sinh\left(n+\frac{1}{2}\right)y$$

が収束して真の解になる.以上は例題 6.3 と同様に確かめることができる.■

6.3　1次元波動方程式の初期境界値問題

両端を固定した長さ ℓ の弦の振動を表す 1 次元波動方程式をフーリエの方法により考える．特に時刻に依存した外力 $h(x,t)$ による**強制振動**の問題を扱う．

$$\begin{cases} \text{(PDE)} & u_{tt}(x,t) - c^2 u_{xx}(x,t) = h(x,t), \quad 0 < x < \ell,\ t > 0, \\ \text{(IC)} & u(x,0) = f(x), \quad u_t(x,0) = g(x), \quad 0 < x < \ell, \\ \text{(DBC)} & u(0,t) = u(\ell,t) = 0, \quad t > 0. \end{cases} \quad (6.26)$$

初期関数 $f(x)$, $g(x)$ はそれぞれ C^2 級，C^1 級であり，非斉次項 $h(x,t)$ は 2 変数関数として連続で，次の初期条件（IC）と境界条件（DBC）の整合条件を満たすと仮定する．

$$\begin{cases} f(0) = g(0) = 0, \quad f(\ell) = g(\ell) = 0, \\ h(0,t) = h(\ell,t) = 0, \quad t \geq 0, \\ f''(0) = f''(\ell) = 0. \end{cases} \quad (6.27)$$

問題 (6.26) を，

　　　　問題 (I)：外力項がない $h(x,t) \equiv 0$ の場合，

　　　　問題 (II)：初期関数がゼロ $f(x) = g(x) \equiv 0$ の場合，

の 2 つに分けて解き，それらの解を重ね合わせることにより (6.26) の解を構成する．

問題 (I)　解 $u(x,t)$ を変数分離 $u(x,t) = X(x)T(t)$ によって求める．偏微分方程式（PDE）に代入して

$$X(x)T''(t) - c^2 X''(x) T(t) = 0.$$

自明な解を除いて上の式の両辺を $c^2 XT$ で割れば

$$\frac{X''(x)}{X(x)} = \frac{T''(t)}{c^2 T(t)}$$

が得られる．両辺は定数でなければならないのでその定数を $-\lambda$ と置けば，境界条件も考慮して 2 つの常微分方程式の問題

$$\begin{cases} X'' + \lambda X = 0, \quad 0 < x < \ell, \\ X(0) = X(\ell) = 0, \end{cases} \qquad T'' + \lambda c^2 T = 0$$

に帰着される．例題 4.2 により X に関する固有値問題の固有値，固有関数は

$$\lambda_n = \left(\frac{n\pi}{\ell}\right)^2, \quad X_n(x) = \sin\frac{n\pi x}{\ell}, \quad n = 1, 2, \ldots$$

で与えられ，対応する関数 $T_n(t)$ は

$$T_n(t) = A_n \cos\frac{n\pi ct}{\ell} + B_n \sin\frac{n\pi ct}{\ell}$$

と計算される．$u_n(x,t) = X_n(x)T_n(t)$ をすべて重ね合わせると

$$u(x,t) = \sum_{n=1}^{\infty} u_n(x,t) = \sum_{n=1}^{\infty}\left(A_n \cos\frac{n\pi ct}{\ell} + B_n \sin\frac{n\pi ct}{\ell}\right)\sin\frac{n\pi x}{\ell}$$

は境界条件（DBC）を満たす形式解である．そこで $u(x,t)$ がまず初期条件（IC）$u(x,0) = f(x)$ を満たすように係数 A_n, B_n を決める．両辺に $t = 0$ を代入して

$$f(x) = u(x,0) = \sum_{n=1}^{\infty} A_n \sin\frac{n\pi x}{\ell},$$

したがって A_n を $f(x)$ のフーリエ正弦係数 $b_n(f)$ に選べば良い．

$$A_n = b_n(f), \quad b_n(f) = \frac{2}{\ell}\int_0^\ell f(x)\sin\frac{n\pi x}{\ell}\,dx, \quad n = 1, 2, \ldots.$$

このとき B_n は未定のままである．次に $u(x,t)$ を t で形式的に項別微分して $t = 0$ とおけば，等式

$$g(x) = u_t(x,0) = \sum_{n=1}^{\infty} \frac{n\pi c}{\ell} B_n \sin\frac{n\pi x}{\ell}$$

が得られ，これを $g(x)$ のフーリエ正弦級数展開と考える．この条件は係数 A_n に影響を全く与えないので，$A_n = b_n(f)$ と選んだまま B_n を次のように選ぶ．

$$B_n = \frac{\ell}{n\pi c}b_n(g), \quad b_n(g) = \frac{2}{\ell}\int_0^\ell g(x)\sin\frac{n\pi x}{\ell}, \quad n = 1, 2, \ldots.$$

以上から形式解 $u(x,t) = v_0(x,t) + v_1(x,t)$ が定まる．ただし

$$\begin{aligned}v_0(x,t) &= \sum_{n=1}^{\infty} b_n(f) \cos\frac{n\pi ct}{\ell}\sin\frac{n\pi x}{\ell}, \\ v_1(x,t) &= \frac{1}{c}\sum_{n=1}^{\infty}\frac{\ell}{n\pi}b_n(g)\sin\frac{n\pi ct}{\ell}\sin\frac{n\pi x}{\ell}.\end{aligned} \quad (6.28)$$

$f(x)$, $g(x)$ の整合条件からこれらの関数項級数は一様絶対収束している（演習問題 6.17）．$v_0(x,t)$, $v_1(x,t)$ を書き換える．三角関数の積和公式を用いれば

$$v_0(x,t) = \sum_{n=1}^{\infty} \frac{b_n(f)}{2} \left\{ \sin\frac{n\pi(x+ct)}{\ell} + \sin\frac{n\pi(x-ct)}{\ell} \right\}$$

$$= \frac{1}{2}\left\{ \sum_{n=1}^{\infty} b_n(f)\sin\frac{n\pi(x+ct)}{\ell} + \sum_{n=1}^{\infty} b_n(f)\sin\frac{n\pi(x-ct)}{\ell} \right\}$$

$$= \frac{f(x+ct)+f(x-ct)}{2}.$$

ただし，$f(x)$ を奇関数かつ周期 2ℓ の周期関数として $\mathbb{R}$ 上へ拡張しておけば x,t の範囲を制限せずにこの等式が成り立つ．同様に積和公式により

$$v_1(x,t) = \frac{1}{2c}\sum_{n=1}^{\infty} \frac{\ell}{n\pi}b_n(g)\left\{ \cos\frac{n\pi(x-ct)}{\ell} - \cos\frac{n\pi(x+ct)}{\ell} \right\}$$

$$= \frac{1}{2c}\left\{ \sum_{n=1}^{\infty}\frac{\ell}{n\pi}b_n(g)\cos\frac{n\pi(x-ct)}{\ell} - \sum_{n=1}^{\infty}\frac{\ell}{n\pi}b_n(g)\cos\frac{n\pi(x+ct)}{\ell} \right\}.$$

ここで，

$$g(x) = \sum b_n(g)\sin\frac{n\pi x}{\ell}$$

は $[0,\ell]$ 上で一様収束し，$g(x)$ を奇関数かつ周期 2ℓ の周期関数として $\mathbb{R}$ 上に拡張しておけば $\mathbb{R}$ 上で一様収束する．よって，定理 5.5 により項別積分できる．

$$\int_0^x \sum_{n=1}^{\infty} b_n(g)\sin\frac{n\pi y}{\ell}\,dy = \sum_{n=1}^{\infty}\int_0^x b_n(g)\sin\frac{n\pi y}{\ell}\,dy$$

$$= \sum_{n=1}^{\infty}\frac{\ell}{n\pi}b_n(g) - \sum_{n=1}^{\infty}\frac{\ell}{n\pi}b_n(g)\cos\frac{n\pi x}{\ell}.$$

この等式を用いれば $v_1(x,t)$ は

$$v_1(x,t) = \frac{1}{2c}\int_{x-ct}^{x+ct} g(y)dy$$

と表すことができる．

以上をまとめると次の結果を得る．$u(x,t)$ の偏微分可能性，解の一意性も保証される（命題 6.6 の証明参照）．

6.3 1次元波動方程式の初期境界値問題

命題 6.5（斉次初期境界値問題の解）

1次元波動方程式の初期境界値問題 (6.26) において $h(x,t) \equiv 0$ とし，$[0, \ell]$ でそれぞれ C^2 級，C^1 級初期関数 $f(x), g(x)$ は (6.27) を満たすとする．このとき，$f(x), g(x)$ を奇関数かつ周期 2ℓ の周期関数として $\mathbb{R}$ 上へ拡張した関数を $\widetilde{f}(x), \widetilde{g}(x)$ とすれば，(6.26) の一意的な解は

$$u(x,t) = \frac{\widetilde{f}(x+ct) + \widetilde{f}(x-ct)}{2} + \frac{1}{2c}\int_{x-ct}^{x+ct} \widetilde{g}(y)dy$$

で与えられる．

固有振動　　問題 (II) に入る前に，(6.28) の右辺第 n 項の和として定義される n 番目の解 $u_n(x,t)$ の意味について考える．

$$u_n(x,t) = \left\{b_n(f)\cos\frac{n\pi ct}{\ell} + \frac{b_n(g)\ell}{n\pi c}\sin\frac{n\pi ct}{\ell}\right\}\sin\frac{n\pi x}{\ell}$$

$$= A_n \sin\frac{n\pi x}{\ell} \cdot \sin\left(\frac{n\pi ct}{\ell} + \theta_n\right).$$

ただし A_n, θ_n を

$$A_n = \sqrt{b_n(f)^2 + \frac{b_n(g)^2\ell^2}{n^2\pi^2c^2}}, \quad \sin\theta_n = \frac{b_n(f)}{A_n}, \quad \cos\theta_n = \frac{b_n(g)\ell}{n\pi cA_n}$$

と置いた．u_n は n 番目の**固有振動**を表し，$n=1$ は基本振動，$n>1$ に対しては第 n 高周波振動と呼ばれ，第 n 振動数 $\omega_n = \frac{n\pi c}{\ell}$ は基本振動数 $\omega_1 = \frac{\pi c}{\ell}$ の n 倍になっている．ω_n は弦が発する音の振動数であるから ω_1 の振動数の音を基音，ω_n の振動数の音を n 倍音という．第 n 高周波振動の振幅は $A_n \sin\frac{n\pi x}{\ell}$ であり，x が

$$0, \frac{\ell}{n}, \frac{2\ell}{n}, \ldots, \frac{(n-1)\ell}{n}, \ell$$

で常にゼロになる．これらの点を節という．$n=1,2$ の場合に t を固定したグラフを次に示しておく．

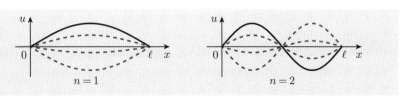

―― 例題 6.5 ―――――――――――――――――――――― 固有振動（1）――

両端を固定した長さ ℓ の弦を左端から x_0 $(0 < x_0 \leq \ell)$ の位置を u_0 だけつまみ上げて放したときの弦の振動を調べなさい．この問題はギターやハープの弦の振動に相当する．

【解答】 初期境界値問題 (6.26) において外力，初期速度ともにゼロで，初期変位 $f(x)$ を

$$f(x) = \begin{cases} \dfrac{u_0 x}{x_0}, & 0 \leq x \leq x_0, \\ \dfrac{\ell - x}{\ell - x_0} u_0, & x_0 \leq x \leq \ell \end{cases}$$

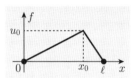

と設定して解けば良い．$x_0 < \ell$ のとき $f(x)$ のフーリエ正弦係数 $b_n(f)$ は

$$b_n(f) = \frac{2u_0}{\ell} \left(\int_0^{x_0} \frac{x}{x_0} \sin \frac{n\pi x}{\ell} \, dx + \int_{x_0}^{\ell} \frac{\ell - x}{\ell - x_0} \sin \frac{n\pi x}{\ell} \, dx \right)$$

$$= \frac{2u_0}{\ell} \left(\left[-\frac{\ell x}{n\pi x_0} \cos \frac{n\pi x}{\ell} \right]_0^{x_0} + \left[-\frac{\ell(\ell - x)}{n\pi(\ell - x_0)} \cos \frac{n\pi x}{\ell} \right]_{x_0}^{\ell} \right)$$

$$+ \frac{2u_0}{n\pi} \left(\int_0^{x_0} \frac{1}{x_0} \cos \frac{n\pi x}{\ell} \, dx - \int_{x_0}^{\ell} \frac{1}{\ell - x_0} \cos \frac{n\pi x}{\ell} \, dx \right)$$

$$= \frac{2\ell u_0}{n^2 \pi^2} \left(\left[\frac{1}{x_0} \sin \frac{n\pi x}{\ell} \right]_0^{x_0} - \left[\frac{1}{\ell - x_0} \sin \frac{n\pi x}{\ell} \right]_{x_0}^{\ell} \right)$$

$$= \frac{2\ell^2 u_0}{\pi^2 x_0 (\ell - x_0)} \frac{1}{n^2} \sin \frac{n\pi x_0}{\ell}$$

と計算できる．倍音の割合は音色を決定し，高周波が多いほど音が堅く感じられる．$b_n(g) = 0$ であるから $|b_n(f)|$ はそのまま波の最大振幅を表し，高周波では振幅が急激に減衰するために音は柔らかく感じる．一方，$x_0 = \ell$ のときには $f(x) = \frac{u_0 x}{\ell}$, $0 \leq x \leq \ell$ であるからフーリエ正弦係数は

$$b_n(f) = \frac{2u_0}{\ell^2} \int_0^{\ell} x \sin \frac{n\pi x}{\ell} \, dx$$

$$= \frac{2u_0}{\ell^2} \left(\left[-\frac{\ell}{n\pi} x \cos \frac{n\pi x}{\ell} \right]_0^{\ell} + \int_0^{\ell} \cos \frac{n\pi x}{\ell} \, dx \right) = \frac{2u_0}{\pi} \frac{(-1)^{n+1}}{n}$$

と計算され，n 倍音の振幅の減衰は遅くなり音は堅くなる． ■

6.3 1次元波動方程式の初期境界値問題

問題 (II) 初期関数が $f(x) = g(x) = 0$ のとき初期境界値問題 (6.26) を考える．非斉次項についてはさらに $h_x(x,t)$ が連続であるとする．$h(x,t)$ を

$$h(x,t) = \sum_{n=1}^{\infty} h_n(t) \sin \frac{n\pi x}{\ell}, \quad h_n(t) = \frac{2}{\ell} \int_0^{\ell} h(x,t) \sin \frac{n\pi x}{\ell} \, dx \quad (6.29)$$

と一様絶対収束するフーリエ正弦級数で表して，解もまた

$$u(x,t) = \sum_{n=1}^{\infty} u_n(t) \sin \frac{n\pi x}{\ell}$$

の形で求める．この $u(x,t)$ を (6.26) の偏微分方程式（PDE）に代入し，形式的に項別微分して両辺の $\sin \frac{n\pi x}{\ell}$ の係数を比較すると，$n = 1, 2, \ldots$ に対して

$$u_n''(t) + c^2 \left(\frac{n\pi}{\ell} \right)^2 u_n(t) = h_n(t) \quad (6.30)$$

を得る．初期関数がゼロであることから $u_n(t)$ の初期条件として

$$u_n(0) = u_n'(0) = 0 \quad (6.31)$$

を置く．(6.30) に対応する斉次方程式の基本解系は

$$\left\{ v_1(t) = \cos \frac{n\pi c t}{\ell}, \; v_2(t) = \sin \frac{n\pi c t}{\ell} \right\}$$

であり，そのロンスキアン（Wronskian）$W(v_1, v_2)(t)$ は

$$W(v_1, v_2)(t) = \frac{n\pi c}{\ell} \left(\cos^2 \frac{n\pi c t}{\ell} + \sin^2 \frac{n\pi c t}{\ell} \right) = \frac{n\pi c}{\ell}$$

となる．よって (6.30) の特殊解 $u_{np}(t)$ は次のように計算できる（矢嶋[19]）．

$$\begin{aligned} u_{np}(t) &= \frac{\ell}{n\pi c} \int_0^t \{ v_1(s) v_2(t) - v_2(s) v_1(t) \} h_n(s) \, ds \\ &= \frac{\ell}{n\pi c} \int_0^t \left(\cos \frac{n\pi c s}{\ell} \sin \frac{n\pi c t}{\ell} - \sin \frac{n\pi c s}{\ell} \cos \frac{n\pi c t}{\ell} \right) h_n(s) \, ds \\ &= \frac{\ell}{n\pi c} \int_0^t h_n(s) \sin \frac{n\pi c(t-s)}{\ell} \, ds. \quad (6.32) \end{aligned}$$

さらに $u_{np}(t)$ は初期条件 (6.31) を満たす．以上から (6.26) の形式解は

$$u(x,t) = \sum_{n=1}^{\infty} \frac{\ell}{n\pi c} \left\{ \int_0^t h_n(s) \sin \frac{n\pi c(t-s)}{\ell} \, ds \right\} \sin \frac{n\pi x}{\ell}$$

で与えられる．$h(x,t)$ のフーリエ正弦級数 (6.29) は一様絶対収束するので，定

理 5.5 により積分と級数の和との順序を入れ換えて三角関数の積和公式を使うと

$$u(x,t) = \frac{1}{c}\int_0^t \sum_{n=1}^\infty \frac{\ell}{n\pi} h_n(s) \sin\frac{n\pi x}{\ell} \sin\frac{n\pi c(t-s)}{\ell} ds$$

$$= \frac{1}{2c}\int_0^t \left\{\sum_{n=1}^\infty \frac{\ell}{n\pi} h_n(s) \cos\frac{n\pi\{x-c(t-s)\}}{\ell}\right.$$

$$\left. -\sum_{n=1}^\infty \frac{\ell}{n\pi} h_n(s) \cos\frac{n\pi\{x+c(t-s)\}}{\ell}\right\} ds$$

を得る．$h(x,t)$ を x について奇関数かつ周期 2ℓ の周期関数として $\mathbb{R}$ 上に拡張した関数を $\widetilde{h}(x,t)$ と表せば，問題 (I) の $v_1(x,t)$ の積分表示を導いたのと同様にして次のように積分表示できる．

$$u(x,t) = \frac{1}{2c}\int_0^t ds \int_{x-c(t-s)}^{x+c(t-s)} \widetilde{h}(y,s) dy.$$

例題 6.6 ───────────────── 固有振動（2）

$f(x) = g(x) = 0$，時刻に依存しない外力

$$h(x) = \begin{cases} \dfrac{H_0}{b}, & x \in [x_0, x_0+b], \\ 0, & [0,\ell]\setminus[x_0, x_0+b], \end{cases}$$

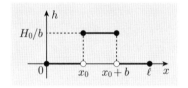

に対する問題 (6.26) を解きなさい．ただし，H_0, x_0, b は正定数で $0 < x_0 < x_0+b < \ell$ とする．これはヴァイオリンの弦の振動に相当する（吉岡[20]）．

【解答】 $h(x)$ のフーリエ正弦係数 h_n を計算すると

$$h_n = \frac{2}{\ell}\int_0^\ell h(x)\sin\frac{n\pi x}{\ell} dx = \frac{2H_0}{bn\pi}\left\{\cos\frac{n\pi x_0}{\ell} - \cos\frac{n\pi(x_0+b)}{\ell}\right\}.$$

等式 (6.32) により

$$u_n(t) = \frac{\ell}{n\pi c}\int_0^t h_n \sin\frac{n\pi c(t-s)}{\ell} ds$$

$$= \frac{2H_0 \ell^2}{bn^3\pi^3 c^2}\left\{\cos\frac{n\pi x_0}{\ell} - \cos\frac{n\pi(x_0+b)}{\ell}\right\}\left(1 - \cos\frac{n\pi ct}{\ell}\right)$$

を得る．平均値の定理を使って係数部分をまとめれば

$$u_n(t) = \frac{2H_0\ell}{n^2\pi^2c^2}\sin\left(\frac{n\pi x_0}{\ell}+\alpha_n\right)\left(1-\cos\frac{n\pi ct}{\ell}\right),$$

ただし，$0<\alpha_n<\frac{n\pi b}{\ell}$. したがって解 $u(x,t)$ は

$$u(x,t) = \sum_{n=1}^{\infty}\frac{2H_0\ell}{n^2\pi^2c^2}\sin\left(\frac{n\pi x_0}{\ell}+\alpha_n\right)\left(1-\cos\frac{n\pi ct}{\ell}\right)\sin\frac{n\pi x}{\ell}$$

で与えられる．外力が，すなわち H_0 が大きくなれば振幅も大きくなり，また例題 6.5 と同様に高周波の振幅は急激に減衰することがわかる． ■

以上をまとめ，命題 6.5 と合わせれば次の結果を得る．

命題 6.6（非斉次初期境界値問題の解）

$[0,\ell]$ 上の関数 $f(x), g(x)$ はそれぞれ C^2 級，C^1 級とし，関数 $h(x,t)$ は $[0,\ell]\times[0,\infty)$ 上 C^1 級で，これらの関数は整合条件 (6.27) を満たすとする．このとき x 変数関数 f, g, h を奇関数かつ周期 2ℓ の周期関数として $\mathbb{R}$ 上へ拡張した関数をそれぞれ $\widetilde{f}(x), \widetilde{g}(x), \widetilde{h}(x,t)$ とすれば (6.26) の一意的な解は

$$u(x,t) = \frac{\widetilde{f}(x+ct)+\widetilde{f}(x-ct)}{2} + \frac{1}{2c}\int_{x-ct}^{x+ct}\widetilde{g}(y)dy$$
$$+ \frac{1}{2c}\int_0^t ds \int_{x-c(t-s)}^{x+c(t-s)}\widetilde{h}(y,s)dy$$

で与えられる．

[証明] エネルギー法により一意性のみ示す．$u(x,t)$ の**エネルギー**を

$$E(t) = \frac{1}{2}\int_0^\ell \{u_t(x,t)^2 + c^2 u_x(x,t)^2\}dx$$

と定義する．$u(x,t)$ の満たす偏微分方程式（PDE）に $u_t(x,t)$ をかけて整理すれば

$$h(x,t)u_t(x,t) = u_{tt}(x,t)u_t(x,t) - c^2 u_{xx}u_t(x,t)$$
$$= \frac{1}{2}\{u_t(x,t)^2\}_t - c^2\{u_x(x,t)u_t(x,t)\}_x + c^2 u_x(x,t)u_{xt}(x,t)$$
$$= \left[\frac{1}{2}\{u_t(x,t)^2 + c^2 u_x(x,t)^2\}\right]_t - \{c^2 u_x(x,t)u_t(x,t)\}_x.$$

両辺を $D=[0,\ell]\times[0,t]$ 上で積分し，グリーンの定理（定理 2.1）を適用すると

$$\iint_D h(x,\tau)u_\tau(x,\tau)\,dxd\tau$$
$$= -\iint_D \left[\left(c^2 u_x u_\tau\right)_x - \left\{\frac{1}{2}\left(u_\tau^2 + c^2 u_x^2\right)\right\}_\tau\right] dxd\tau$$
$$= -\int_{\partial D} \frac{1}{2}\left(u_\tau^2 + c^2 u_x^2\right) dx + c^2 u_x u_\tau\, d\tau$$
$$= \frac{1}{2}\int_0^\ell \{u_t(x,t)^2 + c^2 u_x(x,t)^2\}\,dx - \frac{1}{2}\int_0^\ell \{u_t(x,0)^2 + c^2 u_x(x,0)^2\}\,dx$$
$$+ c^2 \int_0^t u_x(0,\tau)u_\tau(0,\tau)\,d\tau - c^2 \int_0^t u_x(\ell,\tau)u_\tau(\ell,\tau)\,d\tau.$$

境界条件
$$u(0,t) = u(\ell,t) = 0$$
により
$$u_t(0,t) = u_t(\ell,t) = 0$$
が成り立つから，エネルギー等式
$$E(t) = E(0) + \iint_D h(x,\tau)u_\tau(x,\tau)\,dxd\tau$$
を得る．2つの解があるとすればその差は初期値がゼロ，非斉次項がゼロである波動方程式を満たし，したがってエネルギー等式の右辺はゼロになる．よって解の差はゼロとなり一意性が成り立つ． ∎

6章の演習問題

6.1 両端の温度が 0 度の熱伝導方程式の初期境界値問題を考える．

$$\begin{cases} u_t(x,t) - ku_{xx}(x,t) = 0, & 0 < x < \ell,\, t > 0, \\ u(0,t) = u(\ell,t) = 0, & t > 0, \quad u(x,0) = f(x), \quad 0 < x < \ell. \end{cases}$$

連続な初期関数 $f(x)$ は初期条件と境界条件の整合条件 $f(0) = f(\ell) = 0$ を満たすとき，この問題をフーリエの方法で解きなさい．

6.2 演習問題 6.1 で $\ell = \pi$ とし，初期関数 $f(x)$ が (1)-(3) で与えられるとき，この問題を解きなさい．

(1) $f(x) = \sin^3 x$ (2) $f(x) = x(\pi - x)$

(3) $f(x) = \begin{cases} x, & 0 \leq x \leq \frac{\pi}{2}, \\ \pi - x, & \frac{\pi}{2} \leq x \leq \pi. \end{cases}$

6.3 両端で熱の出入りがない熱伝導方程式の初期境界値問題を考える．

$$\begin{cases} u_t(x,t) - ku_{xx}(x,t) = 0, & 0 < x < \ell,\quad t > 0, \\ u_x(0,t) = u_x(\ell,t) = 0, & t > 0, \quad u(x,0) = f(x), \quad 0 < x < \ell. \end{cases}$$

この問題をフーリエの方法で解きなさい．

6.4 演習問題 6.3 で初期関数 $f(x)$ が次の (1), (2) で与えられるとき，この問題をそれぞれ解きなさい．

(1) $f(x) = \cos \dfrac{\pi x}{\ell} + 1$ (2) $f(x) = \begin{cases} x^2, & 0 \leq x \leq \frac{\ell}{2}, \\ -(x-\ell)^2 + \frac{\ell^2}{2}, & \frac{\ell}{2} \leq x \leq \ell. \end{cases}$

6.5 円環領域 $D = \{(x,y)\,|\,\rho_1^2 < x^2 + y^2 < \rho_2^2\}$ においてラプラス方程式をディリクレ境界条件

$$u(\rho_1, \theta) = 0, \qquad u(\rho_2, \theta) = f(\theta), \quad -\pi \leq \theta \leq \pi$$

のもとで解きなさい．

6.6 円環領域 $D = \{(x,y)\,|\,\rho_1^2 < x^2 + y^2 < \rho_2^2\}$ においてラプラス方程式をディリクレ境界条件

$$u(\rho_1, \theta) = g(\theta), \qquad u(\rho_2, \theta) = 0, \quad -\pi \leq \theta \leq \pi$$

のもとで解きなさい．

6.7 等式 (6.21) を示しなさい．

6.8 原点中心半径 ρ の円の外部領域 $D = \{(x,y)\,|\,x^2+y^2 > \rho^2\}$ においてラプラス方程式をノイマン境界条件
$$u_r(\rho,\theta) = -f(\theta), \quad -\pi < \theta < \pi$$
のもとで解きなさい．ただし境界関数 $f(\theta)$ は条件 (6.19) を満たし，無限遠での境界条件：$r \to \infty$ のとき $u(r,\theta)$ は有界，を課す．

6.9 扇形領域 $D = \{(r,\theta)\,|\,0 < r < \rho, 0 < \theta < \alpha\}$ においてラプラス方程式の有界な解をディリクレ境界条件
$$u(\rho,\theta) = f(\theta), \quad 0 < \theta < \alpha,$$
$$u(r,0) = u(r,\alpha) = 0, \quad 0 < r < \rho$$
のもとで求めなさい．ただし $0 < \alpha < 2\pi$ とする．

6.10 扇形領域 $D = \{(r,\theta)\,|\,0 < r < \rho, 0 < \theta < \alpha\}$ においてラプラス方程式の有界な解を混合境界条件
$$u_r(\rho,\theta) = f(\theta), \quad 0 < \theta < \alpha,$$
$$u(r,0) = u(r,\alpha) = 0, \quad 0 < r < \rho$$
のもとで求めなさい．ただし $0 < \alpha < 2\pi$ とする．

6.11 扇形領域 $D = \{(r,\theta)\,|\,0 < r < \rho, 0 < \theta < \alpha\}$ においてラプラス方程式の有界な解を混合境界条件
$$u(\rho,\theta) = f(\theta), \quad 0 < \theta < \alpha, \qquad u_\theta(r,0) = u_\theta(r,\alpha) = 0, \quad 0 < r < \rho$$
のもとで求めなさい．ただし $0 < \alpha < 2\pi$ とする．

6.12 矩形領域 $D = (0,a) \times (0,b)$ においてラプラス方程式をディリクレ境界条件
$$\begin{cases} u(x,0) = u(x,b) = 0, & 0 < x < a \\ u(0,y) = g(y),\ u(a,y) = 0, & 0 < y < b \end{cases}$$
のもとで解きなさい．

6.13 矩形領域 $D = (0,\pi) \times (0,\pi)$ においてラプラス方程式をディリクレ境界条件
$$\begin{cases} u(0,y) = u(\pi,y) = 0, & 0 < y < \pi \\ u(x,0) = \sin^2 x,\ u(x,\pi) = 0, & 0 < x < \pi \end{cases}$$
のもとで解きなさい．

6.14 半無限帯状領域 $D = (0,\ell) \times (0,\infty)$ においてラプラス方程式をディリクレ境界条件
$$\begin{cases} u(0,y) = u(\ell,y) = 0, & y > 0 \\ u(x,0) = f(x),\ \lim_{y \to \infty} u(x,y) = 0, & 0 < x < \ell \end{cases}$$
のもとで解きなさい．

6.15 矩形領域 $D = (0, a) \times (0, b)$ においてラプラス方程式を混合境界条件

$$\begin{cases} u(0,y) = g(y),\, u_x(a,y) = 0, & 0 < y < b \\ u(x,0) = f(x),\, u_y(x,b) = 0, & 0 < x < a \end{cases}$$

のもとで解きなさい.

6.16 矩形領域 $D = (0, a) \times (0, b)$ においてラプラス方程式を混合境界条件

$$\begin{cases} u_x(0,y) = 0,\, u_x(a,y) = 0, & 0 < y < b \\ u(x,0) = 0,\, u(x,b) = f(x), & 0 < x < a \end{cases}$$

のもとで解きなさい.

6.17 (6.28) で定義される $v_0(x,t),\, v_1(x,t)$ が一様絶対収束することを直接証明しなさい.

6.18 次の混合境界条件のもとで波動方程式の初期境界値問題

$$\begin{cases} u_{tt} - c^2 u_{xx} = 0,\, 0 < x < \ell,\, t > 0, \quad u(0,t) = u_x(\ell,t) = 0,\, t > 0, \\ u(x,0) = 0,\, u_t(x,0) = g(x),\, 0 < x < \ell. \end{cases}$$

をフーリエの方法により解きなさい. これはフルート, パイプオルガンなどの円筒型楽器の空気の振動に対応する. 特に

$$g(x) = x\left(\cos\frac{\pi x}{\ell} + 1\right)$$

のときの解を求め, 振幅の減衰を調べなさい.

6.19 波動方程式の初期境界値問題 (6.26) を

$$f(x) = g(x) = 0,$$
$$h(x,t) = A\sin\frac{N\pi x}{\ell}\sin\omega t$$

に対して解きなさい. ただし, A, ω は正定数, N は自然数とする.

6.20 次の外力項を持つ波動方程式のノイマン境界値問題を考える.

$$\begin{cases} u_{tt} - c^2 u_{xx} = h(x,t),\, 0 < x < \ell,\, t > 0 \\ u(x,0) = u_t(x,0) = 0,\, 0 < x < \ell, \quad u_x(0,t) = u_x(\ell,t) = 0,\, t > 0. \end{cases}$$

$h(x,t)$ を x 変数関数として偶関数かつ周期 2ℓ の周期関数として $\mathbb{R}$ へ拡張した関数を $\tilde{h}_e(x,t)$ で表せば, 解 $u(x,t)$ は次で与えられることを (6.26) に対する問題 (II) と同様にして導きなさい.

$$u(x,t) = \frac{1}{2c}\int_0^t ds \int_{x-c(t-s)}^{x+c(t-s)} \tilde{h}_e(y,s)\, dy$$

6.21 次の外部から加熱される熱伝導方程式の初期境界値問題を 6.3 節問題 (II) と同様に解きなさい．ただし，連続関数 $h(x,t)$ は $h(0,t) = h(\ell,t) = 0$ を満たし，さらに $h_x(x,t)$ もまた連続であるとする．

$$\begin{cases} u_t - ku_{xx} = h(x,t), & 0 < x < \ell,\ t > 0, \\ u(0,t) = u(\ell,t) = 0, & t > 0, \quad u(x,0) = 0, \ 0 < x < \ell. \end{cases}$$

6.22 次の熱伝導方程式の初期境界値問題を考える．

$$\begin{cases} u_t - ku_{xx} = h(x,t), & 0 < x < \ell,\ t > 0, \quad u(x,0) = 0, \ 0 < x < \ell, \\ u(0,t) = g_0(t), \quad u(\ell,t) = g_\ell(t), \quad t > 0. \end{cases}$$

ただし連続関数 $g_0(t), g_\ell(t)$ は $g_0(0) = g_\ell(0) = 0$ を満たすとする．

$$w(x,t) = u(x,t) - \left[g_0(t) + \frac{x}{\ell}\{g_\ell(t) - g_0(t)\} \right]$$

の満たす方程式を導き，演習問題 6.21 の結果を利用して解 $u(x,t)$ を構成しなさい．

6.23 次の消散項 $2bu_t$ を持つ**消散型波動方程式**の初期境界値問題をフーリエの方法で解きなさい．ただし b, c は正定数で，初期関数 $f(x)$ に対しては必要な条件を課しなさい．

$$\begin{cases} u_{tt} + 2bu_t - c^2 u_{xx} = 0, \ 0 < x < \ell,\ t > 0, \quad u(0,t) = u(\ell,t) = 0,\ t > 0, \\ u(x,0) = f(x), \quad u_t(x,0) = 0,\ 0 < x < \ell. \end{cases}$$

6.24 演習問題 6.23 で初期条件のみを $u(x,0) = 0, u_t(x,0) = g(x)$ に置き換えた問題をフーリエの方法で解きなさい．ただし初期関数 $g(x)$ に対しては必要な条件を課しなさい．

6.25 次の消散型波動方程式の初期境界値問題をフーリエの方法で解きなさい．ただし $f(x)$ は C^3 級で $f'(0) = f'(\pi) = 0$ を満たす．

$$\begin{cases} u_{tt} + 2u_t - u_{xx} = 0,\ 0 < x < \pi,\ t > 0, \quad u_x(0,t) = u_x(\pi,t) = 0,\ t > 0, \\ u(x,0) = f(x), \quad u_t(x,0) = 0,\ 0 < x < \pi. \end{cases}$$

6.26 両端が単純に支えられている一様な梁(はり)の微小振動を考える．変位 $u(x,t)$ は次の条件を満たすとする．ただし c は正定数．

$$\begin{cases} \dfrac{\partial^2 u}{\partial t^2} + c^2 \dfrac{\partial^4 u}{\partial x^4} = 0, \quad 0 < x < \ell,\ t > 0, \\ u(0,t) = u(\ell,x) = 0,\ u_{xx}(0,t) = u_{xx}(\ell,t) = 0, \quad t > 0, \\ u(x,0) = x(\ell - x), \quad u_t(x,0) = 0, \quad 0 < x < \ell. \end{cases}$$

この初期境界値問題をフーリエの方法で解きなさい．

7 フーリエ変換とその応用

　有限区間で考えていたフーリエ級数を実数全体に拡張してフーリエ積分公式を導入し，フーリエ係数に対応するフーリエ変換を考える．フーリエ変換により微分作用素がかけ算作用素になり，時-空間変数を扱う波動方程式，熱伝導方程式では，空間変数についてフーリエ変換し時間変数に関する常微分方程式に帰着して解く．さらに逆フーリエ変換を行って本来の偏微分方程式の解を構成する．その際に必要となる合成積についても解説する．第6章までは複素関数論を扱うことを避けてきたが，この章からはフーリエ変換および逆フーリエ変換などの具体的計算に際して複素指数関数，留数定理，留数計算などの複素関数論の知識が必要となる．

キーワード

絶対可積分　　フーリエ積分公式
複素指数関数　　オイラーの公式
フーリエ変換　　反転公式
コーシーの主値　　逆フーリエ変換
リーマン–ルベーグの補題
パーセヴァルの等式　　合成積（たたみ込み）
ポアソンの和公式
シャノン-染谷の標本化定理
エイリアシング　　離散フーリエ変換
逆離散フーリエ変換　　フーリエ正弦変換
フーリエ余弦変換　　ポアソンの積分公式

7.1 フーリエ積分

$\mathbb{R}$ 上の連続関数 $f(x)$ はその導関数 $f'(x)$ が $\mathbb{R}$ 上区分的連続であるとする．このとき等式 (5.30)，系 5.1 により任意の $\ell > 0$，任意の $-\ell < x < \ell$ に対して

$$f(x) = \frac{1}{2\ell}\int_{-\ell}^{\ell} f(y)dy + \sum_{n=1}^{\infty}\frac{1}{\ell}\int_{-\ell}^{\ell} f(y)\cos\frac{n\pi(x-y)}{\ell}\,dy \qquad (7.1)$$

が成り立つ．ただし $f(x)$ が周期 2ℓ の周期関数でない限り，この等式は有限区間 $[-\ell, \ell]$ の外側では成り立たない．新たに $f(x)$ は $\mathbb{R}$ 上**絶対可積分**であると仮定する．

$$\int_{-\infty}^{\infty}|f(x)|dx < \infty.$$

このとき等式 (7.1) で $\ell \to \infty$ と極限を取ることによって，有限区間のみで定義されたフーリエ級数に代わる $\mathbb{R}$ 上の公式が得られないかを調べよう．(7.1) の右辺第 1 項は $\ell \to \infty$ のときにゼロに収束する．一方，$\Delta\xi = \frac{\pi}{\ell}$ と置けば右辺第 2 項は

$$\frac{1}{\pi}\sum_{n=1}^{\infty} F(n\Delta\xi;x,\ell)\Delta\xi, \quad F(\xi;x,\ell) = \int_{-\ell}^{\ell} f(y)\cos\xi(x-y)dy$$

と $F(\xi;x,\ell)$ の無限区間 $[0,\infty)$ 上でのリーマン和の形に表すことができる．そこで $\ell \to \infty$ としたときに，すべての x に対して等式

$$\begin{aligned}f(x) &= \frac{1}{\pi}\int_0^{\infty} F(\xi;x,\infty)d\xi \\ &= \frac{1}{\pi}\int_0^{\infty} d\xi \int_{-\infty}^{\infty} f(y)\cos\xi(x-y)dy \qquad (7.2)\end{aligned}$$

が成り立つことが期待される．(7.2) の三角関数の部分を加法定理を使って分解すれば

$$f(x) = \int_0^{\infty}\left\{a(\xi)\cos\xi x + b(\xi)\sin\xi x\right\}d\xi$$

となる．ここに

$$a(\xi) = \frac{1}{\pi}\int_{-\infty}^{\infty} f(y)\cos\xi y\,dy, \quad b(\xi) = \frac{1}{\pi}\int_{-\infty}^{\infty} f(y)\sin\xi y\,dy$$

とフーリエ級数に対応した形でも表すことができる．関数 $\cos\xi x, \sin\xi x$ は $\mathbb{R}$ 上の 1 次元ラプラス作用素の固有値問題 $X'' + \lambda X = 0$ の固有値 $\lambda = \xi^2$ に対する有界な固有関数である．ただし固有値は離散値ではなく，非負の連続値と

なる．等式 (7.2) は実際に成立し，**フーリエ積分公式**と呼ばれる．

以下ではフーリエ積分公式の証明の概要を紹介する．次の補題 7.1 の (2) が本質的な役割を果たす．

補題 7.1

(1) (**リーマンの補題**)　$f(x)$ が $[a,b]$ 上区分的連続であれば
$$\lim_{R\to\infty}\int_a^b f(x)\sin Rx\,dx = 0$$
が成り立つ．

(2)　$[0,\infty)$ 上の関数 $f(x)$ は区分的連続，$x=0$ で右微分可能とし，さらに $[0,\infty)$ 上絶対可積分であるとする．
$$\int_0^\infty |f(x)|\,dx < \infty.$$
このとき次の等式が成り立つ．
$$\lim_{R\to\infty}\int_0^\infty f(x)\frac{\sin Rx}{x}\,dx = \frac{\pi}{2}f(+0).$$

(3)　関数 $g(x,y)$ は $[a,\infty)\times[c,d]$ 上連続で，広義積分
$$\int_a^\infty g(x,y)dx$$
が y について一様収束であるならば，次の広義積分と定積分の累次積分の積分順序が交換可能である．
$$\int_a^\infty dx \int_c^d g(x,y)dy = \int_c^d dy \int_a^\infty g(x,y)dx.$$

補題 7.1 の (1), (2) の証明の概要を説明しておく．(1) は $f(x)$ が C^1 級であれば部分積分を行うことによって容易に導かれる．そうではない $f(x)$ に対しての証明は入江-垣田[3, p.18]，溝畑[17, p.5] を見なさい．(2) は (1) の結果と

$$\int_0^\infty \frac{\sin x}{x}\,dx = \frac{\pi}{2} \tag{7.3}$$

を用いて示す．等式 (7.3) は複素関数論においてコーシー（Cauchy）の積分定理の応用として導かれる（例えば，チャーチル-ブラウン[8, p.168] 参照）．

第7章 フーリエ変換とその応用

定理 7.1（フーリエ積分公式）

$\mathbb{R}$ 上の関数 $f(x)$ は区分的連続で $\mathbb{R}$ 上で絶対可積分，$x = x_0$ で左右微分可能であるとき，次の等式が成り立つ．

$$\frac{1}{\pi}\int_0^\infty d\xi \int_{-\infty}^\infty f(y)\cos\xi(x_0 - y)dy = \frac{f(x_0+0) + f(x_0-0)}{2}. \tag{7.4}$$

さらに $f(x)$ が $\mathbb{R}$ 上連続で，$f'(x)$ が区分的連続ならば任意の点 x に対して等式

$$\frac{1}{\pi}\int_0^\infty d\xi \int_{-\infty}^\infty f(y)\cos\xi(x - y)\,dy = f(x)$$

が成り立ち，左辺の広義累次積分は x について一様収束する．

[証明] 任意の $R > 0$ に対して

$$I_R(x) = \frac{1}{\pi}\int_0^R d\xi \int_{-\infty}^\infty f(y)\cos\xi(x - y)\,dy$$

と置く．$f(x)$ は絶対可積分であるから $I_R(x)$ は常に存在する．$I_R(x_0)$ の y 変数の積分を x_0 で 2 つに分割して考える．

$$\begin{aligned}
I_R(x_0) &= \frac{1}{\pi}\int_0^R d\xi \int_{x_0}^\infty f(y)\cos\xi(x_0 - y)\,dy \\
&\quad + \frac{1}{\pi}\int_0^R d\xi \int_{-\infty}^{x_0} f(y)\cos\xi(x_0 - y)\,dy \\
&= \frac{1}{\pi}J_R^+ + \frac{1}{\pi}J_R^-.
\end{aligned}$$

まず J_R^+ について考える．

$$\bigl|f(y)\cos\xi(x_0 - y)\bigr| \leq |f(y)|$$

だから，積分

$$\int_{x_0}^\infty f(y)\cos\xi(x_0 - y)\,dy$$

は $0 \leq \xi < \infty$ に対して一様収束する．$f(x)$ は区分的連続にすぎないが，区間を分割することにより補題 7.1 の (3) と同様に積分順序の交換が可能となるので

$$J_R^+ = \int_0^R d\xi \int_{x_0}^\infty f(y)\cos\xi(x_0-y)dy$$

$$= \int_{x_0}^\infty dy \int_0^R f(y)\cos\xi(x_0-y)d\xi$$

$$= \int_{x_0}^\infty f(y)\left[\frac{\sin\xi(x_0-y)}{x_0-y}\right]_0^R dy$$

$$= \int_{x_0}^\infty f(y)\frac{\sin R(x_0-y)}{x_0-y}\,dy$$

と計算できる．$y = z + x_0$ と置換すると

$$J_R^+ = \int_0^\infty f(z+x_0)\frac{\sin Rz}{z}\,dz$$

を得る．したがって補題 7.1 の (2) を適用して

$$\lim_{R\to\infty} J_R^+ = \lim_{R\to\infty}\int_0^\infty f(z+x_0)\frac{\sin Rz}{z}\,dz = \frac{\pi}{2}f(x_0+0)$$

が導かれる．同様にして

$$\lim_{R\to\infty} J_R^- = \frac{\pi}{2}f(x_0-0)$$

を示すことができる．以上をまとめて等式 (7.4) を得る．一様収束性については省略する． ∎

7.2 フーリエ変換

フーリエ積分公式 (7.4) を複素指数関数 $e^{i\theta}$ に関する**オイラーの公式**

$$e^{i\theta} \equiv \sum_{n=0}^{\infty} \frac{(i\theta)^n}{n!} = \cos\theta + i\sin\theta, \quad \theta \in \mathbb{R}$$

により複素指数関数を用いて書き改める．ただし，i は虚数単位 $i = \sqrt{-1}$ である．等式 $\cos\theta = \frac{e^{i\theta}+e^{-i\theta}}{2}$ により

$$I_R(x) = \frac{1}{\pi} \int_0^R d\xi \int_{-\infty}^{\infty} f(y) \cos\xi(x-y) \, dy$$

$$= \frac{1}{\pi} \int_0^R d\xi \int_{-\infty}^{\infty} f(y) \frac{e^{i\xi(x-y)} + e^{-i\xi(x-y)}}{2} \, dy$$

$$= \frac{1}{2\pi} \left\{ \int_0^R d\xi \int_{-\infty}^{\infty} e^{i\xi(x-y)} f(y) \, dy + \int_0^R d\xi \int_{-\infty}^{\infty} e^{-i\xi(x-y)} f(y) \, dy \right\}.$$

最後の等式右辺第 2 項の積分で $-\xi$ を再び ξ と置いて整理すれば

$$I_R(x) = \frac{1}{2\pi} \left\{ \int_0^R d\xi \int_{-\infty}^{\infty} e^{i\xi(x-y)} f(y) \, dy + \int_{-R}^0 d\xi \int_{-\infty}^{\infty} e^{i\xi(x-y)} f(y) \, dy \right\}$$

$$= \frac{1}{2\pi} \int_{-R}^R e^{ix\xi} d\xi \int_{-\infty}^{\infty} e^{-i\xi y} f(y) \, dy.$$

すなわち，$f(x)$ が連続で絶対可積分，$f'(x)$ が区分的連続ならば定理 7.1 によりフーリエ積分公式

$$f(x) = \lim_{R\to\infty} \frac{1}{2\pi} \int_{-R}^R e^{ix\xi} d\xi \int_{-\infty}^{\infty} e^{-i\xi y} f(y) dy \tag{7.5}$$

が成立する．そこで，フーリエ変換を次のように定義する．

定義 7.1（フーリエ変換）

$\mathbb{R}$ 上で絶対可積分な関数 $f(x)$ に対する線形写像

$$\widehat{f}(\xi) = \mathscr{F}[f](\xi) = \frac{1}{\sqrt{2\pi}} \int_{-\infty}^{\infty} f(x) e^{-i\xi x} dx$$

を $f(x)$ の**フーリエ**（Fourier）**変換**という．ただし，積分の係数として $\frac{1}{\sqrt{2\pi}}$ の代わりに 1 または $\frac{1}{2\pi}$ を選ぶ定義もある．

7.2 フーリエ変換

フーリエ級数は有限区間で周期境界条件を課した1次元ラプラス作用素の固有関数による固有関数展開であった (5.2, 5.3 節参照)．一方，$e^{i\xi x}$ は

$$-\frac{d^2}{dx^2} e^{i\xi x} = -(i\xi)^2 e^{i\xi x} = \xi^2 e^{i\xi x}$$

を満たすので，$e^{i\xi x}$ は $\mathbb{R}$ 上のラプラス作用素の固有値 ξ^2 に対する固有関数になっている．ただし，有限区間の場合とは異なり固有値は離散値ではなくゼロ以上の実数すべての連続値を取る．フーリエ積分公式 (7.5) は固有関数 $e^{i\xi x}$ による $f(x)$ の固有関数展開を表し，フーリエ変換 $\widehat{f}(\xi)$ はその際の $e^{i\xi x}$ の係数と解釈できる．フーリエ変換の定義で $e^{i\xi x}$ ではなく $e^{-i\xi x}$ を使うのは，エルミート内積により複素共役 $\overline{e^{i\xi x}} = e^{-i\xi x}$ を取っていることによる．それは複素フーリエ級数の定義 (5.27) でも同様である．

変数 x を時刻 t に置き換えて $f(t)$ を時刻 t における波の振幅と解釈すれば，そのフーリエ変換 $\widehat{f}(\omega)$ は周波数 $|\omega|$ の波の成分を表すと解釈される (7.7 節参照)．

例題 7.1 ──────────────── **フーリエ変換の計算 (1)**

次の関数 $f(x)$ のフーリエ変換を計算しなさい．ただし a は正定数．

$$f(x) = \begin{cases} 1, & |x| \leq a, \\ 0, & |x| > a. \end{cases}$$

【解答】 $\xi \neq 0$ に対して

$$\widehat{f}(\xi) = \frac{1}{\sqrt{2\pi}} \int_{-a}^{a} e^{-i\xi x} dx = \frac{1}{\sqrt{2\pi}} \left[-\frac{e^{-i\xi x}}{i\xi} \right]_{-a}^{a}$$

$$= \frac{1}{\sqrt{2\pi}} \frac{e^{ia\xi} - e^{-ia\xi}}{i\xi} = \frac{\sqrt{2} \sin a\xi}{\sqrt{\pi}\, \xi}.$$

ただし $\sin\theta = \frac{e^{i\theta} - e^{-i\theta}}{2i}$ を用いた．$\xi = 0$ のときは

$$\widehat{f}(0) = \frac{1}{\sqrt{2\pi}} \int_{-a}^{a} dx = \frac{\sqrt{2}\, a}{\sqrt{\pi}}.$$

∎

例題 7.2 ────── フーリエ変換の計算 (2)

次の関数 $f(x)$ のフーリエ変換を計算しなさい．ただし a は正定数．
$$f(x) = \begin{cases} e^{-ax}, & x \geq 0, \\ 0, & x < 0. \end{cases}$$

【解答】
$$\widehat{f}(\xi) = \frac{1}{\sqrt{2\pi}} \int_0^\infty e^{-i\xi x} e^{-ax} dx = \frac{1}{\sqrt{2\pi}} \int_0^\infty e^{-(a+i\xi)x} dx$$
$$= \frac{1}{\sqrt{2\pi}} \left[-\frac{e^{-(a+i\xi)x}}{a+i\xi} \right]_0^\infty = \frac{1}{\sqrt{2\pi}(a+i\xi)}. \qquad \blacksquare$$

例題 7.3 ────── フーリエ変換の計算 (3)

関数 $f(x) = e^{-a|x|}$ のフーリエ変換を計算しなさい．ただし a は正定数．

【解答】 例題 7.2 の結果を部分的に利用すると
$$\widehat{f}(\xi) = \frac{1}{\sqrt{2\pi}} \left(\int_0^\infty e^{-i\xi x} e^{-ax} dx + \int_{-\infty}^0 e^{-i\xi x} e^{ax} dx \right)$$
$$= \frac{1}{\sqrt{2\pi}} \frac{1}{a+i\xi} + \frac{1}{\sqrt{2\pi}} \left[\frac{e^{(a-i\xi)x}}{a-i\xi} \right]_{-\infty}^0$$
$$= \frac{1}{\sqrt{2\pi}} \left(\frac{1}{a+i\xi} + \frac{1}{a-i\xi} \right) = \frac{\sqrt{2}\,a}{\sqrt{\pi}\,(a^2+\xi^2)}. \qquad \blacksquare$$

例題 7.4 ────── フーリエ変換の計算 (4)

関数 $f(x) = \exp(-kx^2)$ のフーリエ変換 $\widehat{f}(\xi)$ は
$$\widehat{f}(\xi) = \frac{1}{\sqrt{2k}} \exp\left(-\frac{\xi^2}{4k} \right)$$
で与えられることを導きなさい．ただし k は正定数．

[証明] 複素関数論（チャーチル-ブラウン[8, p.82]，藤本[13, p.43]）を用いた計算方法と微分方程式を解いて求める方法とがある．ここでは前者で示し，後者の方法は 7.3 節の例題 7.8 で紹介する．被積分関数の指数関数をまとめると

7.2 フーリエ変換

$$\widehat{f}(\xi) = \frac{1}{\sqrt{2\pi}} \int_{-\infty}^{\infty} e^{-i\xi x} \exp(-kx^2) dx$$

$$= \frac{1}{\sqrt{2\pi}} \exp\left(-\frac{\xi^2}{4k}\right) \int_{-\infty}^{\infty} \exp\left\{-k\left(x + \frac{i\xi}{2k}\right)^2\right\} dx.$$

ここで $\xi > 0$ と仮定する．定数 $R > 0$ を任意に取り，複素平面 $\mathbb{C}$ 上で次の閉曲線 C_R を考える：$C_R = \Gamma_R + \gamma_+ + \gamma_R + \gamma_-$．ここに各曲線のパラメータ表示は次のとおりとする．

$$\Gamma_R \,:\, z = t + i\frac{\xi}{2k},\, t : -R \to R, \qquad \gamma_R \,:\, z = t,\, t : R \to -R,$$

$$\gamma_+ \,:\, z = R + it,\, t : \frac{\xi}{2k} \to 0, \qquad \gamma_- \,:\, z = R + it,\, t : 0 \to \frac{\xi}{2k}.$$

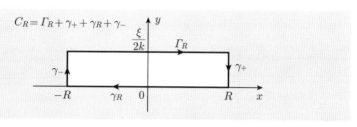

C_R を逆向きにした閉曲線 $-C_R$ 上で正則な複素関数 $g(z) = \exp(-kz^2)$ を積分し，コーシーの積分定理を適用する．その後に C_R 上の積分に戻すと

$$0 = \int_{C_R} g(z)dz = \int_{\Gamma_R} g(z)dz + \int_{\gamma_+} g(z)dz + \int_{\gamma_R} g(z)dz + \int_{\gamma_-} g(z)dz.$$

したがって

$$\int_{\Gamma_R} g(z)dz = -\int_{\gamma_R} g(z)dz - \int_{\gamma_+} g(z)dz - \int_{\gamma_-} g(z)dz$$

$$= \int_{-R}^{R} g(t)dt - \int_{\gamma_+} g(z)dz - \int_{\gamma_-} g(z)dz \equiv I_1(R) + I_2(R) + I_3(R).$$

(7.6)

積分 $I_1(R)$ で置換 $s = \sqrt{k}\,t$ を行って $R \to \infty$ とすれば

$$I_1(R) = \int_{-R}^{R} \exp(-kt^2)\,dt = \frac{1}{\sqrt{k}} \int_{-\sqrt{k}R}^{\sqrt{k}R} \exp(-s^2)\,ds$$

$$\longrightarrow \frac{1}{\sqrt{k}} \int_{-\infty}^{\infty} \exp(-s^2)\,ds = \frac{\sqrt{\pi}}{\sqrt{k}}$$

を得る．線積分 $I_2(R)$ については

$$|I_2(R)| = \left|\int_{\gamma_+} \exp(-kz^2)\,dz\right| = \left|i\int_{\xi/(2k)}^0 \exp[-k\{(R^2-t^2)+2iRt\}]\,dt\right|$$

$$\leq \exp(-kR^2)\int_0^{\xi/(2k)} \exp(kt^2)\,|e^{-2ikRt}|\,dt$$

$$\leq \exp(-kR^2)\frac{\xi}{2k}\exp\left(\frac{\xi^2}{4k}\right)$$

と評価できるので，$R \to \infty$ のときゼロに収束する．同様に線積分 $I_3(R)$ もゼロに収束する．したがって等式 (7.6) で $R \to \infty$ とすれば

$$\int_{-\infty}^\infty \exp\left\{-k\left(x+\frac{i\xi}{2k}\right)^2\right\}dx = \lim_{R\to\infty}\int_{\Gamma_R} g(z)dz = \frac{\sqrt{\pi}}{\sqrt{k}}$$

となり，これから求める等式を得る． ∎

等式 (7.5) から次のフーリエ変換の反転公式が導かれる．

定理 7.2（フーリエ変換の反転公式）

$\mathbb{R}$ 上の関数 $f(x)$ およびその導関数 $f'(x)$ は区分的連続で，$f(x)$ は絶対可積分とする．このとき $f(x)$ のフーリエ変換 $\widehat{f}(\xi)$ に対して次の**反転公式**が成り立つ．

$$\lim_{R\to\infty}\frac{1}{\sqrt{2\pi}}\int_{-R}^R e^{ix\xi}\widehat{f}(\xi)\,d\xi = \frac{f(x+0)+f(x-0)}{2}. \qquad (7.7)$$

さらに $\widehat{f}(\xi)$ が絶対可積分であれば

$$\frac{1}{\sqrt{2\pi}}\int_{-\infty}^\infty e^{ix\xi}\widehat{f}(\xi)d\xi = \frac{f(x+0)+f(x-0)}{2} \qquad (7.8)$$

が成立する．点 x で f が連続ならば，(7.7), (7.8) の右辺は $f(x)$ で置き換えることができる．

注意 (7.7) のような原点に対称な区間上の積分の極限 $\lim_{R\to\infty}\int_{-R}^R g(x)dx$ を**コーシーの主値**といい，v.p. $\int_{-\infty}^\infty g(x)dx$ と表す． □

例題 7.4 により関数 $f(x) = \exp(-kx^2)$ のフーリエ変換 $\widehat{f}(\xi)$ は再び絶対可積分で (7.8) を適用できる．$\widehat{f}(\xi)$ は元の関数 $f(x)$ と係数の違い $k \longmapsto \frac{1}{4k}$ のみであるから，例題 7.4 の計算結果を $\widehat{f}(\xi)$ に適用すると

$$\frac{1}{\sqrt{2\pi}}\int_{-\infty}^{\infty} e^{ix\xi}\widehat{f}(\xi)d\xi = \frac{1}{\sqrt{2\pi}}\int_{-\infty}^{\infty} e^{-i(-x)\xi}\widehat{f}(\xi)d\xi$$

$$= \frac{1}{\sqrt{2\frac{1}{4k}}}\frac{1}{\sqrt{2k}}\exp\left\{-\frac{(-x)^2}{4\frac{1}{4k}}\right\} = \exp(-kx^2)$$

となり，反転公式を直接確かめることができた．

例題 7.5 ─────────────── 反転公式の計算 (1) ─

例題 7.1 の関数 $f(x)$ のフーリエ変換 $\widehat{f}(\xi) = \frac{\sqrt{2}\sin a\xi}{\sqrt{\pi}\,\xi}$ $(\xi \neq 0)$ に対して，直接計算により反転公式を確かめなさい．

【解答】 $\widehat{f}(\xi)$ は絶対可積分ではないのでコーシーの主値 (7.7) によって計算する．$\widehat{f}(\xi)$ が偶関数であることに注意し，複素指数関数に対するオイラーの公式 $e^{ix\xi} = \cos x\xi + i\sin x\xi$，さらに三角関数の積和公式を用いれば

$$\begin{aligned} I_R(x) &= \frac{1}{\sqrt{2\pi}}\int_{-R}^{R} e^{ix\xi}\widehat{f}(\xi)\,d\xi \\ &= \frac{2}{\sqrt{2\pi}}\int_{0}^{R} \frac{\sqrt{2}\sin a\xi}{\sqrt{\pi}\,\xi}\cos x\xi\,d\xi \\ &= \frac{1}{\pi}\int_{0}^{R}\frac{\sin(x+a)\xi}{\xi}d\xi - \frac{1}{\pi}\int_{0}^{R}\frac{\sin(x-a)\xi}{\xi}d\xi. \end{aligned} \quad (7.9)$$

$x > a$ のとき $x+a > 0, x-a > 0$ だから，(7.9) 最後の等式右辺の 2 つの積分でそれぞれ $\eta = (x+a)\xi, \zeta = (x-a)\xi$ と置換し，極限 $R \to \infty$ を取れば，等式 (7.3) により

$$\begin{aligned} I_R(x) &= \frac{1}{\pi}\int_0^{(x+a)R}\frac{\sin\eta}{\eta}d\eta - \frac{1}{\pi}\int_0^{(x-a)R}\frac{\sin\zeta}{\zeta}d\zeta \\ &\longrightarrow \frac{1}{2} - \frac{1}{2} = 0 \end{aligned}$$

を得る．$x < -a$ の場合も同様にしてコーシーの主値はゼロとなる．

$-a < x < a$ のときには (7.9) の最後の等式右辺第 2 項の積分で $\zeta = (a-x)\xi$ と置換し (7.3) を用いれば，$R \to \infty$ のとき

$$I_R(x) = \frac{1}{\pi}\int_0^{(x+a)R} \frac{\sin\eta}{\eta}d\eta + \frac{1}{\pi}\int_0^{(a-x)R} \frac{\sin\zeta}{\zeta}d\zeta$$
$$\longrightarrow \frac{1}{2} + \frac{1}{2} = 1$$

が得られる．最後に $x = a$ のときには再び (7.3) により

$$I_R(a) = \frac{1}{\pi}\int_0^{2aR} \frac{\sin\eta}{\eta}$$
$$\longrightarrow \frac{1}{2} \quad (R \to \infty)$$

と計算できる．$x = -a$ の場合も同様にコーシーの主値は $\frac{1}{2}$ となる． ∎

例題 7.6 ─────────────── **反転公式の計算 (2)** ──

関数 $f(x) = e^{-a|x|}$ (a は正定数) のフーリエ変換 $\widehat{f}(\xi) = \frac{\sqrt{2}\,a}{\sqrt{\pi}\,(\xi^2+a^2)}$ に対して，直接計算により反転公式を確かめなさい．

【解答】 $\widehat{f}(\xi)$ は絶対可積分であるから (7.8) を適用できる．留数定理を使って計算する（チャーチル-ブラウン[8, p.151, p.162]，藤本[13, p.87, p.93]）．$x > 0$ のとき，$\zeta = \xi + i\eta \in \mathbb{C}$ に対して $\mathrm{Re}\{ix\zeta\} = -x\eta$ に注意すれば，複素関数

$$g(\zeta) = \frac{\sqrt{2}\,ae^{ix\zeta}}{\sqrt{\pi}\,(\zeta^2+a^2)}, \quad \zeta \in \mathbb{C}$$

の上半平面 $\mathbb{C}_+ = \{z \in \mathbb{C} \mid \mathrm{Im}\,z > 0\}$ にあるすべての特異点での留数計算により反転公式を確かめる．$g(\zeta)$ の $\mathbb{C}_+$ にある特異点は位数 1 の極 $\zeta = ia$ のみであるから，留数定理により

$$\int_{-\infty}^{\infty} e^{ix\xi}\widehat{f}(\xi)d\xi = 2\pi i\,\mathrm{Res}\bigl(g(\zeta), ia\bigr)$$
$$= 2\pi i\,\frac{\sqrt{2}\,ae^{ix\zeta}}{\sqrt{\pi}\,(\zeta^2+a^2)'}\bigg|_{\zeta=ia} = \sqrt{2\pi}\,e^{-ax}$$

を得る．一方 $x < 0$ のときには $g(\zeta)$ の下半平面 $\mathbb{C}_-$ にある位数 1 の極 $\zeta = -ia$ での留数計算 $-2\pi i\,\mathrm{Res}\bigl(g(\zeta), -ia\bigr)$ を実行すれば良い．$x = 0$ の場合は，実積分の積分計算により反転公式を確かめることができる． ∎

7.2 フーリエ変換

例題 7.7 ────────────────── **反転公式の計算 (3)** ──

例題 7.2 の関数 $f(x)$ のフーリエ変換に対して，直接計算により反転公式を確かめなさい．

【解答】 フーリエ変換 $\widehat{f}(\xi) = \dfrac{1}{\sqrt{2\pi}\,(a+i\xi)}$ は絶対可積分ではないので，コーシーの主値 (7.7) により留数定理を使って計算する．$x>0$ のとき，$\zeta = \xi + i\eta \in \mathbb{C}$ に対して $\operatorname{Re}\{ix\zeta\} = -x\eta$ に注意すれば，複素関数

$$g(\zeta;x) = \frac{e^{ix\zeta}}{\sqrt{2\pi}\,(a+i\zeta)} = \frac{e^{ix\zeta}}{i\sqrt{2\pi}\,(\zeta-ia)}, \quad \zeta \in \mathbb{C}$$

の上半平面 $\mathbb{C}_+$ にある 1 位の極 $\zeta = ia$ での留数を計算すれば良い．

$$\text{v.p.} \int_{-\infty}^{\infty} g(\xi;x)\,d\xi = 2\pi i \operatorname{Res}(g, ia) = 2\pi i \left.\frac{e^{ix\zeta}}{i\sqrt{2\pi}}\right|_{\zeta=ia} = \sqrt{2\pi}\,e^{-ax}.$$

$x<0$ のときには $g(\zeta;x)$ の下半平面 $\mathbb{C}_-$ における留数を計算すれば良いが，$g(\zeta;x)$ は $\operatorname{Im}\zeta \leq 0$ で正則であるから留数はゼロになる．$x=0$ のとき

$$\text{v.p.} \int_{-\infty}^{\infty} g(\xi;0)\,d\xi = \frac{1}{\sqrt{2\pi}} \lim_{R\to\infty} \int_{-R}^{R} \frac{a-i\xi}{\xi^2+a^2}\,d\xi$$

$$= \frac{1}{\sqrt{2\pi}} \lim_{R\to\infty} \int_0^R \frac{2a}{\xi^2+a^2}\,d\xi = \frac{1}{\sqrt{2\pi}} \left[2\arctan\frac{\xi}{a}\right]_0^{\infty} = \frac{\pi}{\sqrt{2\pi}}$$

を得る．ゆえに $\text{v.p.} \int_{-\infty}^{\infty} \dfrac{\widehat{f}(\xi)}{\sqrt{2\pi}}\,d\xi = \dfrac{1}{2}$ が従う． ∎

定義 7.2（逆フーリエ変換）

絶対可積分関数 $F(\xi)$ に対して F の**逆フーリエ変換**を次で定義する．

$$\check{F}(x) = \mathscr{F}^{-1}[F](x) = \frac{1}{\sqrt{2\pi}} \int_{-\infty}^{\infty} e^{ix\xi} F(\xi)\,d\xi$$

一般的には**フーリエ逆変換**と呼ばれることが多いが，本書では英語の inverse Fourier transform の語順に従った呼び方をする．

注意 フーリエ変換と逆フーリエ変換は常に対で定義する．

$$\mathscr{F}[f](\xi) = \int_{-\infty}^{\infty} e^{-ix\xi} f(x)\,dx \quad \text{ならば}, \quad \mathscr{F}^{-1}[F](x) = \frac{1}{2\pi} \int_{-\infty}^{\infty} e^{ix\xi} F(\xi)\,d\xi. \quad \square$$

本書における定義ではフーリエ変換と逆フーリエ変換の関係は $\mathscr{F}^{-1}[F](x) = \mathscr{F}[F](-x)$ であり,フーリエ変換の反転公式は $\mathscr{F}^{-1}[\mathscr{F}[f](\xi)](x) = f(x)$ と表すことができる.

2 次元フーリエ変換　この節の最後に 2 次元フーリエ変換を紹介しておく.3 次元以上でも同様に定義できる.

定義 7.3（2 次元フーリエ変換）

$\mathbb{R}^2$ 上で 2 重積分が絶対収束する関数 $f(x,y)$ に対して

$$\mathscr{F}[f](\xi,\eta) = \frac{1}{2\pi} \iint_{\mathbb{R}^2} e^{-i(\xi x+\eta y)} f(x,y)\, dxdy$$

を $f(x,y)$ の（2次元）**フーリエ変換**という.また,$\mathbb{R}^2$ 上で 2 重積分が絶対収束する関数 $F(\xi,\eta)$ に対して

$$\mathscr{F}^{-1}[F](x,y) = \frac{1}{2\pi} \iint_{\mathbb{R}^2} e^{i(x\xi+y\eta)} F(\xi,\eta)\, d\xi d\eta$$

を $F(\xi,\eta)$ の**逆フーリエ変換**という.

注意　係数 $\frac{1}{2\pi}$ は,1 次元フーリエ変換の係数 $\frac{1}{\sqrt{2\pi}}$ の 2 乗として定義される.また 2 変数関数が $f(x,y) = g(x)h(y)$ と変数分離されていれば,$\mathscr{F}[f](\xi,\eta) = \widehat{g}(\xi)\widehat{h}(\eta)$ が成り立つ.　□

例 7.1　(1)　矩形 $\{(x,y) \mid |x| \leq a, |y| \leq b\}$ 上で 1,それ以外ではゼロとなる関数を $f(x,y)$ とすれば,上の **注意** と例題 7.1 により,$\xi \neq 0, \eta \neq 0$ に対して

$$\mathscr{F}[f](\xi,\eta) = \frac{2}{\pi} \frac{\sin a\xi}{\xi} \frac{\sin b\eta}{\eta}$$

を得る.

(2)　定数 $k > 0$,$f(x,y) = \exp\{-k(x^2+y^2)\} = \exp(-kx^2)\exp(-ky^2)$ に対して,上の **注意** と例題 7.4 により

$$\mathscr{F}[f](\xi,\eta) = \frac{1}{2k} \exp\left(-\frac{\xi^2+\eta^2}{4k}\right)$$

を得る.

(3) 原点中心半径 a の円上で 1，それ以外ではゼロとなる関数を $g(x,y)$ とする．2 重積分 $\mathscr{F}[g](\xi,\eta)$ を極座標変換して計算すれば

$$\mathscr{F}[g](\xi,\eta) = \frac{1}{2\pi}\iint_{\mathbb{R}^2} e^{-i(\xi x+\eta y)}g(x,y)\,dxdy$$
$$= \frac{1}{2\pi}\int_0^a rdr\int_{-\pi}^{\pi} e^{-ir(\xi\cos\theta+\eta\sin\theta)}\,d\theta.$$

ここで，$\xi = \rho\cos\varphi,\ \eta = \rho\sin\varphi$ と極座標表示し，$\cos\theta$ の 2π 周期性を使えば（演習問題 5.11 参照）

$$\mathscr{F}[g](\rho,\varphi) = \frac{1}{2\pi}\int_0^a rdr\int_{-\pi}^{\pi} e^{-i\rho r(\cos\varphi\cos\theta+\sin\varphi\sin\theta)}\,d\theta$$
$$= \frac{1}{2\pi}\int_0^a rdr\int_{-\pi}^{\pi} e^{-i\rho r\cos(\theta-\varphi)}\,d\theta$$
$$= \int_0^a r\,dr\,\frac{1}{2\pi}\int_{-\pi}^{\pi} e^{-i\rho r\cos t}\,dt = \int_0^a J_0(-\rho r)r\,dr.$$

ここに $J_0(x)$ は 0 次ベッセル関数を表し，n 次ベッセル関数 $J_n(x)$ は

$$J_n(x) = \frac{1}{2\pi}\int_{-\pi}^{\pi} e^{ix\cos t}e^{in\{t-(\pi/2)\}}\,dt$$
$$= \sum_{m=0}^{\infty}\frac{(-1)^m}{m!\,\Gamma(n+m+1)}\left(\frac{x}{2}\right)^{2m+n}$$

と積分，整級数表示できる．これから $J_0(x)$ は偶関数である．さらに $J_0(\rho r)$ の整級数表示を項別積分して計算すれば，φ には依存しない ρ のみの関数

$$\mathscr{F}[g](\rho,\varphi) = \int_0^a J_0(\rho r)r\,dr = \frac{a}{\rho}J_1(a\rho)$$

を得る．ただし，$J_1(x)$ は 1 次ベッセル関数である． □

7.3 フーリエ変換の性質

偏微分方程式等への応用に必要となるフーリエ変換の性質を調べておく．まず結果のみ述べる．

定理 7.3（フーリエ変換の性質 (1)）

$f(x)$ は $\mathbb{R}$ 上絶対可積分とする．
(1) $f(x)$ のフーリエ変換 $\widehat{f}(\xi)$ は $\mathbb{R}$ 上有界で一様連続な関数である．
(2)（リーマン–ルベーグ（Riemann-Lebesgue）の補題） $f(x)$ がさらに区分的連続ならば
$$\lim_{|\xi|\to\infty} \widehat{f}(\xi) = 0$$
が成り立つ．

定理 7.3 の (2) はリーマンの補題（補題 7.1 の (1)）と絶対可積分性から容易に導かれる．次の定理 7.4 は，$f(x)$ の $|x| \to \infty$ のときの減少度に応じて高次までの $\widehat{f}(\xi)$ の微分可能性が得られることを示している．

定理 7.4（フーリエ変換の性質 (2)）

$f(x)$ および $xf(x)$ が $\mathbb{R}$ 上で絶対可積分ならば，$\widehat{f}(\xi)$ は C^1 級で
$$\frac{d}{d\xi}\widehat{f}(\xi) = \mathscr{F}\bigl[(-ix)f\bigr](\xi) = \frac{-i}{\sqrt{2\pi}}\int_{-\infty}^{\infty} e^{-i\xi x} xf(x)\,dx.$$
すなわち，$\mathscr{F}[xf](\xi) = i\frac{d}{d\xi}\widehat{f}(\xi)$ が成り立つ．さらに $x^m f(x)$（$m = 2, 3, \ldots, n$）が絶対可積分ならば，$\widehat{f}(\xi)$ は C^n 級で，$m = 2, 3, \ldots, n$ に対して
$$\frac{d^m}{d\xi^m}\widehat{f}(\xi) = \mathscr{F}\bigl[(-ix)^m f\bigr](\xi) = \frac{(-i)^m}{\sqrt{2\pi}}\int_{-\infty}^{\infty} e^{-i\xi x} x^m f(x)\,dx$$
が成り立つ．

[証明] 3.1 節の補題 3.1 を用いて微分と広義積分の順序を交換する．等式
$$\left|\frac{\partial}{\partial \xi}\bigl\{e^{-i\xi x}f(x)\bigr\}\right| = |x|\,|f(x)|$$
の右辺の積分は収束するので補題 3.1 により

7.3 フーリエ変換の性質

$$\frac{d}{d\xi}\widehat{f}(\xi) = \frac{1}{\sqrt{2\pi}} \int_{-\infty}^{\infty} \frac{\partial}{\partial \xi}\left\{e^{-i\xi x}f(x)\right\}d\xi = \frac{-i}{\sqrt{2\pi}}\int_{-\infty}^{\infty} e^{i\xi x} xf(x)\,dx$$

が成り立つ．高次導関数についても同様に確かめることができる．■

例題 7.8 ──────────────── フーリエ変換の計算 (5) ──

関数 $f(x) = \exp(-kx^2)$ に対して $\widehat{f}(\xi)$ が満たす微分方程式を導き，それを解くことによって

$$\widehat{f}(\xi) = \frac{1}{\sqrt{2k}}\exp\left(-\frac{\xi^2}{4k}\right)$$

を確かめなさい．

【解答】 $|x|\,|f(x)|$ は $\mathbb{R}$ 上で積分可能であるから，定理 7.4 により $\widehat{f}(\xi)$ は微分可能で

$$\frac{d}{d\xi}\widehat{f}(\xi) = \frac{-i}{\sqrt{2\pi}}\int_{-\infty}^{\infty} e^{-i\xi x}x\exp(-kx^2)dx$$

と計算できる．右辺の積分で部分積分を行うと

$$\frac{i}{\sqrt{2\pi}}\left[e^{-i\xi x}\frac{\exp(-kx^2)}{2k}\right]_{-\infty}^{\infty} - \frac{i}{\sqrt{2\pi}}\int_{-\infty}^{\infty}(-i\xi)e^{-i\xi x}\frac{\exp(-kx^2)}{2k}dx$$

$$= -\frac{\xi}{2k}\widehat{f}(\xi).$$

すなわち，$\widehat{f}(\xi)$ が満たす微分方程式 $\frac{d\widehat{f}(\xi)}{d\xi} = -\frac{\xi}{2k}\widehat{f}(\xi)$ を得る．これを解くと $\widehat{f}(\xi) = C\exp\left(-\frac{\xi^2}{4k}\right)$ となる．ここで，$C = \widehat{f}(0)$ かつガウス積分の値により

$$\widehat{f}(0) = \frac{1}{\sqrt{2\pi}}\int_{-\infty}^{\infty}\exp(-kx^2)\,dx = \frac{1}{\sqrt{2k\pi}}\int_{-\infty}^{\infty}\exp(-x^2)\,dx = \frac{1}{\sqrt{2k}}$$

となる．これから求める結果を得る．■

次に，$f(x)$ の微分可能な回数に応じて $\widehat{f}(\xi)$ の $|\xi| \to \infty$ のときの減少度が大きくなることを示す．そのために次の補題を用意する．

補題 7.2

C^1 級関数 $f(x)$ とその導関数 $f'(x)$ はともに $\mathbb{R}$ 上で絶対可積分であるとする．このとき，$f(x) \to 0 \ (|x| \to \infty)$ が成り立つ．

[証明] $x \to \infty$ の場合を示す．微積分学の基本定理により
$$f(x) - f(0) = \int_0^x f'(t)dt$$
が成り立つ．仮定から $f'(t)$ は $[0, \infty)$ 上でも絶対可積分であるから，上の等式の右辺は $x \to \infty$ のとき収束する．よって
$$\lim_{x \to \infty} f(x) = c$$
が存在する．$c \neq 0$ とする．このとき定数 $R_0 > 0$ があって $x > R_0$ ならば $|f(x)| > \frac{|c|}{2}$ が成り立つ．任意の $R > R_0$ に対して不等式
$$\int_{R_0}^R |f(x)|dx > \frac{|c|(R - R_0)}{2}$$
が導かれるから $R \to \infty$ のとき左辺の積分は発散し，したがって $f(x)$ が絶対可積分であることに反する．よって $c = 0$ である．$x \to -\infty$ のときも同様に示せる． ■

定理 7.5（フーリエ変換の性質 (3)）

$\mathbb{R}$ 上の C^1 級関数 $f(x)$ に対して，$f(x)$ と $f'(x)$ はともに絶対可積分であるとする．このとき，次の等式が成り立つ．
$$\mathscr{F}[f'](\xi) = i\xi \widehat{f}(\xi).$$
さらに $f(x)$ は C^n 級で第 n 次までの導関数がすべて絶対可積分ならば
$$\mathscr{F}[f^{(m)}](\xi) = (i\xi)^m \widehat{f}(\xi), \quad m = 1, 2, \ldots, n$$
が成り立つ．

[証明] 補題 7.2 を用いて部分積分すれば
$$\int_{-\infty}^\infty e^{-i\xi x} f'(x)\, dx = \left[e^{-i\xi x} f(x)\right]_{-\infty}^\infty - \int_{-\infty}^\infty (-i\xi) e^{-i\xi x} f(x)\, dx$$
$$= i\xi \int_{-\infty}^\infty e^{-i\xi x} f(x)\, dx$$
を得る．高次導関数に対しては $f(x)$ の条件と補題 7.2 から
$$\lim_{x \to \infty} f^{(m)}(x) = 0, \quad m = 1, 2, \ldots, n-1$$
が成り立つので，部分積分を繰り返して計算すれば良い． ■

7.3 フーリエ変換の性質

例7.2 例題 7.6 から導かれる関数 $g(x) = \frac{1}{x^2+a^2}$ （a は正定数）のフーリエ変換

$$\widehat{g}(\xi) = \frac{\sqrt{\pi}}{\sqrt{2}\,a} e^{-a|\xi|} \tag{7.10}$$

を利用して，$f(x) = \frac{x}{(x^2+a^2)^2}$ のフーリエ変換 $\widehat{f}(\xi)$ を計算する．定理 7.5 により

$$\mathscr{F}[f](\xi) = \mathscr{F}\left[-\frac{1}{2}g'(x)\right] = -\frac{1}{2}i\xi\widehat{g}(\xi) = -\frac{i\sqrt{\pi}\,\xi}{2\sqrt{2}\,a}e^{-a|\xi|}$$

を得る． □

定理 7.4 と定理 7.5 からフーリエ変換はかけ算作用素 "$x\times$" を微分作用素 $\frac{i\,d}{d\xi}$ に変換し，微分作用素 $\frac{d}{dx}$ をかけ算作用素 "$i\xi\times$" に変換することがわかる．

定理 7.6 （パーセヴァルの等式）

$\mathbb{R}$ 上で C^1 級の絶対可積分関数 $f(x)$ のフーリエ変換 $\widehat{f}(\xi)$ は再び絶対可積分で，さらに $f(x)$ は 2 乗可積分

$$\int_{-\infty}^{\infty} |f(x)|^2 dx < \infty$$

であるとする．このとき次の**パーセヴァルの等式**が成り立つ．

$$\int_{-\infty}^{\infty} |\widehat{f}(\xi)|^2 d\xi = \int_{-\infty}^{\infty} |f(x)|^2 dx.$$

［証明］ 定理 7.3 により $\widehat{f}(\xi)$ は有界となり，$\widehat{f}(\xi)$ が絶対可積分という条件から $\widehat{f}(\xi)$ は 2 乗可積分であることがわかる．等式左辺の $\overline{\widehat{f}(\xi)}$ を積分表示して，積分順序を交換した後に反転公式 (7.8) を用いれば良い． ■

注意 実際には定理の条件を緩めることができ，絶対可積分かつ 2 乗可積分な関数 $f(x)$ に対してパーセヴァルの等式は常に成り立つ（伊藤 [1, p.225]，溝畑 [17, p.39] 参照）． □

例7.3 上の注意により，$a = 1$ のときの例題 7.1 とパーセヴァルの等式から次の等式が得られる．

$$\int_{-\infty}^{\infty} \left(\frac{\sin\xi}{\xi}\right)^2 d\xi = \int_{-1}^{1} \left(\sqrt{\frac{\pi}{2}}\right)^2 dx = \pi. \qquad \square$$

7.4 フーリエ変換と合成積

7.8 節でフーリエ変換を応用して偏微分方程式の解を構成する際に必要となる**合成積**または**たたみ込み**を，熱伝導方程式の初期値問題を題材に説明する．

$$\begin{cases} u_t(x,t) - ku_{xx}(x,t) = 0, & x \in \mathbb{R},\ t > 0, \\ u(x,0) = f(x), & x \in \mathbb{R}. \end{cases} \quad (7.11)$$

初期関数 $f(x)$ は連続，$f'(x)$ は区分的連続でどちらも絶対可積分とする．解 $u(x,t)$ は以下の形式的な計算が可能となるように十分良い性質を持つ関数とする．$u(x,t)$ の x 変数に関するフーリエ変換を $\widehat{u}(\xi,t)$ と表す．(7.11) の偏微分方程式を x 変数でフーリエ変換すれば，定理 7.5 により

$$\mathscr{F}\bigl[u_t(\cdot,t)\bigr](\xi) - k(i\xi)^2 \widehat{u}(\xi,t) = 0$$

を得る．ここで ξ をパラメータとみなし，微分と積分の順序交換が可能と仮定して

$$\begin{aligned}\mathscr{F}\bigl[u_t(\cdot,t)\bigr](\xi) &= \frac{1}{\sqrt{2\pi}} \int_{-\infty}^{\infty} \frac{\partial}{\partial t}\left\{e^{-i\xi x} u(x,t)\right\} dx \\ &= \frac{d}{dt} \widehat{u}(\xi,t)\end{aligned}$$

と書き換えれば，次の常微分方程式の初期値問題が得られる．

$$\frac{d}{dt}\widehat{u}(\xi,t) = -k\xi^2 \widehat{u}(\xi,t), \quad \widehat{u}(\xi,0) = \widehat{f}(\xi).$$

これはただ 1 つの解

$$\widehat{u}(\xi,t) = \exp\bigl(-kt\xi^2\bigr)\widehat{f}(\xi) \quad (7.12)$$

を持つ．$\widehat{u}(\xi,t)$ は絶対可積分であると仮定し，反転公式（定理 7.2 の (7.8)）を適用してこの等式の両辺を逆フーリエ変換したい．その際に右辺の関数積の逆フーリエ変換はどのように計算できるのであろうか．この問いに答えるのが合成積である．

定義 7.4（合成積（たたみ込み））

$\mathbb{R}$ 上の 2 つの関数 $f(x), g(x)$ に対して積分

$$f * g(x) = \int_{-\infty}^{\infty} f(x-y)g(y)dy = \int_{-\infty}^{\infty} f(y)g(x-y)dy$$

が収束するとき $f * g(x)$ を f と g の**合成積**，あるいは**たたみ込み**という．

7.4 フーリエ変換と合成積

3.1 節の定理 3.1 に現れるポアソンの公式 (3.6) の右辺は熱核と初期関数の空間変数に関する合成積である．合成積が収束するための十分条件を調べておく．

定理 7.7（収束の十分条件（合成績））

$f(x)$ は絶対可積分，$g(x)$ が有界：$|g(x)| \leq M$ $(-\infty < x < \infty)$ ならば，$f * g(x)$ は収束して次の不等式が成り立つ．

$$|f * g(x)| \leq M \int_{-\infty}^{\infty} |f(y)| dy, \quad -\infty < x < \infty.$$

$f(x), g(x)$ の条件を入れ換えても同様な結果が成り立つ．

不等式の証明は次の計算から明らかである．

$$\left| \int_{-\infty}^{\infty} f(y) g(x-y) dy \right| \leq \int_{-\infty}^{\infty} |f(y)| |g(x-y)| dy$$
$$\leq M \int_{-\infty}^{\infty} |f(y)| dy.$$

次に，合成積とフーリエ変換の関係を調べる．

定理 7.8（合成積のフーリエ変換）

$f(x), g(x)$ は $\mathbb{R}$ 上絶対可積分で，いずれか一方は有界な関数とする．このとき $f * g(x)$ は絶対可積分で次の不等式が成り立つ．

$$\int_{-\infty}^{\infty} |f * g(x)| dx \leq \left(\int_{-\infty}^{\infty} |f(x)| dx \right) \left(\int_{-\infty}^{\infty} |g(x)| dx \right).$$

さらに，絶対可積分関数 $f * g(x)$ のフーリエ変換は

$$\mathscr{F}[f * g](\xi) = \sqrt{2\pi}\, \widehat{f}(\xi) \widehat{g}(\xi) \tag{7.13}$$

と計算できる．

[証明] $g(x)$ が有界：$|g(x)| \leq M$ $(x \in \mathbb{R})$ とすれば，

$$|f(y) g(x-y)| \leq M |f(y)|$$

が成り立ち，$f(y)$ は絶対可積分であるから補題 7.1 の (3) を用いて積分順序を交換できる．すなわち任意の正数 R, R' に対して

$$I(R, R') = \int_{-R'}^{R} |f * g(x)| dx$$

$$\leq \int_{-R'}^{R} dx \int_{-\infty}^{\infty} |f(y)| |g(x-y)| dy$$

$$= \int_{-\infty}^{\infty} dy \int_{-R'}^{R} |f(y)| |g(x-y)| dx.$$

$x - y = t$ と置換すれば

$$I(R, R') \leq \int_{-\infty}^{\infty} dy \int_{-R'-y}^{R-y} |f(y)| |g(t)| dt$$

$$\leq \int_{-\infty}^{\infty} dy \int_{-\infty}^{\infty} |f(y)| |g(t)| dt$$

$$= \left(\int_{-\infty}^{\infty} |f(y)| dy \right) \left(\int_{-\infty}^{\infty} |g(t)| dt \right)$$

が導かれる．R, R' は任意であるから $f * g(x)$ は $\mathbb{R}$ 上で絶対可積分となる．

同様に積分順序の交換および置換 $t = x - y$ により，次の計算のように等式 (7.13) が導かれる．

$$\mathscr{F}[f * g](\xi) = \frac{1}{\sqrt{2\pi}} \int_{-\infty}^{\infty} e^{-i\xi x} f * g(x) \, dx$$

$$= \frac{1}{\sqrt{2\pi}} \int_{-\infty}^{\infty} dx \int_{-\infty}^{\infty} e^{-i\xi x} f(y) g(x-y) \, dy$$

$$= \frac{1}{\sqrt{2\pi}} \int_{-\infty}^{\infty} dy \int_{-\infty}^{\infty} e^{-i\xi x} f(y) g(x-y) \, dx$$

$$= \frac{1}{\sqrt{2\pi}} \int_{-\infty}^{\infty} dy \int_{-\infty}^{\infty} e^{-i\xi(t+y)} f(y) g(t) \, dt$$

$$= \sqrt{2\pi} \left(\frac{1}{\sqrt{2\pi}} \int_{-\infty}^{\infty} e^{-i\xi y} f(y) \, dy \right) \left(\frac{1}{\sqrt{2\pi}} \int_{-\infty}^{\infty} e^{-i\xi t} g(t) \, dt \right)$$

$$= \sqrt{2\pi} \, \widehat{f}(\xi) \widehat{g}(\xi). \blacksquare$$

7.4 フーリエ変換と合成積

定理 7.9（積のフーリエ変換と合成積）

$f(x), g(x), \widehat{g}(\xi)$ は絶対可積分で，反転公式 $g(x) = \mathscr{F}^{-1}[\widehat{g}](x)$ が成り立つとする．このとき，積 $f(x)g(x)$ は絶対可積分で次の等式が成り立つ．

$$\mathscr{F}[fg](\xi) = \frac{1}{\sqrt{2\pi}}\widehat{f} * \widehat{g}(\xi).$$

[証明] $\widehat{g}(\xi)$ が絶対可積分であること，反転公式および定理 7.3 により $g(x)$ は有界となるので $f(x)g(x)$ は絶対可積分となる．よって，反転公式および積分順序の交換により，積 $f(x)g(x)$ のフーリエ変換が次のように計算できる．

$$\begin{aligned}
\mathscr{F}[fg](\xi) &= \frac{1}{\sqrt{2\pi}} \int_{-\infty}^{\infty} e^{-i\xi x} f(x) g(x)\, dx \\
&= \frac{1}{\sqrt{2\pi}} \int_{-\infty}^{\infty} dx\, e^{-i\xi x} f(x) \frac{1}{\sqrt{2\pi}} \int_{-\infty}^{\infty} e^{ix\eta} \widehat{g}(\eta)\, d\eta \\
&= \frac{1}{\sqrt{2\pi}} \int_{-\infty}^{\infty} d\eta\, \widehat{g}(\eta) \frac{1}{\sqrt{2\pi}} \int_{-\infty}^{\infty} e^{-i(\xi-\eta)x} f(x)\, dx \\
&= \frac{1}{\sqrt{2\pi}} \int_{-\infty}^{\infty} \widehat{f}(\xi-\eta)\widehat{g}(\eta)\, d\eta = \frac{1}{\sqrt{2\pi}}\widehat{f} * \widehat{g}(\xi).
\end{aligned}$$
∎

7.8 節で実際に偏微分方程式に応用する場合には次の等式を用いる．

$$\begin{aligned}
\mathscr{F}^{-1}[f\widehat{g}](x) &= \frac{1}{\sqrt{2\pi}} \int_{-\infty}^{\infty} e^{ix\xi} f(\xi)\widehat{g}(\xi)\, d\xi \\
&= \frac{1}{\sqrt{2\pi}} \int_{-\infty}^{\infty} d\xi\, e^{ix\xi} f(\xi) \frac{1}{\sqrt{2\pi}} \int_{-\infty}^{\infty} e^{-i\xi y} g(y)\, dy \\
&= \frac{1}{\sqrt{2\pi}} \int_{-\infty}^{\infty} dy\, g(y) \frac{1}{\sqrt{2\pi}} \int_{-\infty}^{\infty} e^{i(x-y)\xi} f(\xi)\, d\xi \\
&= \frac{1}{\sqrt{2\pi}} \int_{-\infty}^{\infty} \check{f}(x-y) g(y)\, dy = \frac{1}{\sqrt{2\pi}} \check{f} * g(x)
\end{aligned}$$

系 7.1（積の逆フーリエ変換と合成積）

$f(x), g(x), \widehat{g}(\xi)$ は絶対可積分で，$g(x)$ に対しては反転公式 $g(x) = \mathscr{F}^{-1}[\widehat{g}](x)$ が成立すると仮定すれば

$$\mathscr{F}^{-1}[f\widehat{g}](x) = \frac{1}{\sqrt{2\pi}}\check{f} * g(x)$$

が成り立つ．ただし $\check{f}(x) = \widehat{f}(-x)$ であった．

7.5 デルタ関数 $\delta(x)$ のフーリエ変換

詳細を述べないが,緩増加超関数と呼ばれるクラスの超関数に対してもフーリエ変換を定義できる.ここでは代表的な超関数であるディラックのデルタ関数 $\delta(x)$ と関連した関数に対するフーリエ変換のみを紹介する.デルタ関数 $\delta(x)$,ヘビサイド関数 $H(x)$,有界な連続関数,多項式はすべて緩増加超関数である(溝畑[17, p.89] 参照).

例3.4 で紹介したように,パラメータ $\varepsilon > 0$ を含む関数
$$f_\varepsilon(x) = \frac{\varepsilon}{\pi(x^2 + \varepsilon^2)}$$
は,$f_\varepsilon(x) \to \delta(x)$ $(\varepsilon \to +0)$ を満たす.$f_\varepsilon(x)$ に対しては通常のフーリエ変換を定義できるので,$\delta(x)$ のフーリエ変換 $\mathscr{F}[\delta(\cdot)](\xi)$ を $\varepsilon \to +0$ としたときの $\mathscr{F}[f_\varepsilon](\xi)$ の極限として導く.例題 7.6 により
$$\begin{aligned}\mathscr{F}[f_\varepsilon](\xi) &= \mathscr{F}^{-1}[f_\varepsilon](-\xi) \\ &= \mathscr{F}^{-1}\left[\frac{1}{\sqrt{2\pi}} \frac{\sqrt{2}\,\varepsilon}{\sqrt{\pi}(x^2 + \varepsilon^2)}\right](-\xi) \\ &= \frac{1}{\sqrt{2\pi}} e^{-\varepsilon|\xi|}.\end{aligned}$$
$\varepsilon \to +0$ のとき $e^{-\varepsilon|\xi|} \to 1$ となるから,次の命題 7.1 の (1) が導かれる.

命題 7.1(超関数のフーリエ変換)

(1) $\mathscr{F}[\delta(\cdot)](\xi) = \dfrac{1}{\sqrt{2\pi}}$.

(2) $\mathscr{F}[1](\xi) = \sqrt{2\pi}\,\delta(\xi)$.

(3) 実数 ω に対して,
$$\mathscr{F}[e^{i\omega x}](\xi) = \sqrt{2\pi}\,\delta(\xi - \omega).$$

(4) 実数 ω に対して,
$$\mathscr{F}[\cos \omega x](\xi) = \frac{\sqrt{2\pi}}{2}\{\delta(\xi - \omega) + \delta(\xi + \omega)\}.$$

7.5 デルタ関数 $\delta(x)$ のフーリエ変換

[証明] (2) 実際には反転公式が成り立つので (2) は (1) から導かれるが, (1) と同様な考え方で例題 7.1 の結果を用いて導く. $R > 0$ に対して, 関数 $f_R(x)$ を $|x| \leq R$ のとき $f_R(x) = 1$, $|x| > R$ のとき $f_R(x) = 0$ となる関数とすれば, $R \to +\infty$ のとき広義一様に $f_R(x) \to 1$ と収束する. 例題 7.1 の結果から

$$\mathscr{F}[f_R](\xi) = \sqrt{2\pi}\,\frac{\sin R\xi}{\pi\xi}, \quad \xi \neq 0$$

を得る. 例3.5 で述べたように, $R \to +\infty$ のとき $\frac{\sin R\xi}{\pi\xi} \to \delta(\xi)$ であったから (2) の等式が導かれる.

(3) 実質的には演習問題 7.1 の (4) の証明と変わらないが, (2) の結果と同様に直接 (3) を導く. $R > 0$ に対して, 関数 $g_R(x)$ を $|x| \leq R$ のとき $g_R(x) = e^{i\omega x}$, $|x| > R$ のとき $g_R(x) = 0$ となる関数とすれば, $R \to +\infty$ のとき広義一様に $g_R(x) \to e^{i\omega x}$ と収束する. 例題 7.1 の計算と同様にして, $\xi \neq \omega$ のとき

$$\widehat{g_R}(\xi) = \frac{1}{\sqrt{2\pi}}\int_{-R}^{R} e^{i\omega x} e^{-i\xi x}\,dx = \frac{1}{\sqrt{2\pi}}\int_{-R}^{R} e^{-i(\xi-\omega)x}\,dx$$
$$= \frac{1}{\sqrt{2\pi}}\left[-\frac{e^{-i(\xi-\omega)x}}{i(\xi-\omega)}\right]_{-R}^{R} = \sqrt{2\pi}\,\frac{\sin\bigl(R(\xi-\omega)\bigr)}{\pi(\xi-\omega)}.$$

したがって, (2) と同様にして, $R \to +\infty$ のとき $\widehat{g_R}(\xi) \to \sqrt{2\pi}\,\delta(\xi-\omega)$ が導かれた.

(4) $\cos\omega x = \frac{e^{i\omega x}+e^{-i\omega x}}{2}$ と (3) の結果を用いれば (4) が導かれる. ∎

注意 (1) については, $e^{-i\xi x}$ は C^∞ 級関数であるからテスト関数とみなして

$$\mathscr{F}[\delta(\cdot)](\xi) = \frac{1}{\sqrt{2\pi}}\int_{-\infty}^{\infty}\delta(x)e^{-i\xi x}\,dx = \frac{1}{\sqrt{2\pi}}\,e^{-i\xi x}\Big|_{x=0} = \frac{1}{\sqrt{2\pi}}$$

と解釈しても正しい. □

7.6 ポアソンの和公式

フーリエ級数とフーリエ変換の両方を用いて導かれるポアソンの和公式を紹介する．素数の個数や格子点の個数の増大度評価等にも用いられる公式である．

定理 7.10（ポアソンの和公式）

$f(x)$ は連続関数で，$C > 0, \varepsilon > 0$ に対して

$$|f(x)| \leq C(1+|x|)^{-1-\varepsilon}, \quad |\widehat{f}(\xi)| \leq C(1+|\xi|)^{-1-\varepsilon}$$

を満たすとき，次の等式が成り立つ．

$$\sum_{n=-\infty}^{\infty} f(n) = \sqrt{2\pi} \sum_{m=-\infty}^{\infty} \widehat{f}(2m\pi) \tag{7.14}$$

[証明] まず，以下の計算を問題なく行えるように，関数 $f(x)$ は高次まで微分可能で，高次導関数を含めて $|x| \to \infty$ のとき十分速く減少すると仮定しておく．$g(x) = \sum_{n=-\infty}^{\infty} f(x+n)$ と置けば，$g(x)$ は一様絶対収束して周期 1 の周期関数となる．実際に

$$g(x+1) = \sum_{n=-\infty}^{\infty} f((x+1)+n) = \sum_{n=-\infty}^{\infty} f(x+(n+1))$$
$$= \sum_{m=-\infty}^{\infty} f(x+m) = g(x)$$

と確かめることができる．そこで $g(x)$ を $[0,1]$ 上の複素フーリエ級数に展開する．

$$g(x) = \sum_{m=-\infty}^{\infty} c_m e^{i2m\pi x}, \quad c_m = \int_0^1 g(x) e^{-i2m\pi x} \, dx.$$

一様収束するので，定理 5.5 により級数の和と積分との順序を交換してフーリエ係数 c_m を計算すれば，$e^{i2n\pi} = 1$ に注意して

$$c_m = \int_0^1 g(x) e^{-i2m\pi x} \, dx = \int_0^1 \sum_{n=-\infty}^{\infty} f(x+n) e^{-i2m\pi x} \, dx$$

$$= \sum_{n=-\infty}^{\infty} \int_n^{n+1} f(y) e^{-i2m\pi y} \, dy = \int_{-\infty}^{\infty} f(y) e^{-i2m\pi y} \, dy$$
$$= \sqrt{2\pi} \, \widehat{f}(2m\pi)$$

を得る.したがって

$$g(x) = \sum_{m=-\infty}^{\infty} c_m e^{i2m\pi x} = \sqrt{2\pi} \sum_{m=-\infty}^{\infty} \widehat{f}(2m\pi) e^{i2m\pi x}.$$

この等式で $x=0$ と置けば (7.14) を得る.定理の仮定を満たす一般の関数 $f(x)$ に対しては,関数の近似列による極限計算をすれば良い. ∎

例7.4 $t>0$ に対して $f(x) = \exp(-\pi t x^2)$ と置けば,$f(x)$ は高次導関数とともに十分速く減少する関数で,例題 7.4 または例題 7.8 により

$$\widehat{f}(\xi) = \frac{1}{\sqrt{2\pi t}} \exp\left(-\frac{\xi^2}{4\pi t}\right)$$

を得る.この $f(x)$ に対して定理 7.10 を適用すれば

$$\sum_{n=-\infty}^{\infty} \exp(-\pi t n^2) = \sqrt{2\pi} \sum_{m=-\infty}^{\infty} \frac{1}{\sqrt{2\pi t}} \exp\left\{-\frac{(2m\pi)^2}{4\pi t}\right\}$$
$$= \sum_{m=-\infty}^{\infty} \frac{1}{\sqrt{t}} \exp\left(-\frac{\pi m^2}{t}\right)$$

を得る.級数 $\sum_n \exp(-\pi t n^2)$ は**テータ関数**と呼ばれ,$\theta(t)$ と表記される.上の等式は $\theta(t) = \frac{1}{\sqrt{t}} \theta\left(\frac{1}{t}\right)$ という変換公式を示している. □

同様にしてあるいは (7.14) から次のような別の表現も導くことができる.

定理 7.11 (ポアソンの和公式の別表現)

$f(x)$ は連続関数で,$C>0, \varepsilon>0$ に対して

$$|f(x)| \leq C(1+|x|)^{-1-\varepsilon}, \quad |\widehat{f}(\xi)| \leq C(1+|\xi|)^{-1-\varepsilon}$$

を満たすとき,次の等式が成り立つ.

$$\sum_{n=-\infty}^{\infty} f(2n\pi) = \frac{1}{\sqrt{2\pi}} \sum_{m=-\infty}^{\infty} \widehat{f}(m).$$

7.7 離散フーリエ変換

この節では信号処理等の応用で使用される**離散フーリエ変換**を紹介する．まず考え方の基礎となる**シャノン**（Shannon）**-染谷の標本化定理**，または**ナイキスト**（Nyquist）**の標本化定理**と呼ばれる次の結果を紹介する．

定理 7.12（シャノン-染谷の標本化定理）

関数 $f(x)$ は絶対可積分でそのフーリエ変換 $F(\xi) = \mathscr{F}[f](\xi)$ は反転公式を満たし，さらに $|\xi| > k_0$ ならば $F(\xi) = 0$，かつ $F(\xi)$ の $[-k_0, k_0]$ 上のフーリエ級数は一様収束すると仮定する．任意の $K \geq k_0$ に対して $h = \frac{\pi}{K}$ と置くとき，$\frac{x}{h}$ が整数でなければ次の等式が成り立つ．

$$f(x) = \sum_{n=-\infty}^{\infty} f(nh) \frac{h \sin K(x-nh)}{\pi(x-nh)}. \tag{7.15}$$

[証明] フーリエ変換の反転公式と $F(\xi)$ の仮定により

$$f(x) = \lim_{R \to \infty} \frac{1}{\sqrt{2\pi}} \int_{-R}^{R} F(\xi) e^{ix\xi} d\xi = \frac{1}{\sqrt{2\pi}} \int_{-K}^{K} F(\xi) e^{ix\xi} d\xi \tag{7.16}$$

が従う．$F(\xi)$ を $[-K, K]$ 上の複素フーリエ級数に展開する．

$$F(\xi) = \sum_{n=-\infty}^{\infty} c_n e^{-in\pi\xi/K}, \quad c_n = \frac{1}{2K} \int_{-K}^{K} F(\xi) e^{in\pi\xi/K} d\xi. \tag{7.17}$$

ただし (7.16) との関係で通常の n の代わりに $-n$ と置いた．(7.16) と $\frac{\pi}{K} = h$ により係数 c_n は $c_n = \frac{\sqrt{2\pi} f(nh)}{2K}$ と表せる．(7.17) を (7.16) に代入して一様収束性と定理 5.5 により積分と級数の和の順序を交換すれば，$x - nh \neq 0$ だから

$$f(x) = \frac{1}{\sqrt{2\pi}} \int_{-K}^{K} \left\{ \sum_{n=-\infty}^{\infty} \frac{\sqrt{2\pi} f(nh)}{2K} e^{-inh\xi} \right\} e^{ix\xi} d\xi$$

$$= \sum_{n=-\infty}^{\infty} \frac{f(nh)}{2K} \int_{-K}^{K} e^{i(x-nh)\xi} d\xi = \sum_{n=-\infty}^{\infty} \frac{f(nh)}{2K} \left[\frac{e^{i(x-nh)\xi}}{i(x-nh)} \right]_{-K}^{K}$$

$$= \sum_{n=-\infty}^{\infty} \frac{f(nh)}{K} \frac{e^{i(x-nh)K} - e^{-i(x-nh)K}}{2i(x-nh)} = \sum_{n=-\infty}^{\infty} f(nh) \frac{\sin K(x-nh)}{K(x-nh)}.$$

すなわち等式 (7.15) を得る． ■

7.7 離散フーリエ変換

注意 整数 m に対して

$$\frac{1}{2K}\int_{-K}^{K} e^{i(mh-nh)\xi}\,d\xi = \begin{cases} 1, & n=m, \\ 0, & n\neq m \end{cases}$$

だから，$x \to mh$ のときの極限として $x = mh$ の場合にも等式 (7.15) は成立する．□

定理 7.12 は，連続関数 $f(x)$ が離散標本値 $\{f(nh)\}_{n=-\infty}^{\infty}$ から再生可能であること，また最大周波数 $|\xi|$ が高々 k_0 ならば，標本間隔 h を $\frac{2\pi}{2k_0}$ 以下に選べば良いことを示している．

通常のフーリエ変換を定義できないような関数に対して等式 (7.15) が成り立つ場合もある．その例を紹介する．

例 7.5 $f(x) = \cos\omega x$ $(\omega > 0)$ に対して ω' を $\omega' \geq \omega$ と選んで $h = \frac{\pi}{\omega'}$ と置くとき，$\frac{x}{h}$ が整数でなければ (7.15) と同じ次の等式が成り立つ．

$$\cos\omega x = \sum_{n=-\infty}^{\infty} \cos(\omega nh)\,\frac{h\sin\omega'(x-nh)}{\pi(x-nh)}. \tag{7.18}$$

実際に，整数ではない実数 s をパラメータに持つ t の関数 e^{ist} を $[-\pi, \pi]$ 上で通常通りの複素フーリエ級数に展開する．フーリエ係数 c_n は

$$\begin{aligned}
c_n &= \frac{1}{2\pi}\int_{-\pi}^{\pi} e^{ist}e^{-int}\,dt = \frac{1}{2\pi}\int_{-\pi}^{\pi} e^{i(s-n)t}\,dt \\
&= \frac{1}{2\pi}\left[\frac{e^{i(s-n)t}}{i(s-n)}\right]_{-\pi}^{\pi} = \frac{1}{\pi(s-n)}\frac{e^{i\pi(s-n)} - e^{-i\pi(s-n)}}{2i} \\
&= \frac{\sin(\pi(s-n))}{\pi(s-n)}
\end{aligned}$$

となる．まず，$\omega' > \omega$ とする．$-\pi < t < \pi$ に対して次の等式が成り立つ．

$$e^{ist} = \sum_{n=-\infty}^{\infty} c_n e^{int} = \sum_{n=-\infty}^{\infty} \frac{\sin(\pi(s-n))}{\pi(s-n)}\,e^{int}. \tag{7.19}$$

$t = \pm\omega h$ と取れば $|t| < \pi$ だから (7.19) に代入し，$\cos x = \frac{e^{ix}+e^{-ix}}{2}$ を使うと

$$\cos(\omega sh) = \sum_{n=-\infty}^{\infty} \cos(\omega nh)\,\frac{\sin(\pi(s-n))}{\pi(s-n)}$$

が導かれる．上の等式で $s = \frac{x}{h} = \frac{\omega' x}{\pi}$ と置いて (7.18) を得る．

次に，$\omega' = \omega$ の場合を考える．このとき $t = \omega h = \pi$ と取れば系 5.1 により (7.19) の級数は $\frac{e^{i\pi s} + e^{-i\pi s}}{2} = \cos \pi s$ に収束する．すなわち，$\sin n\pi = 0$ だから

$$\cos \pi s = \sum_{n=-\infty}^{\infty} \frac{\sin(\pi(s-n))}{\pi(s-n)} e^{in\pi} = \sum_{n=-\infty}^{\infty} \cos n\pi \frac{\sin(\pi(s-n))}{\pi(s-n)}$$

が成り立つ．上の等式で $s = \frac{\omega x}{\pi}$ と置けば (7.18) を得る． □

7.5 節の命題 7.1 の (4) により

$$\mathscr{F}[\cos \omega x](\xi) = \frac{\sqrt{2\pi}\left\{\delta(\xi - \omega) + \delta(\xi + \omega)\right\}}{2}$$

であるから，$|\xi| > \omega$ ならば $\mathscr{F}[\cos \omega x](\xi) = 0$ となる．$\cos \omega x$ は定理 7.12 の適用範囲外だが，$F(\xi)$ の消滅条件を $k_0 = \omega$ で満たしている．

標本間隔 h が $\frac{2\pi}{2k_0}$ より大きい場合には，**エイリアシング** (aliasing) と呼ばれる本来よりも低周波数の波を観測してしまう．この事実を具体例で説明する．

$\omega > 0$ に対して ω_1 を $\omega_1 < \omega < 2\omega_1$ が成り立つように選ぶ．角周波数 ω の波 $\cos \omega x$ を定理 7.12 の条件よりも広い標本間隔 $h_1 = \frac{\pi}{\omega_1}$ で標本化する．$\omega_2 = \omega_1 - (\omega - \omega_1) = 2\omega_1 - \omega$ と置けば，$0 < \omega_2 < \omega_1$ となり，整数 n に対して $\cos(\omega_2 n h_1) = \cos(\omega n h_1)$ が成り立つ．これを (7.18) と合わせれば

$$\sum_{n=-\infty}^{\infty} \cos(\omega n h_1) \frac{h_1 \sin \omega_1 (x - nh_1)}{\pi(x - nh_1)} = \cos \omega_2 x$$

が導かれる．すなわち，$\cos \omega x$ を観測するはずが，ω よりも低い角周波数 ω_2 の波 $\cos \omega_2 x$ を観測していたことになる（下図参照）．

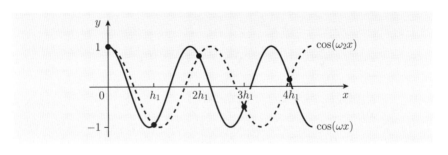

離散フーリエ変換に話を進める．関数 $f(x)$ およびそのフーリエ変換 $F(\xi) = \hat{f}(\xi)$ は次の条件を満たすとする．

7.7 離散フーリエ変換

$$\begin{cases} f(x) = 0, \ x \notin [0, L], \ \text{かつ}, \ f(L) = 0, \\ F(\xi) = 0, \ |\xi| > K, \ \text{かつ}, \ F(K) = 0. \end{cases} \quad (7.20)$$

ただし，**ハイゼンベルグ**（Heisenberg）**の不確定性原理**（演習問題 **7.13** 参照）により条件 (7.20) を満たす都合の良い関数は実際には存在しない．したがって，これから先の議論は本来は有り得ないことを注意しておく．定理 7.12 により，$h = \frac{\pi}{K}$ のとき $Nh \geq L$ を満たす最小の自然数 N に対して，$f(x)$ は N 個の値 $f(nh)$ $(n = 0, 1, 2, \ldots, N-1)$ で定まる．すなわち複素 N 次元ベクトル空間 $\mathbb{C}^N$ のベクトルと同一視できる．そこで定理 7.12 の証明と同様な考え方で，離散フーリエ変換を $\mathbb{C}^N$ 上の可逆な 1 次変換として導く．簡単のために $Nh = L$ とする．$f(x)$ を $[0, L]$ 上で複素フーリエ級数に展開する．

$$f(x) = \sum_{m=-\infty}^{\infty} d_m e^{i2m\pi x/L}, \quad d_m = \frac{1}{L} \int_0^L f(x) e^{-i2m\pi x/L} \, dx. \quad (7.21)$$

仮定から d_m は $F(\xi) = \widehat{f}(\xi)$ を用いて $d_m = \frac{\sqrt{2\pi} F\left(\frac{2m\pi}{L}\right)}{L}$ と表せる．$|\xi| > K$ ならば $F(\xi) = 0$ かつ $\frac{N\pi}{L} = K$ に注意し，さらに簡単のために N を偶数と仮定する．$M = \frac{N}{2}$ と置いて条件 $F(K) = 0$ を使えば

$$f(x) = \sum_{m=-M}^{M} \frac{\sqrt{2\pi}}{L} F\left(\frac{2m\pi}{L}\right) e^{i2m\pi x/L} = \sum_{m=-M}^{M-1} \frac{\sqrt{2\pi}}{L} F\left(\frac{2m\pi}{L}\right) e^{i2m\pi x/L} \quad (7.22)$$

を得る．(7.17) で $\xi = \frac{2m\pi}{L}$ と置き，係数 c_n に関する注意から，まず $\frac{\pi}{KL} = \frac{1}{N}$，次に $\frac{\pi}{K} = \frac{L}{N} = h$ を用いれば，$m = -M, \ldots, M-1$ に対して

$$F\left(\frac{2m\pi}{L}\right) = \sum_{n=-\infty}^{\infty} \frac{\sqrt{\pi}}{\sqrt{2}} \frac{f(nh)}{K} e^{-i2mn\pi/N} = \frac{h}{\sqrt{2\pi}} \sum_{n=0}^{N-1} f(nh) e^{-i2mn\pi/N} \quad (7.23)$$

と表示できる．ただし，$f(x) = 0, \ x \notin [0, L]$ を使った．(7.23) の最後の等式右辺を (7.22) の最後の等式右辺に代入して，$L = Nh$ を再び使えば

$$f(x) = \sum_{m=-M}^{M-1} \frac{e^{i2m\pi x/Nh}}{N} \sum_{n=0}^{N-1} f(nh) e^{-i2mn\pi/N}$$

となる．両辺に $x = \ell h$ $(\ell = 0, 1, 2, \ldots, N-1)$ を代入して

$$f(\ell h) = \sum_{m=-M}^{M-1} \frac{e^{i2m\ell\pi/N}}{N} \sum_{n=0}^{N-1} f(nh)e^{-i2mn\pi/N}. \tag{7.24}$$

等式 (7.24) の右辺で $m < 0$ の項を書き換える．$m = 1, \ldots, M$ に対して，$e^{i2(N-m)\ell\pi/N} = e^{i2\ell\pi}e^{-i2\ell m\pi/N} = e^{-i2\ell m\pi/N}$ が成立し，後に用いる等式

$$\begin{aligned}F\left(\frac{2(N-m)\pi}{L}\right) &= \frac{h}{\sqrt{2\pi}} \sum_{n=0}^{N-1} f(nh)e^{-i2(N-m)n\pi/N} \\ &= \frac{h}{\sqrt{2\pi}} \sum_{n=0}^{N-1} f(nh)e^{i2mn\pi/N} = F\left(\frac{-2m\pi}{L}\right)\end{aligned} \tag{7.25}$$

も同様に得られる．これから (7.24) の右辺の和で m を $-m$ と置き換えて等式 $e^{-i2\ell m\pi/N} = e^{i2(N-m)\ell\pi/N}$, $e^{i2mn\pi/N} = e^{-i2(N-m)n\pi/N}$ を使えば

$$\begin{aligned}\sum_{m=-M}^{-1} \frac{e^{i2\ell m\pi/N}}{N} \sum_{n=0}^{N-1} &f(nh)e^{-i2mn\pi/N} \\ &= \sum_{m=1}^{M} \frac{e^{i2(N-m)\ell\pi/N}}{N} \sum_{n=0}^{N-1} f(nh)e^{-i2(N-m)n\pi/N} \\ &= \sum_{p=M}^{N-1} \frac{e^{i2\ell p\pi/N}}{N} \sum_{n=0}^{N-1} f(nh)e^{-i2np\pi/N}.\end{aligned}$$

ここに最後の等式で $N - m = p$ と置いた．さらに p を m に置き換えて (7.24) と合わせれば，次の等式が従う．

$$f(\ell h) = \sum_{m=0}^{N-1} \frac{e^{i2\ell m\pi/N}}{N} \sum_{n=0}^{N-1} f(nh)e^{-i2mn\pi/N}. \tag{7.26}$$

等式 (7.23), (7.25), (7.26) を合わせれば $\{f(0), f(h), f(2h), f((N-1)h)\}$ に対して，$f(x)$ のフーリエ変換 $F(\xi)$ の値の組

$$\left\{\frac{\sqrt{2\pi}}{h}F(0), \frac{\sqrt{2\pi}}{h}F\left(\frac{2\pi}{L}\right), \ldots, \frac{\sqrt{2\pi}}{h}F\left(\frac{2(N-1)\pi}{L}\right)\right\} \tag{7.27}$$

が 1 対 1 に対応していることがわかる．これらの結果に基づいて離散フーリエ変換を次のように定義する．

7.7 離散フーリエ変換

定義 7.5（離散フーリエ変換）

複素数列 $\boldsymbol{f} = \{f_0, f_1, f_2, \ldots, f_{N-1}\}$ に対して

$$F_m = \sum_{n=0}^{N-1} f_n e^{-i2mn\pi/N}, \quad m = 0, 1, 2, \ldots, N-1$$

で定まる複素数列 $\boldsymbol{F} = \{F_0, F_1, \ldots, F_{N-1}\}$ を $\boldsymbol{f}$ の**離散フーリエ変換**（DFT）という．また，任意の複素数列 $\boldsymbol{G} = \{G_0, G_1, \ldots, G_{N-1}\}$ に対して

$$g_n = \frac{1}{N} \sum_{m=0}^{N-1} G_m e^{i2mn\pi/N}, \quad n = 0, 1, 2, \ldots, N-1$$

で定まる複素数列 $\boldsymbol{g} = \{g_0, g_1, g_2, \ldots, g_{N-1}\}$ を $\boldsymbol{G}$ の**逆離散フーリエ変換**（IDFT）という．

注意1 $[0, L]$ 上で定義され，その外側ではゼロとなる関数 $f(x)$ に対して，等間隔 $h = \frac{L}{N}$ で選んだ標本 $\{f(nh)\}_{n=0}^{N-1}$ が複素数列 $\boldsymbol{f}$ に対応する． □

注意2 フーリエ変換における係数 $\frac{1}{\sqrt{2\pi}}$ の扱いと同様に，係数 $\frac{1}{N}$ を逆離散フーリエ変換ではなく離散フーリエ変換に設定する定義，それぞれに $\frac{1}{\sqrt{N}}$ を設定する定義もある． □

定理 7.13（逆変換）

離散フーリエ変換は $\mathbb{C}^N$ 上の可逆な変換で，逆離散フーリエ変換が逆変換になる．

［証明］ 複素数列 $\boldsymbol{f} = \{f_0, f_1, f_2, \ldots, f_{N-1}\}$ をこのままの順番で $\mathbb{C}^N$ のベクトル $\boldsymbol{f}$ の成分と同一視する．このとき，$\boldsymbol{F} = \Phi_N \boldsymbol{f}$ と書ける．ここに Φ_N は N 次行列で，$w_N = e^{-i2\pi/N}$ に対して

$$\Phi_N = \begin{pmatrix} 1 & 1 & 1 & \cdots & 1 \\ 1 & w_N & w_N^2 & \cdots & w_N^{N-1} \\ 1 & w_N^2 & w_N^4 & \cdots & w_N^{2(N-1)} \\ \vdots & \vdots & \vdots & \ddots & \vdots \\ 1 & w_N^{N-1} & w_N^{2(N-1)} & \cdots & w_N^{(N-1)^2} \end{pmatrix} \quad (7.28)$$

となる．Φ_N とその複素共役行列 $\Phi_N^* = {}^t\overline{\Phi_N} = \overline{\Phi_N}$ の積を調べる．まず，第 2

行の各成分 w_N^j ($j = 1, 2, \ldots, N-1$) は 1 とは異なる 1 の N 乗根であるから，$z = w_N^j$ は $1 + z + z^2 + \cdots + z^{N-1} = 0$ を満たす．実際に，$z^N = \left(w_N^N\right)^j = 1$ だから因数分解して $(z-1)(z^{N-1} + \cdots + z^2 + z + 1) = 0$ となる．$z \neq 1$ だから求める等式が従う．$\Phi_N \Phi_N^*$ の $(j+1, k+1)$ 成分は，$j = k$ のときには

$$1^2 + w_N^j \overline{w}_N^j + w_N^{2j} \overline{w}_N^{2j} + \cdots + w_N^{(N-1)j} \overline{w}_N^{(N-1)j} = N$$

が成り立つ．$j \neq k$ のときには，$w_N^j \overline{w}_N^k = w_N^{j-k}$ だからこれもまた 1 とは異なる 1 の N 乗根である．よって

$$\begin{aligned} &1^2 + w_N^j \overline{w}_N^k + w_N^{2j} \overline{w}_N^{2k} + \cdots + w_N^{(N-1)j} \overline{w}_N^{(N-1)k} \\ &= 1 + w_N^{j-k} + w_N^{2(j-k)} + \cdots + w_N^{(N-1)(j-k)} = 0. \end{aligned}$$

以上から，$\Phi_N \Phi_N^* = N I_N$ を得る．ただし I_N は N 次単位行列．よって Φ_N は正則で $\Phi_N^{-1} = \frac{\Phi_N^*}{N} = \frac{\overline{\Phi_N}}{N}$ となる．これから逆離散フーリエ変換が離散フーリエ変換の逆変換であることも導かれる． ∎

離散フーリエ変換の性質を調べる．$\mathbb{C}^N$ の内積 $(\boldsymbol{f}, \boldsymbol{g})$ をエルミート内積

$$(\boldsymbol{f}, \boldsymbol{g}) = \sum_{n=0}^{N-1} f_j \overline{g_j} = f_0 \overline{g_0} + f_1 \overline{g_1} + \cdots + f_{N-1} \overline{g_{N-1}}$$

で定義し，ノルムを $\|\boldsymbol{f}\| = \sqrt{(\boldsymbol{f}, \boldsymbol{f})}$ とする．$\mathbb{C}^N$ のベクトル $\boldsymbol{f}, \boldsymbol{g}$ の離散フーリエ変換をそれぞれ $\boldsymbol{F}, \boldsymbol{G}$ とし，Φ_N を (7.28) の行列とすれば，定理 7.13 の証明から

$$\begin{aligned} (\boldsymbol{f}, \boldsymbol{g}) &= \left(\Phi_N^{-1} \boldsymbol{F}, \Phi_N^{-1} \boldsymbol{G}\right) = \frac{1}{N^2} \left(\overline{\Phi_N} \boldsymbol{F}, \overline{\Phi_N} \boldsymbol{G}\right) = \frac{1}{N^2} \left(\boldsymbol{F}, \left(\overline{\Phi_N}\right)^* \overline{\Phi_N} \boldsymbol{G}\right) \\ &= \frac{1}{N^2} \left(\boldsymbol{F}, \Phi_N \overline{\Phi_N} \boldsymbol{G}\right) = \frac{1}{N^2} \left(\boldsymbol{F}, N I_N \boldsymbol{G}\right) = \frac{1}{N} \left(\boldsymbol{F}, \boldsymbol{G}\right) \end{aligned}$$

が成立する．特にパーセヴァルの等式が成立する．

$$\|\boldsymbol{f}\|^2 = \frac{1}{N} \|\boldsymbol{F}\|^2, \quad \text{すなわち}, \quad \sum_{n=0}^{N-1} |f_n|^2 = \frac{1}{N} \sum_{m=0}^{N-1} |F_m|^2.$$

離散フーリエ変換がフーリエ変換をどれだけ良く近似しているか，に注目しながら計算例を紹介して行く．

7.7 離散フーリエ変換

例7.6 $[0, 1)$ 上の関数 $f(x) = 1$ を標本化して離散フーリエ変換を計算する．十分大きな偶数 N に対して $h = \frac{1}{N}$ と置いて

$$\boldsymbol{f} = \{f_n = 1\}_{n=0}^{N-1}$$

と標本化する．$\boldsymbol{f}$ の離散フーリエ変換 $\boldsymbol{F} = \{F_m\}_{m=0}^{N-1}$ は

$$F_m = \sum_{n=0}^{N-1} e^{-i2nm\pi/N}, \quad m = 0, 1, 2, \ldots, N-1$$

で与えられる．$m = 0$ に対して，$F_0 = N$．$m \geq 1$ に対して

$$F_m = \sum_{n=0}^{N-1} \left(e^{-i2m\pi/N}\right)^n = \frac{1 - e^{-i2Nm\pi/N}}{1 - e^{-i2m\pi/N}} = \frac{1 - e^{-i2m\pi}}{1 - e^{-i2m\pi/N}} = 0$$

が従う．すなわち，$\boldsymbol{F} = \{N, 0, \ldots, 0\}$ となる． □

例7.6 では区間を $[0, 1)$ に限定しているが，離散フーリエ変換は (7.21) の複素フーリエ級数展開から始めているように，実際には周期 $L = 1$ の周期関数に対して計算していることになる．したがって $\boldsymbol{f}$ の離散フーリエ変換は $\mathbb{R}$ 上で恒等的に 1 の関数のフーリエ変換に対応する．命題 7.1 の (2) から $\boldsymbol{F}$ は離散空間 $\mathbb{C}^N$ 上のディラックのデルタ関数 $\{1, 0, \ldots, 0\}$ の N 倍と解釈できる．

例7.7 $\widetilde{f}(x)$ で 例7.6 の $f(x)$ を $[0, 1)$ の外にゼロ拡張した関数を表す：$\widetilde{f}(x) = f(x) = 1$, $0 \leq x < 1$, $\widetilde{f}(x) = 0$, $x \notin [0, 1)$．このとき，連続関数

$$F(\xi) = \mathscr{F}\bigl[\widetilde{f}\bigr](\xi) = \frac{1}{\sqrt{2\pi}} \left(\frac{\sin \xi}{\xi} - i \frac{1 - \cos \xi}{\xi} \right)$$

（演習問題 7.3 の (1) 参照）をよく近似する離散フーリエ変換は，どのような標本化数列 $\boldsymbol{f}$ から求められるかを考える．大きな数 $L > 0$ に対して $h = \frac{L}{N}$ が小さくなるように偶数 N をさらに大きく選び，$(n-1)h \leq 1 < nh$ を満たす自然数 $n < N$ を n_0 とする．$\boldsymbol{f} = \{f_n\}$ を $0 \leq n < n_0$ のとき $f_n = 1$, $n_0 \leq n \leq N-1$ のとき $f_n = 0$ と選ぶ．$\boldsymbol{f}$ の離散フーリエ変換 $\boldsymbol{F} = \{F_m\}$ は $m = 0$ に対して $F_0 = n_0$, $m \geq 1$ に対しては

$$\begin{aligned} F_m &= \sum_{n=0}^{n_0-1} \left(e^{-i2m\pi/N}\right)^n = \frac{1 - e^{-i2n_0 m\pi/N}}{1 - e^{-i2m\pi/N}} \\ &= \frac{1}{2} + \frac{\sin \frac{(2n_0-1)m\pi}{N}}{2\sin \frac{m\pi}{N}} - i \frac{\sin \frac{n_0 m\pi}{N} \sin \frac{(n_0-1)m\pi}{N}}{\sin \frac{m\pi}{N}} \end{aligned} \quad (7.29)$$

と計算される．$L = 100, N = 1000, n_0 = 10, 0 \leq m \leq 499$ に対して (7.27) による数列 $G_m = 10\sqrt{2\pi}F(\frac{2m\pi}{100})$ を定め，$500 \leq m \leq 999$ に対しては (7.25) を使って G_m を定める．(7.29) によって定めた F_m に対して，絶対値 $|F_m|, |G_m|$ を比較したのが次図である．絶対値の差はかなり小さいが，実部，虚部を比較すると，実際にはそれぞれかなり異なっている． □

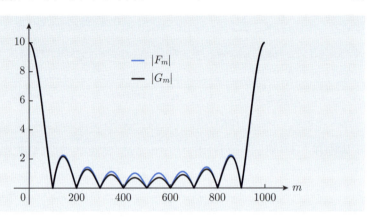

例7.8 $[0, 2\pi)$ 上の実パラメータ θ を持つ関数 $f(x) = \cos(x + \theta)$ に対して，その標本化数列の離散フーリエ変換を計算する．十分大きな自然数 M に対して，$N = 2M$ と取り $h = \frac{2\pi}{N} = \frac{\pi}{M}$ と置いて

$$\boldsymbol{f} = \{f_n = \cos(nh + \theta)\}_{n=0}^{2M-1}$$

と標本化する．$\boldsymbol{f}$ の離散フーリエ変換 $\boldsymbol{F} = \{F_m\}_{m=0}^{2M-1}$ は

$$F_m = \sum_{n=0}^{2M-1} \cos(nh + \theta)e^{-inm\pi/M}, \quad m = 0, 1, 2, \ldots, 2M - 1$$

となる．上の等式右辺に $\cos(nh + \theta) = \frac{e^{inh}e^{i\theta} + e^{-inh}e^{-i\theta}}{2}$ および $h = \frac{\pi}{M}$ を代入すれば

$$F_m = \frac{e^{i\theta}}{2}\sum_{n=0}^{2M-1} e^{in(1-m)\pi/M} + \frac{e^{-i\theta}}{2}\sum_{n=0}^{2M-1} e^{-in(1+m)\pi/M}. \quad (7.30)$$

(7.30) の右辺第 1 項を計算する．$m = 1$ のとき

$$\frac{e^{i\theta}}{2}\sum_{n=0}^{2M-1} e^{in(1-m)\pi/M} = \frac{e^{i\theta}}{2}\sum_{n=0}^{2M-1} 1 = Me^{i\theta}.$$

$m \neq 1$ ならば

$$\frac{e^{i\theta}}{2} \sum_{n=0}^{2M-1} e^{in(1-m)\pi/M} = \frac{e^{i\theta}}{2} \sum_{n=0}^{2M-1} \left(e^{i(1-m)\pi/M}\right)^n$$
$$= \frac{e^{i\theta}}{2} \frac{1-e^{2i(1-m)\pi}}{1-e^{i(1-m)\pi/M}} = 0$$

となる. 一方, (7.30) の右辺第 2 項は, $m \neq 2M-1$ ならば

$$\frac{e^{-i\theta}}{2} \sum_{n=0}^{2M-1} e^{-in(1+m)\pi/M} = \frac{e^{-i\theta}}{2} \frac{1-e^{-2i(1+m)\pi}}{1-e^{-i(1+m)\pi/M}} = 0,$$

$m = 2M - 1$ ならば $\frac{(1+m)\pi}{M} = 2\pi$ だから

$$\frac{e^{-i\theta}}{2} \sum_{n=0}^{2M-1} e^{-in(1+m)\pi/M} = \frac{e^{-i\theta}}{2} \sum_{n=0}^{2M-1} 1 = Me^{-i\theta}$$

が導かれる. 以上から

$$\boldsymbol{F} = \left\{0, Me^{i\theta}, 0, \ldots, 0, Me^{-i\theta}\right\} \tag{7.31}$$

となる. (7.30) から $F_{-1} = Me^{-i\theta}$ と計算されるので (7.25) に対応する結果：$F_{2M-1} = F_{-1}$ が成り立つ. 参考までに命題 7.1 の (4) と演習問題 7.1 の (3) により

$$F(\xi) = \widehat{f}(\xi) = \frac{\sqrt{2\pi}}{2} \left\{e^{i\theta\xi}\delta(\xi-1) + e^{i\theta\xi}\delta(\xi+1)\right\}$$

が超関数として成り立ち, (7.31) と対応している. □

例7.9 $[0,1)$ 上の関数 $f(x) = x$ を標本化して離散フーリエ変換を計算する. 十分大きな自然数 M に対して, $N = 2M, h = \frac{1}{N} = \frac{1}{2M}$ と置いて

$$\boldsymbol{f} = \left\{f_n = nh\right\}_{n=0}^{2M-1}$$

と標本化する. $\boldsymbol{f}$ の離散フーリエ変換 $\boldsymbol{F} = \left\{F_m\right\}_{m=0}^{2M-1}$ は

$$F_m = \sum_{n=0}^{2M-1} nhe^{-inm\pi/M} = \sum_{n=1}^{2M-1} nhe^{-inm\pi/M}$$

となる. 明らかに, $F_0 = \frac{2M-1}{2}$. $m \geq 1$ に対しては $F_m - e^{-im\pi/M}F_m$ を計算すると

$$F_m - e^{-im\pi/M}F_m = \sum_{n=1}^{2M-1} nhe^{-inm\pi/M} - \sum_{n=1}^{2M-1} nhe^{-i(n+1)m\pi/M}$$

$$= \sum_{n=1}^{2M-1} nhe^{-inm\pi/M} - \sum_{n=2}^{2M} (n-1)he^{-inm\pi/M}$$

$$= \sum_{n=1}^{2M-1} he^{-inm\pi/M} - (2M-1)he^{-2m\pi i} = \sum_{n=1}^{2M-1} he^{-inm\pi/M} - (2M-1)h.$$

よって $m = 1, 2, \ldots, 2M-1$ に対しては

$$F_m = \frac{h}{1 - e^{-im\pi/M}} \left\{ \frac{e^{-im\pi/M} - e^{-2m\pi i}}{1 - e^{-im\pi/M}} - (2M-1) \right\}$$

$$= \frac{-2Mh}{1 - e^{-im\pi/M}} = \frac{-(1 - e^{im\pi/M})}{2\left(1 - \cos\frac{m\pi}{M}\right)} \quad (7.32)$$

$$= -\frac{1}{2} + i\,\frac{\sin\frac{m\pi}{M}}{2\left(1 - \cos\frac{m\pi}{M}\right)}$$

となる．また，$1 \leq m \leq M$ に対して，(7.25) に対応する等式 $F_{2M-m} = F_{-m}$ が確かめられる．一方，$\widetilde{f}(x)$ で $f(x)$ を $[0, 1)$ の外にゼロ拡張した関数を表す：$\widetilde{f}(x) = x,\ 0 \leq x < 1,\ \widetilde{f}(x) = 0,\ x \notin [0, 1)$．このとき $\xi \neq 0$ に対して

$$F(\xi) = \mathscr{F}\left[\widetilde{f}\right](\xi) = \frac{1}{\sqrt{2\pi}} \left\{ \frac{\sin \xi}{\xi} + \frac{\cos \xi - 1}{\xi^2} + i\left(\frac{\cos \xi}{\xi} - \frac{\sin \xi}{\xi^2}\right) \right\}$$

が導かれる（演習問題 **7.3** の (2)）．$N = 20, L = 1$ に対する F_m，および 例7.7 と同様に $G_m = 20\sqrt{2\pi}\,F(2m\pi)$ を定めて絶対値を比較してみると，例7.7 ほどには厳密な計算をしていないにもかかわらず差は小さい．　□

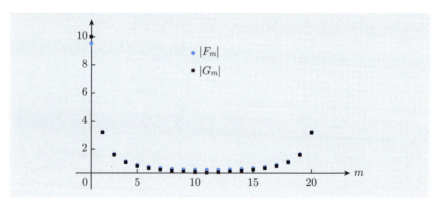

7.7 離散フーリエ変換

2次元離散フーリエ変換　最後に2次元離散フーリエ変換を紹介する.

> **定義 7.6 (2次元離散フーリエ変換)**
>
> 2重複素数列 $\boldsymbol{f} = \{f_{mn}\}_{0 \leq m \leq M-1, 0 \leq n \leq N-1}$ に対して
> $$F_{pq} = \sum_{m=0}^{M-1} \sum_{n=0}^{N-1} f_{mn} e^{-i2mp\pi/M} e^{-i2nq\pi/N}$$
> で定まる2重複素数列 $\boldsymbol{F} = \{F_{pq}\}_{0 \leq p \leq M-1, 0 \leq q \leq N-1}$ を $\boldsymbol{f}$ の **2次元離散フーリエ変換**という. また任意の2重複素数列 $\boldsymbol{G} = \{G_{pq}\}_{0 \leq p \leq M-1, 0 \leq q \leq N-1}$ に対して
> $$g_{mn} = \frac{1}{MN} \sum_{p=0}^{M-1} \sum_{q=0}^{N-1} G_{pq} e^{i2pm\pi/M} e^{i2qn\pi/N}$$
> で定まる2重複素数列 $\boldsymbol{g} = \{g_{mn}\}_{0 \leq m \leq M-1, 0 \leq n \leq N-1}$ を $\boldsymbol{G}$ の**逆2次元離散フーリエ変換**という.

2重級数を行列とみなせば, すなわち, $M \times N$ 行列 $\boldsymbol{f}$, $\boldsymbol{F}$, M 次行列 Φ_M, N 次行列 Φ_N に対して, $\boldsymbol{F} = \Phi_M \boldsymbol{f} \Phi_N$ と表すことができる. ただし, Φ_M, Φ_N は (7.28) で定義する.

例7.10　**例7.7**での計算を参考に矩形 $D = \{(x,y) \mid 0 \leq x \leq 1, 0 \leq y \leq \frac{1}{5}\}$ 上で1, $\mathbb{R}^2 \setminus D$ では0となる関数 $f(x,y)$ を標本化して2次元離散フーリエ変換を計算する. 定義7.6の定義式において $M = N = 1000$ と選び, $\boldsymbol{f} = \{f_{mn}\}$ を $0 \leq m \leq 9$ かつ $n = 0, 1$ に対してのみ $f_{mn} = 1$, それ以外の m, n に対しては $f_{mn} = 0$ とする. この $\boldsymbol{f}$ に対して, 離散フーリエ変換 $\boldsymbol{F} = \{F_{pq}\}_{0 \leq p, q \leq 999}$ は
$$F_{pq} = \left(\sum_{m=0}^{9} e^{-i2mp\pi/1000} \right) \left(1 + \cos \frac{2q\pi}{1000} - i \sin \frac{2q\pi}{1000} \right)$$
で与えられる. 一方, 定義7.3の後の **注意** から $\xi \neq 0$, $\eta \neq 0$ に対して
$$\begin{aligned} F(\xi, \eta) &= \mathscr{F}[f](\xi, \eta) \\ &= \frac{1}{2\pi} \left(\frac{\sin \xi}{\xi} + i \frac{\cos \xi - 1}{\xi} \right) \left(\frac{\sin \frac{\eta}{5}}{\eta} + i \frac{\cos \frac{\eta}{5} - 1}{\eta} \right) \end{aligned}$$

となる.離散フーリエ変換のグラフではなく,(7.25) に従った変形をしていない関数 $|F(\xi, \eta)|$ そのもののグラフに合わせた $\{|F_{pq}|\}$ のグラフを,さらにプロットする点の数を $\frac{1}{200}$ に縮小して $|F_{pq}| \geq 2$ の部分のみを表示したものが次図である. □

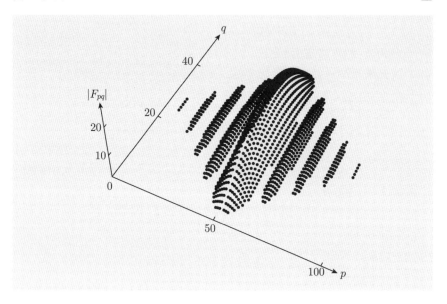

例7.11 例7.8 を 2 次元に拡張した問題を考える.正定数 a, b に対して矩形 $D = \left\{(x, y) \,\middle|\, 0 \leq x \leq \frac{2\pi}{a}, \, 0 \leq y \leq \frac{2\pi}{b}\right\}$ 上で関数 $f(x, y) = \cos(ax + by)$ を標本化した 2 次元離散フーリエ変換を考える.大きな自然数 M に対して,$h = \frac{\pi}{Ma}, \, k = \frac{\pi}{Mb}$ とすれば $\cos(amh + bnk) = \cos\frac{(m+n)\pi}{M}$ だから

$$\bm{f} = \left\{f_{mn} = \cos\frac{(m+n)\pi}{M}\right\}_{0 \leq m, n \leq 2M-1}$$

と置く.$\bm{f}$ の離散フーリエ変換 $\bm{F} = \{F_{pq}\}_{0 \leq p, q \leq 2M-1}$ は

$$F_{pq} = \sum_{m=0}^{2M-1} \sum_{n=0}^{2M-1} \cos\frac{(m+n)\pi}{M} e^{-imp\pi/M} e^{-inq\pi/M}$$

で与えられる.$\cos\frac{(m+n)\pi}{M} = \frac{1}{2}\left\{e^{i(m+n)\pi/M} + e^{-i(m+n)\pi/M}\right\}$ を使って計算すれば

$$\sum_{m=0}^{2M-1}\sum_{n=0}^{2M-1} e^{i(m+n)\pi/M} e^{-imp\pi/M} e^{-inq\pi/M}$$

$$= \sum_{m=0}^{2M-1} e^{im(1-p)\pi/M} \sum_{n=0}^{2M-1} e^{in(1-q)\pi/M}$$

$$= \begin{cases} 4M^2, & (p,q) = (1,1), \\ 0, & (p,q) \neq (1,1), \end{cases}$$

$$\sum_{m=0}^{2M-1}\sum_{n=0}^{2M-1} e^{-i(m+n)\pi/M} e^{-imp\pi/M} e^{-inq\pi/M}$$

$$= \begin{cases} 4M^2, & (p,q) = (2M-1, 2M-1), \\ 0, & (p,q) \neq (2M-1, 2M-1). \end{cases}$$

以上から,$(p,q) = (1,1), (2M-1, 2M-1)$ に対して,$F_{pq} = 2M^2$,その他の (p,q) に対しては $F_{pq} = 0$ となる.

一方,$f(x,y)$ を超関数としてフーリエ変換すれば

$$F(\xi, \eta) = \mathscr{F}[f](\xi, \eta)$$
$$= \pi \left\{ \delta(\xi - a) \otimes \delta(\eta - b) + \delta(\xi + a) \otimes \delta(\eta + b) \right\}$$

となり,原点について対称な 2 点 $(a, b), (-a, -b)$ を除けば $F(\xi, \eta)$ はゼロになり,離散フーリエ変換と対応している. □

7.8 偏微分方程式への応用

7.8.1 熱伝導方程式の初期値問題

熱伝導方程式の初期値問題 (7.11) を再び考える．熱伝導方程式を x 変数でフーリエ変換し，t 変数の常微分方程式の解として得られる関数は $\widehat{u}(\xi,t) = \exp(-kt\xi^2)\widehat{f}(\xi)$ で与えられた（(7.12) 参照）．初期関数のフーリエ変換 $\widehat{f}(\xi)$ も絶対可積分であることを仮定して系 7.1 を適用する．例題 7.4 により

$$\mathscr{F}^{-1}\left[\exp(-kt\xi^2)\right](x) = \mathscr{F}\left[\exp(-kt\xi^2)\right](-x) = \frac{1}{\sqrt{2kt}}\exp\left(-\frac{x^2}{4kt}\right)$$

だから，解 $u(x,t)$ は

$$u(x,t) = \frac{1}{\sqrt{4\pi kt}}\int_{-\infty}^{\infty}\exp\left\{-\frac{(x-y)^2}{4kt}\right\}f(y)dy$$

となる．(3.5) のように基本解，または熱核 $K(x,t)$ を

$$K(x,t) = \frac{1}{\sqrt{4\pi kt}}\exp\left(-\frac{x^2}{4kt}\right)$$

で定義すれば解 $u(x,t)$ は

$$u(x,t) = K(\cdot,t) * f(x) \tag{7.33}$$

と表すことができる．ただし "$*$" は x 変数に関する合成積である．$f(x)$, $\widehat{f}(\xi)$ が絶対可積分であるとを仮定したが，(7.33) から多少の増大も許される．

例題 7.9

次の熱伝導方程式の初期値問題を解きなさい．

$$\begin{cases} u_t(x,t) - u_{xx}(x,t) = 0, & x \in \mathbb{R},\ t > 0, \\ u(x,0) = \sin x, & x \in \mathbb{R}. \end{cases} \tag{7.34}$$

【解答】 等式 (7.33) から積分

$$u(x,t) = \frac{1}{\sqrt{4\pi t}}\int_{-\infty}^{\infty}\exp\left\{-\frac{(x-y)^2}{4t}\right\}\sin y\,dy$$

を計算すれば良い．等式 $\sin y = \frac{e^{iy}-e^{-iy}}{2i}$ を上の等式右辺に代入して指数関数を整理すると

$$\exp\left\{-\frac{(x-y)^2}{4t}\right\}\sin y$$
$$= \exp\left\{-\frac{(x+2it-y)^2}{4t}\right\}\frac{e^{-t+ix}}{2i} - \exp\left\{-\frac{(x-2it-y)^2}{4t}\right\}\frac{e^{-t-ix}}{2i}.$$

したがって

$$u(x,t) = \frac{e^{-t+ix}}{2i}\frac{1}{\sqrt{4\pi t}}\int_{-\infty}^{\infty}\exp\left\{-\frac{(x+2it-y)^2}{4t}\right\}dy$$
$$-\frac{e^{-t-ix}}{2i}\frac{1}{\sqrt{4\pi t}}\int_{-\infty}^{\infty}\exp\left\{-\frac{(x-2it-y)^2}{4t}\right\}dy$$

となるが，右辺の 2 つの積分は例題 7.4 と同様に複素積分の積分路を実軸に変更してともに $\sqrt{4\pi t}$ となる．よって

$$u(x,t) = e^{-t}\frac{e^{ix}-e^{-ix}}{2i} = e^{-t}\sin x. \qquad \blacksquare$$

例題 7.10 ─────────────── **非斉次熱伝導方程式の初期値問題**

次の非斉次熱伝導方程式の初期値問題を解きなさい．

$$\begin{cases} u_t(x,t) - ku_{xx}(x,t) = h(x,t), & x\in\mathbb{R},\ t>0, \\ u(x,0) = f(x), & x\in\mathbb{R}. \end{cases} \qquad (7.35)$$

ただし非斉次項 $h(x,t)$ とその偏導関数 $h_x(x,t)$ は (x,t) の関数として連続で，さらに $h(x,t)$ は x 変数で $\mathbb{R}$ 上絶対可積分，x 変数に関するフーリエ変換 $\widehat{h}(\xi,t) = \mathscr{F}[h(\cdot,t)](\xi)$ もまた ξ 変数で $\mathbb{R}$ 上絶対可積分とする．

【解答】 解 $u(x,t)$ は十分良い関数と仮定し (7.35) を x 変数についてフーリエ変換すると，方程式は

$$\begin{cases} \dfrac{d}{dt}\widehat{u}(\xi,t) = -k\xi^2\widehat{u}(\xi,t) + \widehat{h}(\xi,t), \\ \widehat{u}(\xi,0) = \widehat{f}(\xi) \end{cases}$$

と書き換えられる．この t 変数の常微分方程式を解けば

$$\widehat{u}(\xi,t) = \exp(-kt\xi^2)\widehat{f}(\xi) + \int_0^t \exp\{-k\xi^2(t-s)\}\widehat{h}(\xi,s)\,ds$$

となる．等式の両辺を逆フーリエ変換すれば，斉次方程式 $h(x,t)\equiv 0$ の場合と同様にして (7.35) の解 $u(x,t)$ は

$$u(x,t) = K(\cdot,t) * f(x) + \int_0^t K(\cdot, t-s) * h(\cdot, s)(x)\,ds$$
$$= K(\cdot,t) * f(x) + \int_0^t ds \int_{-\infty}^{\infty} K(x-y, t-s)h(y,s)dy$$

と導かれる。 ■

例7.12 $h(x,t) = e^{-t}\sin x$, $f(x) = \cos x$ のとき，(7.35) の解を求めよう。例題 7.9 と同様に $\cos x = \frac{e^{ix}+e^{-ix}}{2}$ を用いて $K(\cdot,t)*f(x) = e^{-t}\cos x$ が得られる。また例題 7.9 の計算により

$$\int_0^t ds \int_{-\infty}^{\infty} K(x-y, t-s)h(y,s)dy = \int_0^t e^{-s}e^{-(t-s)}\sin x\,ds$$
$$= e^{-t}\sin x \int_0^t ds = te^{-t}\sin x$$

を得る。したがって解は $u(x,t) = e^{-t}(\cos x + t\sin x)$ となる。 □

フーリエ正弦変換 フーリエ変換を境界値問題にも適用できる場合がある。結果的には 2.4 節で用いた『反射の方法』と同じであるが，そのためにフーリエ正弦変換 $\mathscr{F}_{\mathrm{s}}$ を導入する。$f(x)$ が絶対可積分，連続な奇関数であるとき，オイラーの公式 $e^{-ix\xi} = \cos\xi x - i\sin\xi x$ を用いるとそのフーリ変換 $\widehat{f}(\xi)$ は

$$\widehat{f}(\xi) = \frac{1}{\sqrt{2\pi}}\int_{-\infty}^{\infty} f(x)\cos\xi x\,dx - \frac{i}{\sqrt{2\pi}}\int_{-\infty}^{\infty} f(x)\sin\xi x\,dx$$
$$= \frac{-i}{\sqrt{2\pi}}\int_{-\infty}^{\infty} f(x)\sin\xi x\,dx = -i\frac{2}{\sqrt{2\pi}}\int_0^{\infty} f(x)\sin\xi x\,dx$$

と計算される。そこで $f(x)$ の**フーリエ正弦変換** $\mathscr{F}_{\mathrm{s}}$ を

$$\mathscr{F}_{\mathrm{s}}[f](\xi) = \sqrt{\frac{2}{\pi}}\int_0^{\infty} f(x)\sin\xi x\,dx \tag{7.36}$$

と定義する。このとき，$\widehat{f}(\xi) = -i\mathscr{F}_{\mathrm{s}}[f](\xi)$ が奇関数になることに注意すれば，反転公式により次の等式を得る。

$$f(x) = \lim_{R\to\infty}\frac{i}{\sqrt{2\pi}}\int_{-R}^{R}\widehat{f}(\xi)\sin x\xi\,d\xi = \lim_{R\to\infty}\sqrt{\frac{2}{\pi}}\int_0^R \mathscr{F}_{\mathrm{s}}[f](\xi)\sin x\xi\,d\xi.$$

すなわち $\mathscr{F}_{\mathrm{s}}[f](\xi)$ が絶対可積分であれば，$f(x) = \mathscr{F}_{\mathrm{s}}[\mathscr{F}_{\mathrm{s}}[f](\cdot)](x)$ を得る。$f(x)$ を $\mathbb{R}$ 上の奇関数と仮定したが，$[0,\infty)$ 上の任意の関数 $f(x)$ に対しては $\mathbb{R}$ 上の奇関数拡張 $\widetilde{f}(x)$ ((2.28) 参照) を考えれば同じ結果が成り立つ。したがっ

7.8 偏微分方程式への応用

て $[0,\infty)$ 上の関数に対して (7.36) でフーリエ正弦変換を定義する．同様にして，$[0,\infty)$ 上の関数 $f(x)$ に対して**フーリエ余弦変換** $\mathscr{F}_\mathrm{c}[f]$ を

$$\mathscr{F}_\mathrm{c}[f](\xi) = \sqrt{\frac{2}{\pi}} \int_0^\infty f(x) \cos \xi x \, dx$$

で定義する．フーリエ正弦変換と同様に $\mathscr{F}_\mathrm{c}[f]$ が $[0,\infty)$ 上絶対可積分であれば $f(x) = \mathscr{F}_\mathrm{c}\big[\mathscr{F}_\mathrm{c}[f](\cdot)\big](x)$ が成り立つ．

例題 7.11 ──────────────── 半直線上の初期境界値問題 (1) ──

フーリエ正弦変換またはフーリエ余弦変換を利用して次の初期境界値問題を解きなさい．

$$\begin{cases} \text{(PDE)} & u_t(x,t) - k u_{xx}(x,t) = 0, \quad x>0,\ t>0, \\ \text{(IC)} & u(x,0) = f(x), \quad x>0, \\ \text{(DBC)} & u(0,t) = 0, \quad t>0. \end{cases} \quad (7.37)$$

【解答】 フーリエ正弦変換，フーリエ余弦変換のどちらを用いるかを決めるために，まずその性質を調べる．任意の関数 $g(x)$ がその導関数 $g'(x)$ も含めて $x \to \infty$ のとき十分速く減衰するならば，部分積分により

$$\mathscr{F}_\mathrm{s}[g'](\xi) = -\xi \mathscr{F}_\mathrm{c}[g](\xi), \quad \mathscr{F}_\mathrm{c}[g'](\xi) = \sqrt{\frac{2}{\pi}}\, g(0) + \xi \mathscr{F}_\mathrm{s}[g](\xi).$$

よって $x \to \infty$ のときの減衰が速い半直線上の熱伝導方程式の解 $u(x,t)$ に対して

$$\mathscr{F}_\mathrm{s}\big[u_{xx}(\cdot,t)\big](\xi) = -\xi \sqrt{\frac{2}{\pi}}\, u(0,t) - \xi^2 \mathscr{F}_\mathrm{s}\big[u(\cdot,t)\big](\xi),$$

$$\mathscr{F}_\mathrm{c}\big[u_{xx}(\cdot,t)\big](\xi) = \sqrt{\frac{2}{\pi}}\, u_x(0,t) - \xi^2 \mathscr{F}_\mathrm{s}\big[u(\cdot,t)\big](\xi)$$

と計算できる．これから，ディリクレ境界条件（DBC）の場合にはフーリエ正弦変換を，ノイマン境界条件（NBC）$u_x(0,t) = 0$ の場合にはフーリエ余弦変換を用いるのが適当である．

そこで $U(\xi,t) = \mathscr{F}_\mathrm{s}\big[u(\cdot,t)\big](\xi)$, $F(\xi) = \mathscr{F}_\mathrm{s}[f](\xi)$ と置いて（PDE），（IC）をフーリエ正弦変換すると，t に関する偏微分とフーリエ正弦変換との順序を交換して次の常微分方程式の初期値問題を得る．

$$\frac{d}{dt}U(\xi,t) + k\xi^2 U(\xi,t) = 0, \quad U(\xi,0) = F(\xi).$$

これを解けば $U(\xi,t) = \exp(-k\xi^2 t)F(\xi)$ だから，反転公式により

$$u(x,t) = \sqrt{\frac{2}{\pi}} \int_0^\infty \exp(-k\xi^2 t) F(\xi) \sin x\xi \, d\xi. \tag{7.38}$$

これを直接 $f(x)$ を使って表す．$f(x)$ の奇関数拡張 $\widetilde{f}(x) = f(x), x \geq 0$, $\widetilde{f}(x) = -f(-x), x < 0$ を考えれば $F(\xi) = i\mathscr{F}[\widetilde{f}](\xi)$ となりこれは奇関数である．よって (7.38) は熱核 $K(x,t)$ を用いて次のように書き換えられる．

$$u(x,t) = \frac{1}{\sqrt{2\pi}} \int_{-\infty}^\infty e^{ix\xi} \exp(-k\xi^2 t) \mathscr{F}[\widetilde{f}](\xi)\, d\xi = K(\cdot,t) * \widetilde{f}(x)$$
$$= \int_0^\infty \{K(x-y,t) - K(x+y,t)\} f(y)\, dy. \tag{7.39}\blacksquare$$

例題 7.12

$f(x) = x^2$ のとき初期境界値問題 (7.37) の解 $u(x,t)$ を求めなさい．

【解答】 等式 (7.39) を利用する．まず置換 $\frac{x-y}{\sqrt{4kt}} = z$ を行って 2 次式を展開した後，積分および部分積分すれば

$$u_1(x,t) \equiv \int_0^\infty K(x-y,t) y^2 dy = \frac{1}{\sqrt{\pi}} \int_{-\infty}^{x/\sqrt{4kt}} \exp(-z^2) \left(x - \sqrt{4kt}z\right)^2 dz$$
$$= \frac{x^2}{\sqrt{\pi}} \int_{-\infty}^{x/\sqrt{4kt}} \exp(-z^2)\, dz + \frac{x\sqrt{4kt}}{\sqrt{\pi}} \int_{-\infty}^{x/\sqrt{4kt}} (-2z) \exp(-z^2)\, dz$$
$$- \frac{2kt}{\sqrt{\pi}} \int_{-\infty}^{x/\sqrt{4kt}} z(-2z) \exp(-z^2)\, dz$$
$$= \frac{x^2 + 2kt}{\sqrt{\pi}} \int_{-\infty}^{x/\sqrt{4kt}} \exp(-z^2)\, dz + \frac{x\sqrt{kt}}{\sqrt{\pi}} \exp\left(-\frac{x^2}{4kt}\right).$$

一方，$\frac{x+y}{\sqrt{4kt}} = z$ と置換して同様に計算すれば

$$u_2(x,t) \equiv \int_0^\infty K(x+y,t) y^2 dy = \frac{1}{\sqrt{\pi}} \int_{x/\sqrt{4kt}}^\infty \exp(-z^2) \left(\sqrt{4kt}z - x\right)^2 dz$$
$$= \frac{x^2 + 2kt}{\sqrt{\pi}} \int_{x/\sqrt{4kt}}^\infty \exp(-z^2) dz - \frac{x\sqrt{kt}}{\sqrt{\pi}} \exp\left(-\frac{x^2}{4kt}\right).$$

したがって，2 つの等式を合わせて

$$
\begin{aligned}
u(x,t) &= u_1(x,t) - u_2(x,t) \\
&= \frac{2x\sqrt{kt}}{\sqrt{\pi}} \exp\left(-\frac{x^2}{4kt}\right) + \frac{x^2 + 2kt}{\sqrt{\pi}} \int_{-\infty}^{x/\sqrt{4kt}} \exp(-z^2)\,dz \\
&\quad - \frac{x^2 + 2kt}{\sqrt{\pi}} \int_{-\infty}^{-x/\sqrt{4kt}} \exp(-z^2)\,dz \\
&= \frac{2x\sqrt{kt}}{\sqrt{\pi}} \exp\left(-\frac{x^2}{4kt}\right) + \frac{2(x^2 + 2kt)}{\sqrt{\pi}} \int_0^{x/\sqrt{4kt}} \exp(-z^2)\,dz \\
&= 4kxtK(x,t) + (x^2 + 2kt)\,\mathrm{erf}\left(\frac{x}{\sqrt{4kt}}\right).
\end{aligned}
$$

ただし，$\mathrm{erf}(x)$ は誤差関数 $\mathrm{erf}(x) = \frac{2}{\sqrt{\pi}} \int_0^x \exp(-z^2)\,dz$ である．ちなみに $x^2 + 2kt$ は初期関数が x^2 のときの初期値問題の解である． ∎

フーリエ余弦変換を用いれば例題 7.11 と同様にしてノイマン境界値問題の解を構成できる．計算は演習問題として各自に委ねることにする（演習問題 **7.18**）．

例題 7.13 ──────────────── **半直線上の初期境界値問題 (2)**

次の熱伝導方程式の初期境界値問題（ノイマン境界条件）
$$
\begin{cases}
(\text{PDE}) & u_t(x,t) - k u_{xx}(x,t) = 0, \quad x > 0,\ t > 0, \\
(\text{IC}) & u(x,0) = f(x), \quad x > 0, \\
(\text{NBC}) & u_x(0,t) = 0, \quad t > 0
\end{cases}
$$
に対して
$$
u(x,t) = \int_0^\infty \{K(x-y,t) + K(x+y,t)\} f(y)\,dy \tag{7.40}
$$
は解になることを導きなさい．ただし $K(x,t)$ は熱核である．

例 7.13 $f(x) = x$ のときノイマン境界条件のもとで半直線上の熱伝導方程式の解 $u(x,t)$ を求める．(7.40) を用いて例題 7.12 と同様に計算すれば

$$
\int_0^\infty K(x-y,t)y\,dy = \frac{x}{\sqrt{\pi}} \int_{-\infty}^{x/\sqrt{4kt}} \exp(-z^2)\,dz + \frac{\sqrt{kt}}{\sqrt{\pi}} \exp\left(-\frac{x^2}{4kt}\right),
$$

$$
\int_0^\infty K(x+y,t)y\,dy = -\frac{x}{\sqrt{\pi}} \int_{-\infty}^{-x/\sqrt{4kt}} \exp(-z^2)\,dz + \frac{\sqrt{kt}}{\sqrt{\pi}} \exp\left(-\frac{x^2}{4kt}\right).
$$

したがって
$$u(x,t) = \frac{2\sqrt{kt}}{\sqrt{\pi}} \exp\left(-\frac{x^2}{4kt}\right) + \frac{2x}{\sqrt{\pi}} \int_0^{x/\sqrt{4kt}} \exp(-z^2)\,dz$$
$$= 4ktK(x,t) + x\,\mathrm{erf}\left(\frac{x}{\sqrt{4kt}}\right)$$
を得る．ちなみに x は初期関数が x のときの初期値問題の解である． □

7.8.2 ラプラス方程式の境界値問題

上半平面 $\{(x,y)\,|\,y>0\}$ 上のラプラス方程式に対するディリクレ境界値問題を考える．

例題 7.14 ───────── 半平面上のディリクレ境界値問題 ─

次のラプラス方程式のディリクレ境界値問題を解きなさい．
$$\begin{cases} (\text{PDE}) & u_{xx}(x,y) + u_{yy}(x,y) = 0, \quad x \in \mathbb{R},\ y > 0, \\ (\text{DBC}) & u(x,0) = f(x), \quad x \in \mathbb{R}, \\ (\text{BC}) & u(x,y) \text{ は有界である．} \end{cases} \quad (7.41)$$
ただし $\mathbb{R}$ 上の関数 $f(x)$ は連続，$f'(x)$ は区分的連続で，$f(x)$ および $\widehat{f}(\xi)$ は絶対可積分であるとする．

【解答】方程式（PDE），（DBC）を x 変数でフーリエ変換する．$u(x,y)$ の x 変数に関するフーリエ変換を $\widehat{u}(\xi,y) = \mathscr{F}[u(\cdot,y)](\xi)$ と表せば
$$\frac{d^2}{dy^2}\widehat{u}(\xi,y) - \xi^2 \widehat{u}(\xi,y) = 0, \quad \widehat{u}(\xi,0) = \widehat{f}(\xi)$$
を得る．これを解けば，一般解は $\widehat{u}(\xi,y) = A(\xi)e^{-\xi y} + B(\xi)e^{\xi y}$ となる．等式 $\widehat{u}(\xi,0) = \widehat{f}(\xi)$ と条件（BC）により
$$\widehat{u}(\xi,y) = \begin{cases} \widehat{f}(\xi)e^{-\xi y}, & \xi \geq 0, \\ \widehat{f}(\xi)e^{\xi y}, & \xi < 0 \end{cases}$$
となる．すなわち $\widehat{u}(\xi,y) = e^{-|\xi|y}\widehat{f}(\xi)$ である．ここで例題 7.3 により
$$\mathscr{F}^{-1}\left[e^{-y|\xi|}\right](x) = \mathscr{F}\left[e^{-y|\xi|}\right](-x) = \frac{\sqrt{2}\,y}{\sqrt{\pi}\,(x^2+y^2)}$$
となる．$E(x,y) = \frac{y}{\pi(x^2+y^2)}$ と置けば，系 7.1 によって

$$u(x,y) = \frac{1}{\sqrt{2\pi}} \int_{-\infty}^{\infty} \frac{\sqrt{2}\, y}{\sqrt{\pi}\,\{(x-z)^2 + y^2\}} f(z)\, dz$$
$$= \frac{y}{\pi} \int_{-\infty}^{\infty} \frac{f(z)}{(x-z)^2 + y^2}\, dz = E(\cdot, y) * f(x)$$

を得る．ただし "$*$" は x 変数に関する合成積である．$E(x,y)$ はこの境界値問題の基本解と呼ばれ，上の等式もまた**ポアソンの積分公式**と呼ばれる．$E(x,y)$ は境界条件が $u(x,0) = \delta(x)$ のときの解である． ■

[注意] 関数 $u_0(x,y) = cy$ または cxy (c は定数) は $\Delta u_0(x,y) = 0$, $u_0(x,0) = 0$ を満たすから，上の解に $u_0(x,y)$ を加えたものは非有界な解であり，c を変えることにより無数の非有界な解が得られる． □

例題 7.15 ――――――――――― 帯状領域上のディリクレ境界値問題 ―

次のラプラス方程式のディリクレ境界値問題を解きなさい．
$$\begin{cases} \text{(PDE)} & u_{xx}(x,y) + u_{yy}(x,y) = 0, \quad x \in \mathbb{R},\ 0 < y < 1, \\ \text{(DBC)} & u(x,0) = 0,\quad u(x,1) = \exp(-x^2),\quad x \in \mathbb{R}. \end{cases} \quad (7.42)$$

【解答】方程式 (PDE), (DBC) を x 変数でフーリエ変換する．$u(x,y)$ の x 変数に関するフーリエ変換を $\widehat{u}(\xi, y) = \mathscr{F}\bigl[u(\cdot, y)\bigr](\xi)$ と表せば，例題 7.4 により

$$\frac{d^2}{dy^2}\widehat{u}(\xi, y) - \xi^2 \widehat{u}(\xi, y) = 0, \quad \widehat{u}(\xi, 0) = 0, \quad \widehat{u}(\xi, 1) = \frac{1}{\sqrt{2}} \exp\left(-\frac{\xi^2}{4}\right)$$

を得る．一般解 $\widehat{u}(\xi, y) = A(\xi) e^{-\xi y} + B(\xi) e^{\xi y}$ がディリクレ境界条件 (DBC) を満たすように係数 A, B を決める．$\widehat{u}(\xi, 0) = 0$ より $A(\xi) = -B(\xi)$．$\widehat{u}(\xi, 1) = \frac{1}{\sqrt{2}} \exp\left(-\frac{\xi^2}{4}\right)$ より $B(\xi) = \frac{1}{2\sqrt{2}} \frac{\exp\left(-\frac{\xi^2}{4}\right)}{\sinh \xi}$．したがって反転公式により

$$u(x,y) = \frac{1}{\sqrt{2\pi}} \int_{-\infty}^{\infty} e^{ix\xi} \widehat{u}(\xi, y)\, d\xi$$
$$= \frac{1}{2\sqrt{\pi}} \int_{-\infty}^{\infty} e^{ix\xi} \frac{\sinh \xi y \exp\left(-\frac{\xi^2}{4}\right)}{\sinh \xi}\, d\xi.$$ ■

─── 例題 7.16 ─────────────── 四半平面上のディリクレ境界値問題 ───

次の四半平面上のラプラス方程式の境界値問題を解きなさい．ただし，$f(x)$ は有界な連続関数で $f(0) = 0$ を満たすとする（整合条件）．

$$\begin{cases} \text{(PDE)} & u_{xx}(x,y) + u_{yy}(x,y) = 0, \quad x > 0, y > 0, \\ \text{(DBC}_1) & u(x,0) = f(x), \quad x > 0, \\ \text{(DBC}_2) & u(0,y) = 0, \quad y > 0. \end{cases}$$

【解答】 例題 7.11 のように方程式（PDE），（DBC$_1$）を x 変数でフーリエ正弦変換する．$U(\xi, y) = \mathscr{F}_{\mathrm{s}}[u(\cdot, y)](\xi)$, $F(\xi) = \mathscr{F}_{\mathrm{s}}[f](\xi)$ と置けば，例題 7.14 と同様に $U(\xi, y) = e^{-|\xi|y}F(\xi)$ となり，反転公式により次の等式が従う．

$$u(x,y) = \sqrt{\frac{2}{\pi}} \int_0^\infty e^{-|\xi|y} F(\xi) \sin x\xi \, d\xi$$

例題 7.11 と同様に $f(x)$ の奇関数拡張 $\widetilde{f}(x)$ を考えれば，仮定により $\widetilde{f}(x)$ は $\mathbb{R}$ 上有界連続で，次のように境界条件（DBC$_2$）も満たす解 $u(x, y)$ を得る．

$$u(x,y) = \frac{1}{\sqrt{2\pi}} \int_{-\infty}^\infty e^{ix\xi} e^{-|\xi|y} \mathscr{F}[\widetilde{f}](\xi) \, d\xi = E(\cdot, y) * \widetilde{f}(x)$$
$$= \frac{y}{\pi} \int_0^\infty \left\{ \frac{1}{(x-z)^2 + y^2} - \frac{1}{(x+z)^2 + y^2} \right\} f(z) \, dz. \qquad ■$$

7.8.3 波動方程式の初期値問題

波動方程式の初期値問題

$$\begin{cases} \text{(PDE)} & u_{tt}(x,t) - c^2 u_{xx}(x,t) = 0, \quad x \in \mathbb{R}, t \in \mathbb{R}, \\ \text{(IC)} & u(x,0) = f(x), \quad u_t(x,0) = g(x), \quad x \in \mathbb{R} \end{cases} \qquad (7.43)$$

に対するダランベールの公式（2.1 節の (2.8)）をフーリエ変換を用いて再び導く．計算の簡略化のために初期関数 $f(x)$, $g(x)$ はともに C^1 級で絶対可積分，$\widehat{f}(\xi)$, $\widehat{g}(\xi)$ も再び絶対可積分と仮定する．解 $u(x,t)$ は x 変数でフーリエ変換可能であると仮定し，フーリエ変換を $\widehat{u}(\xi, t) = \mathscr{F}[u(\cdot, t)](\xi)$ と表す．(7.43) を x 変数でフーリエ変換すれば，次の 2 階常微分方程式の初期値問題を得る．

$$\begin{cases} \dfrac{d^2}{dt^2} \widehat{u}(\xi, t) + c^2 \xi^2 \widehat{u}(\xi, t) = 0, \\ \widehat{u}(\xi, 0) = \widehat{f}(\xi), \quad \dfrac{d\widehat{u}}{dt}(\xi, 0) = \widehat{g}(\xi). \end{cases}$$

7.8 偏微分方程式への応用

この常微分方程式の一般解は $\widehat{u}(\xi,t) = A(\xi)\cos c\xi t + B(\xi)\sin c\xi t$ だから $\widehat{u}(\xi,0) = \widehat{f}(\xi)$ により係数 $A(\xi) = \widehat{f}(\xi)$ が求まる．また

$$\widehat{g}(\xi) = \frac{d\widehat{u}}{dt}(\xi,0) = \left\{-c\xi A(\xi)\sin c\xi t + c\xi B(\xi)\cos c\xi t\right\}\Big|_{t=0} = c\xi B(\xi)$$

であるから係数 $B(\xi) = \frac{\widehat{g}(\xi)}{c\xi}$ を得る．以上から

$$\widehat{u}(\xi,t) = \widehat{f}(\xi)\cos c\xi t + \widehat{g}(\xi)\frac{\sin c\xi t}{c\xi}.$$

この等式の両辺を逆フーリエ変換する．

$$u(x,t) = \frac{1}{\sqrt{2\pi}}\int_{-\infty}^{\infty} e^{ix\xi}\widehat{f}(\xi)\cos c\xi t\,d\xi + \frac{1}{\sqrt{2\pi}}\int_{-\infty}^{\infty} e^{ix\xi}\widehat{g}(\xi)\frac{\sin c\xi t}{c\xi}\,d\xi$$
$$= I_1 + I_2$$

と置いて，まず，I_1 を計算する．$\cos c\xi t = \frac{e^{ic\xi t} + e^{-ic\xi t}}{2}$ と反転公式を用いれば

$$I_1 = \frac{1}{2\sqrt{2\pi}}\int_{-\infty}^{\infty} e^{i(x+ct)\xi}\widehat{f}(\xi)\,d\xi + \frac{1}{2\sqrt{2\pi}}\int_{-\infty}^{\infty} e^{i(x-ct)\xi}\widehat{f}(\xi)\,d\xi$$
$$= \frac{f(x+ct) + f(x-ct)}{2}$$

となる．一方，I_2 に対しても $\sin c\xi t = \frac{e^{ic\xi t} - e^{-ic\xi t}}{2i}$ を用いると

$$I_2 = \frac{1}{2c\sqrt{2\pi}}\int_{-\infty}^{\infty} \widehat{g}(\xi)\frac{e^{i(x+ct)\xi} - e^{i(x-ct)\xi}}{i\xi}\,d\xi$$
$$= \frac{1}{2c\sqrt{2\pi}}\int_{-\infty}^{\infty} d\xi \int_{x-ct}^{x+ct} e^{i\xi s}\widehat{g}(\xi)\,ds.$$

ここで補題 7.1 の (3) により積分順序を交換して，反転公式を用いれば

$$I_2 = \frac{1}{2c}\int_{x-ct}^{x+ct} ds \frac{1}{\sqrt{2\pi}}\int_{-\infty}^{\infty} e^{is\xi}\widehat{g}(\xi)\,d\xi = \frac{1}{2c}\int_{x-ct}^{x+ct} g(s)\,ds.$$

以上から再びダランベールの公式

$$u(x,t) = \frac{f(x+ct) + f(x-ct)}{2} + \frac{1}{2c}\int_{x-ct}^{x+ct} g(s)\,ds$$

が導かれた．

7章の演習問題

7.1 次のフーリエ変換の性質を確かめなさい．ただし a は定数で，$a \neq 0$ とする．

(1) $\mathscr{F}[af + bg](\xi) = a\widehat{f}(\xi) + b\widehat{g}(\xi)$

(2) $\mathscr{F}[f(ax)](\xi) = \dfrac{1}{|a|}\widehat{f}\left(\dfrac{\xi}{a}\right)$

(3) $\mathscr{F}[f(x-a)](\xi) = e^{-ia\xi}\widehat{f}(\xi)$

(4) $\mathscr{F}[e^{iax}f](\xi) = \widehat{f}(\xi - a)$

7.2 $|x| > a$ ではゼロ，$|x| \leq a$ では次で定義される関数 $f(x)$ のフーリエ変換 $F(\xi) = \widehat{f}(\xi)$ を計算しなさい．ただし a は正定数とする．

(1) $a - |x|$ (2) $\cos\dfrac{\pi x}{2a}$ (3) x^2

(4) $\dfrac{2|x|}{a}\ \left(|x| \leq \dfrac{a}{2}\right),\ 2 - \dfrac{2|x|}{a}\ \left(|x| \geq \dfrac{a}{2}\right)$

7.3 $x \notin [0,1)$ では $f(x) = 0$，$x \in [0,1]$ では次で与えられる関数 $f(x)$ のフーリエ変換 $F(\xi) = \widehat{f}(\xi)$ を計算しなさい．

(1) 1 (2) x (3) $\dfrac{1}{2}(1 - \cos 2\pi x)$ (4) $1 - 2\left|x - \dfrac{1}{2}\right|$

7.4 次の関数 $f(x)$ のフーリエ変換 $F(\xi) = \widehat{f}(\xi)$ を留数計算により求めなさい．ただし a は正定数とする．

(1) $\dfrac{1}{(x^2 + a^2)^2}$ (2) $\dfrac{x}{(x^2 + a^2)^2}$ (3) $\dfrac{1}{x^4 + a^4}$

(4) $\dfrac{x}{x^4 + a^4}$ (5) $\dfrac{1}{\cosh x}$

7.5 関数 $g(x) = \dfrac{1}{x^2 + a^2}$ (a は正定数) のフーリエ変換 (7.10) を利用して次の関数 $f(x)$ のフーリエ変換 $F(\xi) = \widehat{f}(\xi)$ を求めなさい．

(1) $\dfrac{1}{x^2 + x + 1}$ (2) $\dfrac{\cos x}{x^2 + 1}$ (3) $\dfrac{\sin x}{x^2 + 1}$

7.6 例題 7.3，定理 7.4 を利用して $f(x) = x^n e^{-a|x|}$ のフーリエ変換 $F(\xi) = \widehat{f}(\xi)$ を計算しなさい．ただし，a は正定数で，n は自然数とする．

7.7 等式 (7.10) を利用して積分

$$\int_{-\infty}^{\infty} \dfrac{1}{(x^2 + a^2)^2}\,dx$$

の値を求めなさい．ただし，a は正定数とする．

7.8 次で定義される関数 $g(x)$ に対して $f(x) = g * g(x)$ を計算しなさい．

(1) $g(x) = 1 \ (|x| \leq 1), \quad = 0 \ (|x| > 1)$

(2) $g(x) = \dfrac{a}{x^2 + a^2}, \quad a > 0$

(3) $g(x) = e^{-x} \ (x \geq 0), \quad = 0 \ (x < 0)$

(4) $g(x) = \exp(-x^2)$

(5) $g(x) = 1 \ (a \leq x \leq b), \quad = 0$（その他の x）

7.9 等式 (7.13) を利用して演習問題 **7.8** の関数 $f(x)$ のフーリエ変換 $\widehat{f}(\xi)$ を計算しなさい．また積分

$$I = \int_{-\infty}^{\infty} \left(\frac{\sin \xi}{\xi}\right)^4 d\xi$$

の値を求めなさい．

7.10 定理 7.6 と同様に次の**パーセヴァルの等式**が成り立つことを示しなさい．

$$\int_{-\infty}^{\infty} f(x)\overline{g(x)}\,dx = \int_{-\infty}^{\infty} \widehat{f}(\xi)\overline{\widehat{g}(\xi)}\,d\xi.$$

またこの等式を利用して積分

$$I = \int_{-\infty}^{\infty} \frac{\sin(a\xi)\sin(b\xi)}{\xi^2}\,d\xi \quad (0 < a < b)$$

を計算しなさい．

7.11 次の関数 $f(x), g(x)$ に対して $f * g(x)$，およびそのフーリエ変換を直接計算し，(7.13) の等式が成立することを確認しなさい．ただし a は正定数とする．

$$f(x) = e^{-x} \ (x \geq 0), \quad = 0 \quad (x < 0),$$
$$g(x) = 1 \ (|x| \leq a), \quad = 0 \quad (|x| > a).$$

7.12 関数 (1) e^{-ax}，(2) xe^{-ax} のフーリエ正弦変換，余弦変換を計算しなさい．ただし a は正定数とする．

7.13 関数 $f(x)$ は導関数を含めて $|x| \to \infty$ のとき十分速く減衰するとき，次の不等式（**ハイゼンベルグの不確定性原理**）が成り立つことを示しなさい．

$$\left(\int_{-\infty}^{\infty} x^2 |f(x)|^2\,dx\right)\left(\int_{-\infty}^{\infty} \xi^2 |\widehat{f}(\xi)|^2\,d\xi\right) \geq \frac{1}{4}\left(\int_{-\infty}^{\infty} |f(x)|^2\,dx\right)^2.$$

7.14 それぞれ消散項，移流項を持つ次の熱伝導方程式を初期条件 $u(x, 0) = f(x)$ のもとでフーリエ変換を用いて解きなさい．ただし $v \neq 0$ は定数とする．

(1) $u_t - u_{xx} + u = 0, \quad x \in \mathbb{R}$

(2) $u_t + 2v u_x - u_{xx} = 0, \quad x \in \mathbb{R}$

7.15 例題 7.9 の計算を参考にして熱核 $K(x,t)$ と $e^{(a+ib)x} = e^{ax}(\cos bx + i \sin bx)$ の合成積を計算しなさい．ただし a は定数，b は正定数とする．その結果を利用して熱伝導方程式 $u_t - k u_{xx} = 0$ の初期値，(1) $u(x,0) = e^{ax}\cos bx$, (2) $u(x,0) = e^{ax}\sin bx$ に対する解を求めなさい．

7.16 熱伝導方程式 $u_t - k u_{xx} = 0$ を次の初期条件 $u(x,0) = f(x)$ のもとで解きなさい．ただし $H(x)$ はヘビサイド関数．

(1) $\cos ax$, $a > 0$ (2) $\exp(-x^2)$ (3) $\dfrac{1}{x^2+1}$ (4) $H(x)$

7.17 次の半直線上の初期境界値問題を解きなさい．
$$\begin{cases} u_t - k u_{xx} = 0, & x > 0,\ t > 0, \\ u(x,0) = x^4,\ x > 0, & u(0,t) = 0,\ t > 0. \end{cases}$$

7.18 例題 7.13 の等式 (7.40) をフーリエ余弦変換を用いて導きなさい．

7.19 次の半直線上の初期境界値問題を解きなさい．
$$\begin{cases} u_t - k u_{xx} = 0, & x > 0,\ t > 0, \\ u(x,0) = x^3,\ x > 0, & u_x(0,t) = 0,\ t > 0. \end{cases}$$

7.20 帯状領域 $D = \{x \in \mathbb{R},\ 0 < y < 1\}$ において，ラプラス方程式を非斉次境界条件 $u(x,0) = f(x),\ u(x,1) = g(x)$ のもとでフーリエ変換によって解きなさい．

7.21 例題 7.16 の結果を利用して次の四半平面上の次のラプラス方程式の非斉次境界値問題の解を求めなさい．
$$\begin{cases} u_{xx} + u_{yy} = 0, & x > 0,\ y > 0, \\ u(x,0) = f(x), & x > 0,\quad u(0,y) = g(y),\quad y > 0. \end{cases}$$
ただし，$f(x), g(y)$ は有界連続な関数で $f(0) = g(0) = 0$ を満たす．

7.22 非斉次波動方程式 $u_{tt} - c^2 u_{xx} = h(x,t)$ の初期値問題に対して公式 (2.21) をフーリエ変換により導きなさい．

7.23 $\varepsilon > 0$ に対して
$$f(x;\varepsilon) = \frac{\varepsilon}{\pi(x^2 + \varepsilon^2)}, \quad g(x) = \begin{cases} 1, & a \le x \le b, \\ 0, & x \notin [a,b] \end{cases}$$
とする．

(1) 合成積 $u(x;\varepsilon) = f(\cdot\,;\varepsilon) * g(x)$ を計算しなさい．

(2) $\varepsilon \to +0$ のときの $u(x;\varepsilon)$ の極限を求めなさい．

7.24 次の 1 階線形偏微分方程式の初期値問題を解きなさい.

$$(\text{PDE}) \quad au_x(x,y) + bu_y(x,y) = cu(x,y), \quad u(0,y) = \varphi(y).$$

ただし, $a \neq 0, b, c$ は実定数, $\varphi(y)$ は第 2 次導関数まですべて絶対可積分な C^2 級関数とする.

(1) $\varphi(y)$ のフーリエ変換 $\widehat{\varphi}(\eta)$ は絶対可積分関数であることを $\varphi(y)$ の条件から導きなさい.

(2) 偏微分方程式 (PDE) を y 変数でフーリエ変換して (PDE) を x 変数の常微分方程式の初期値問題に直しなさい. ただし, y の双対変数を η とし, $\mathscr{F}\bigl[u(x,\cdot)\bigr](\eta) = \widehat{u}(x,\eta)$ と表す.

(3) (2) の x 変数の常微分方程式の初期値問題を解きなさい.

(4) (3) から (PDE) を解きなさい.

8 ラプラス変換

　常微分方程式の解法の1つとしてラプラス変換を利用した演算子法があるが，ここではフーリエ変換の拡張としてラプラス変換を導入し，その基本的な性質を紹介する．フーリエ変換を定義するためには絶対可積分性を必要とするが，ラプラス変換は増大する関数も取り扱うことができる．偏微分方程式へ応用する際には時間変数に対してラプラス変換を適用する．したがって初期境界値問題に対しても初期値問題と全く同様に適用できるが，残念ながら紙面数の都合上応用は割愛する．

キーワード

ラプラス変換　絶対収束の横座標
反転公式　ブロムウィッチ積分
合成積（たたみ込み）　逆ラプラス変換

8.1 ラプラス変換

第 7 章でフーリエ変換を紹介したが，関数に絶対可積分性が必要とされるので，3.2 節で一部紹介した『超関数』と呼ばれる汎関数とそのフーリエ変換を導入しない限りフーリエ変換を十分には活用できない．例えば $H(x)$ を**ヘビサイド関数**とする：$H(x) = 1\ (x \geq 0)$, $H(x) = 0\ (x < 0)$（3.2 節参照）．ヘビサイド関数は絶対可積分ではないので通常の意味でのフーリエ変換を定義できない．しかし任意の $\sigma > 0$ に対して $e^{-\sigma x}$ をかけた関数 $e^{-\sigma x}H(x)$ は $\mathbb{R}$ 上絶対可積分であるから，そのフーリエ変換を定義できる．実際に

$$\mathscr{F}\left[e^{-\sigma x}H(x)\right](\xi) = \frac{1}{\sqrt{2\pi}} \int_{-\infty}^{\infty} e^{-ix\xi} e^{-\sigma x} H(x)\, dx$$
$$= \frac{1}{\sqrt{2\pi}} \int_0^{\infty} e^{-(\sigma+i\xi)x}\, dx = \frac{1}{\sqrt{2\pi}} \frac{1}{\sigma+i\xi}$$

となる．超関数 $H(x)$ のフーリエ変換については溝畑 [17, p.99] を参照しなさい．

関数 $f(x)$ に対して $e^{-\sigma_1 x}f(x)$ が $[0,\infty)$ 上で絶対可積分となる実数 σ_1 が 1 つあれば，任意の $\sigma \geq \sigma_1$ に対して $e^{-\sigma x}f(x)$ も $[0,\infty)$ 上で絶対可積分となる．そこでラプラス変換を次のように定義する．

定義 8.1（ラプラス変換）

$[0,\infty)$ 上の関数 $f(x)$ を考える．ある定数 σ_1 に対して $e^{-\sigma_1 x}f(x)$ が $[0,\infty)$ 上で絶対可積分となるとき，線形写像

$$\mathscr{L}[f](s) = \int_0^{\infty} e^{-sx} f(x)\, dx$$

を $f(x)$ の**ラプラス変換**という．ただし s は複素数で

$$s = \sigma + i\xi,\quad \sigma \geq \sigma_1, \xi \in \mathbb{R}$$

とする．

[注意] フーリエ変換では，積分の係数は $\frac{1}{\sqrt{2\pi}}$, 1, $\frac{1}{2\pi}$ と定義により異なるが，ラプラス変換の場合にはフーリエ変換の定義にかかわらず積分の係数は 1 と取る． □

$\sigma > \sigma_0$ ならば $e^{-\sigma x} f(x)$ は絶対可積分になり，$\sigma < \sigma_0$ ならば $e^{-\sigma x} f(x)$ は絶対可積分ではないという σ_0 が存在するとき，σ_0 を $f(x)$ のラプラス変換の**絶対収束の横座標**という．ただし，以下では簡単のために単に『収束横座標』と呼ぶことにする．

例8.1 ヘビサイド関数 $H(x)$ に対して，ラプラス変換 $\mathscr{L}[H(x)](s) = \frac{1}{s}$ の収束横座標は 0 である． □

ヘビサイド関数 $H(x)$ を用いれば，ラプラス変換とフーリエ変換の関係式は
$$\mathscr{L}[f](s) = \sqrt{2\pi}\,\mathscr{F}\bigl[e^{-\sigma x} H(x) f(x)\bigr](\xi), \quad s = \sigma + i\xi \tag{8.1}$$
で与えられるから，ラプラス変換の重要な性質のいくつかはフーリエ変換の性質から導くことができる．偏微分方程式への応用上欠かすことができない反転公式から始める．

定理 8.1（ラプラス変換の反転公式）

関数 $f(x)$ および $f'(x)$ は $[0, \infty)$ 上区分的連続で，σ_0 を $f(x)$ の収束横座標とする．このとき $\sigma > \sigma_0$ に対して次の**ラプラス変換の反転公式**が成立する：$x > 0$ に対して
$$\frac{f(x+0) + f(x-0)}{2} = \frac{1}{2\pi i} \lim_{R \to \infty} \int_{\sigma - iR}^{\sigma + iR} e^{sx} \mathscr{L}[f](s)\, ds. \tag{8.2}$$
ただし，積分は有向線分 $L : s = \sigma + i\xi,\ \xi : -R \to R$ 上の複素積分を表し，**ブロムウィッチ**（Bromwich）**積分**と呼ばれる．

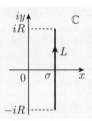

[証明] フーリエ変換の反転公式である定理 7.2 の (7.7) を用いる．関数 $f(x)$ を $x < 0$ に対しては $f(x) = 0$ と定義し直しておく．与えられた σ に対して $g(x) = e^{-\sigma x} f(x)$ は $\mathbb{R}$ 上で絶対可積分だから，$g(x)$ に (7.7) を適用すると

$$\frac{g(x+0)+g(x-0)}{2} = \frac{1}{\sqrt{2\pi}} \lim_{R\to\infty} \int_{-R}^{R} e^{ix\xi} \mathscr{F}[g](\xi)\,d\xi, \quad x>0$$

が成り立つ．関係式 (8.1) を用いれば等式

$$\frac{e^{-\sigma x}\{f(x+0)+f(x-0)\}}{2} = \frac{1}{2\pi} \lim_{R\to\infty} \int_{-R}^{R} e^{ix\xi} \mathscr{L}[f](\sigma+i\xi)\,d\xi \quad (8.3)$$

が得られる．両辺に $e^{\sigma x}$ をかけ，積分の変数変換 $s = \sigma + i\xi$ を行い，$ds = id\xi$ に注意すれば，(8.2) は (8.3) から導かれる． ∎

次の性質を先に導いておけばラプラス変換の計算が易しくなる．

定理 8.2（ラプラス変換の正則性）

σ_0 を関数 $f(x)$ の収束横座標とすると，$\mathscr{L}[f](s)$ は $\mathrm{Re}\,s > \sigma_0$ における s の正則関数である．ただし $\mathrm{Re}\,s$ は複素数 s の実部を表す．したがって実数 $s > \sigma_0$ に対して $f(x)$ のラプラス変換 $\mathscr{L}[f](s)$ を計算し，必要に応じて s を複素数 $\sigma + i\xi$ に解析接続して拡張すれば，ラプラス変換の一般形が導かれる．

[**証明**] 複素平面 $\mathbb{C}$ の部分集合 D を $D = \{s \in \mathbb{C} \mid \mathrm{Re}\,s > \sigma_0\}$ と置く．任意の $s \in D$ に対して実数 σ_1 を $\sigma = \mathrm{Re}\,s > \sigma_1 > \sigma_0$ を満たすように選ぶ．このとき等式

$$|xe^{-sx}f(x)| = |x|e^{-\sigma x}|f(x)| = |x|e^{-(\sigma-\sigma_1)x}\,e^{-\sigma_1 x}|f(x)|$$

において，$|x|e^{-(\sigma-\sigma_1)x}$ は $x \geq 0$ で有界，$e^{-\sigma_1 x}f(x)$ は $[0,\infty)$ 上絶対可積分であるから，$xe^{-\sigma x}f(x)$ は $[0,\infty)$ 上絶対可積分である．したがって 3.1 節の補題 3.1 により次のように偏微分と積分との順序交換ができる．

$$\frac{\partial}{\partial \sigma}\mathscr{L}[f](\sigma+i\xi) = \int_0^\infty \frac{\partial e^{-(\sigma+i\xi)x}}{\partial \sigma}f(x)\,dx = -\int_0^\infty e^{-sx}xf(x)\,dx,$$

$$\frac{\partial}{\partial \xi}\mathscr{L}[f](\sigma+i\xi) = \int_0^\infty \frac{\partial e^{-(\sigma+i\xi)x}}{\partial \xi}f(x)\,dx = -i\int_0^\infty e^{-sx}xf(x)\,dx.$$

ただし，$s = \sigma + i\xi$．これから偏導関数は連続でコーシー–リーマンの関係式（例えばチャーチル-ブラウン[8, p.19] 参照）

$$\frac{\partial}{\partial \sigma}\mathscr{L}[f](\sigma+i\xi) = \frac{1}{i}\frac{\partial}{\partial \xi}\mathscr{L}[f](\sigma+i\xi)$$

が成り立ち，したがって $\mathscr{L}[f](s)$ は D 上で正則となる． ∎

次の結果はリーマン–ルベーグの補題（定理 7.3）に対応するもので，後で逆ラプラス変換を計算する際に利用する．反転公式が成立するので応用上はラプラス変換は 1 対 1 対応であるとして差し支えないが，元の関数 $f(x)$ が未知の際に必要となる．

定理 8.3（ラプラス変換の無限遠点での挙動）

関数 $f(x)$ は $[0, \infty)$ 上区分的連続で，σ_0 を $f(x)$ の収束横座標とする．任意の $\sigma_1 > \sigma_0$ に対して，右半平面 $\operatorname{Re} s \geq \sigma_1$ 上で $|s| \to \infty$ とするならば

$$\mathscr{L}[f](s) \to 0 \tag{8.4}$$

が成立する．

[証明] $s = \sigma + i\xi$, $\sigma \geq \sigma_1$ とする．まず $|\xi| \to \infty$ のときは，ラプラス変換とフーリエ変換の関係式 (8.1) とリーマン–ルベーグの補題（定理 7.3）を組み合わせれば (8.4) が導かれる．次に $\sigma \to \infty$ のとき (8.4) を導こう．$e^{-\sigma x} f(x)$ は区分的連続だから，任意の $\varepsilon > 0$ に対して十分小さな数 $\delta > 0$ を選べば，不等式

$$\left| \int_0^\delta e^{-\sigma x} f(x) \, dx \right| < \frac{\varepsilon}{2} \tag{8.5}$$

が $\sigma \geq \sigma_1$ によらず成立する．次に $e^{-\sigma_1 x} f(x)$ は絶対可積分であるから，$\sigma \geq \sigma_1$ ならば

$$\left| \int_\delta^\infty e^{-(\sigma+i\xi)x} f(x) \, dx \right| \leq \int_\delta^\infty e^{-(\sigma-\sigma_1)x} e^{-\sigma_1 x} |f(x)| \, dx$$

$$\leq e^{-(\sigma-\sigma_1)\delta} \int_0^\infty e^{-\sigma_1 x} |f(x)| \, dx.$$

最後の不等式の右辺は $\sigma \to \infty$ のときゼロに収束する．(8.5) の不等式と合わせれば $\sigma \to \infty$ のとき $\mathscr{L}[f](\sigma + i\xi) \to 0$ が従う． ■

定理 8.2, 8.3 の結果と正則関数に関するコーシーの積分定理によれば，ラプラス変換の反転公式 (8.2) の右辺は σ の選び方にはよらないことがわかる．

8.2　ラプラス変換の計算

ここでは初等関数および線形写像のラプラス変換の計算例を紹介する．

例題 8.1　　　　　　　　　　　　　　　　　　　ラプラス変換の計算 (1)

次のラプラス変換式を導きなさい．ただし，a, ω は実定数．

(1) $\mathscr{L}[e^{ax}](s) = \dfrac{1}{s-a}, \quad s > a.$

(2) $\mathscr{L}[\cosh ax](s) = \dfrac{s}{s^2-a^2}, \quad s > |a|.$

(3) $\mathscr{L}[\sinh ax](s) = \dfrac{a}{s^2-a^2}, \quad s > |a|.$

(4) $\mathscr{L}[\cos \omega x](s) = \dfrac{s}{s^2+\omega^2}, \quad s > 0.$

(5) $\mathscr{L}[\sin \omega x](s) = \dfrac{\omega}{s^2+\omega^2}, \quad s > 0.$

【解答】 (1) $s > a$ に対して

$$\mathscr{L}[e^{ax}](s) = \int_0^\infty e^{-sx} e^{ax}\, dx = \left[\frac{-e^{-(s-a)x}}{s-a}\right]_0^\infty = \frac{1}{s-a}.$$

(2), (3) は定義 $\cosh ax = \dfrac{e^{ax}+e^{-ax}}{2}$，$\sinh ax = \dfrac{e^{ax}-e^{-ax}}{2}$ と積分の線形性を用いて (1) から導かれる．

(4), (5) はともにオイラーの公式 $e^{i\omega x} = \cos \omega x + i \sin \omega x$ を用いて計算する．

$$\mathscr{L}[e^{i\omega x}](s) = \int_0^\infty e^{-sx} e^{i\omega x} = \left[\frac{-e^{-(s-i\omega)x}}{s-i\omega}\right]_0^\infty = \frac{1}{s-i\omega}$$
$$= \frac{s}{s^2+\omega^2} + i\frac{\omega}{s^2+\omega^2}.$$

s は実数だから両辺の実部，虚部どうしを比較すれば求める等式が得られる．■

例題 8.2　　　　　　　　　　　　　　　　　　　ラプラス変換の計算 (2)

次のラプラス変換式を導きなさい．ただし $a > -1$, $\Gamma(s)$ はガンマ関数．

$$\mathscr{L}[x^a](s) = \frac{\Gamma(a+1)}{s^{a+1}}, \quad s > 0.$$

【解答】 積分で $t = sx$ と置換すれば，$s > 0$ により

$$\mathscr{L}[x^a](s) = \int_0^\infty e^{-sx} x^a \, dx = \frac{1}{s^{a+1}} \int_0^\infty e^{-t} t^{(a+1)-1} \, dt = \frac{1}{s^{a+1}} \Gamma(a+1).$$

最後の等式はガンマ関数の定義による. ■

次に写像のラプラス変換について考える.

例題 8.3 ──────────────── ラプラス変換の計算 (3)

σ_0 を $f(x)$ の収束横座標とし，$s > \sigma_0$ とする．また c, a は正定数とするとき，次の等式を導きなさい．

(1) $\mathscr{L}[f(cx)](s) = \dfrac{1}{c}\mathscr{L}[f]\left(\dfrac{s}{c}\right)$. $s > c\sigma_0$.

(2) $\mathscr{L}[e^{\mp ax} f(x)](s) = \mathscr{L}[f](s \pm a)$. $s > \sigma_0 \mp a$.

【解答】 (1) では置換 $cx = z$ を行えば良い．(2) は積分において指数関数をまとめれば良い. ■

命題 8.1（ラプラス変換と微分）

各 s は $f(x)$（およびその高次導関数）の収束横座標 σ_0 に対して $s > \sigma_0$ を満たすとするとき，次の結果が成り立つ．

(1) $x \to \infty$ のとき $e^{-sx} f(x) \to 0$ ならば
$$\mathscr{L}[f'(x)](s) = s\mathscr{L}[f](s) - f(+0).$$

(2) $x \to \infty$ のとき，$e^{-sx} f'(x) \to 0, e^{-sx} f(x) \to 0$ ならば
$$\mathscr{L}[f''(x)](s) = s^2 \mathscr{L}[f](s) - sf(+0) - f'(+0).$$

(3) $\mathscr{L}[xf(x)](s) = -\dfrac{d}{ds}\mathscr{L}[f](s).$

(4) $\mathscr{L}[x^2 f(x)](s) = (-1)^2 \dfrac{d^2}{ds^2}\mathscr{L}[f](s).$

［証明］ (1) 仮定を用いれば部分積分により
$$\begin{aligned}\mathscr{L}[f'(x)](s) &= \int_0^\infty e^{-sx} f'(x) \, dx \\ &= \left[e^{-sx} f(x)\right]_0^\infty - \int_0^\infty (-s)e^{-sx} f(x) \, dx = -f(+0) + s\mathscr{L}[f](s).\end{aligned}$$

(2) (1) の結果を 2 度用いる．$g(x) = f'(x)$ と置けば

$$\mathscr{L}\bigl[f''(x)\bigr](s) = \mathscr{L}\bigl[g'(x)\bigr](s) = s\mathscr{L}[g](s) - g(+0)$$
$$= s\bigl\{s\mathscr{L}[f](s) - f(+0)\bigr\} - f'(+0).$$

(3) 定数 σ_1 を $\sigma_0 < \sigma_1 < s$ を満たすように取る．$g(x) = e^{-\sigma_1 x} f(x)$ は $[0, \infty)$ 上絶対可積分かつ $|xe^{-(s-\sigma_1)x}|$ は有界であるから，$xe^{-sx}f(x)$ は $[0, \infty)$ 上絶対可積分である．したがって補題 3.1 により積分記号のもとで偏微分できる．

$$\frac{d}{ds}\mathscr{L}[f](s) = \frac{d}{ds}\int_0^\infty e^{-sx} f(x)\,dx = \int_0^\infty \frac{\partial}{\partial s} e^{-sx} f(x)\,dx$$
$$= -\int_0^\infty e^{-sx} x f(x)\,dx = -\mathscr{L}\bigl[xf(x)\bigr](s).$$

(4) (3) と同じ議論で積分記号のもとで s で 2 回偏微分すれば良い． ∎

命題 8.2（ラプラス変換と積分）

ラプラス変換は次の性質を持つ．ただし σ_0 は $f(x)$ の収束横座標とする．

(1) $\dfrac{f(x)}{x}$ が $(0, 1]$ 上で絶対可積分ならば，$s > \sigma_0$ に対して

$$\mathscr{L}\left[\frac{f(x)}{x}\right](s) = \int_s^\infty \mathscr{L}[f](t)\,dt.$$

(2) $s > \max(\sigma_0, 0)$ に対して

$$\mathscr{L}\left[\int_0^x f(t)\,dt\right](s) = \frac{1}{s}\mathscr{L}[f](s).$$

[証明] (1) $e^{-sx}f(x)$ は $[0, \infty)$ 上絶対可積分であり，任意の $t \geq s$ に対して

$$|e^{-tx}f(x)| = e^{-(t-s)x}|e^{-sx}f(x)| \leq |e^{-sx}f(x)|$$

が成り立つから積分 $\int_0^\infty e^{-tx}f(x)\,dx$ は t について一様収束する．よって補題 7.1 の (3) を使えば積分順序を交換できる．任意の $\tau > s_0 = \max(s, 0)$ に対して

$$\int_s^\tau \mathscr{L}[f](t)\,dt = \int_s^\tau dt \int_0^\infty e^{-tx} f(x)\,dx$$
$$= \int_0^\infty dx \int_s^\tau e^{-tx} f(x)\,dt. \tag{8.6}$$

ここで $\dfrac{f(x)}{x}$ が $(0, 1]$ 上絶対可積分であるから

8.2 ラプラス変換の計算

$$\int_0^\infty dx \int_s^\tau e^{-xt} f(x)\,dt = \int_0^\infty \left[-\frac{e^{-xt}}{x}\right]_s^\tau f(x)\,dx$$
$$= \int_0^\infty e^{-sx} \frac{f(x)}{x}\,dx - \int_0^\infty e^{-\tau x} \frac{f(x)}{x}\,dx = \mathscr{L}\left[\frac{f(x)}{x}\right](s) - I(\tau) \tag{8.7}$$

を得る．$I(\tau)$ の積分区間を $\delta > 0$ で 2 つに分けて調べる．

$$I(\tau) = \int_0^\infty e^{-\tau x} \frac{f(x)}{x}\,dx$$
$$= \int_0^\delta e^{-\tau x} \frac{f(x)}{x}\,dx + \int_\delta^\infty e^{-\tau x} \frac{f(x)}{x}\,dx = I_1(\tau) + I_2(\tau).$$

$\frac{f(x)}{x}$ の絶対可積分性により任意の $\varepsilon > 0$ に対して δ を不等式

$$\int_0^\delta \left|\frac{f(x)}{x}\right| dx < \frac{\varepsilon}{2}$$

が成り立つように選べば，任意の $\tau > s_0$ に対して $0 < e^{-\tau x} \leq 1$ だから $|I_1(\tau)| < \frac{\varepsilon}{2}$ を得る．一方，不等式

$$|I_2(\tau)| \leq \int_\delta^\infty e^{-(\tau-s)x} \frac{e^{-sx}|f(x)|}{x}\,dx \leq \frac{e^{-(\tau-s)\delta}}{\delta} \int_0^\infty e^{-sx}|f(x)|\,dx$$

により $\tau \to \infty$ のとき $I_2(\tau) \to 0$ が導かれる．したがって $I(\tau) \to 0$ となる．これらと (8.6), (8.7) を合わせれば (1) の結果が得られる．

(2) $\sigma_0 \geq 0$ とする．任意の $R > 0$ に対して積分順序を交換して計算すれば

$$\int_0^R dx\,e^{-sx} \int_0^x f(t)\,dt = \int_0^R dt \int_t^R e^{-sx} f(t)\,dx$$
$$= \int_0^R \left[-\frac{e^{-sx}}{s}\right]_t^R f(t)\,dt = \frac{1}{s} \int_0^R (e^{-st} - e^{-sR}) f(t)\,dt$$

を得る．詳細を省くが，これらの等式で極限 $R \to \infty$ を取れば結論を得る．∎

例8.2 命題 8.2 を使って次の等式を導こう．ただし ω は正定数．

$$\mathscr{L}\left[\frac{\sin \omega x}{x}\right](s) = \arctan \frac{\omega}{s}, \quad s > 0.$$

実際に

$$\lim_{x \to 0} \frac{\sin \omega x}{x} = \omega$$

だから $f(x) = \sin \omega x$ は命題 8.2 の (1) の条件を $\sigma_0 = 0$ で満たす．したがって $s > 0$ に対して例題 8.1 の (5) を用いれば

$$\mathscr{L}\left[\frac{\sin\omega x}{x}\right](s) = \int_s^\infty \mathscr{L}[\sin\omega x](t)\,dt = \int_s^\infty \frac{\omega}{t^2+\omega^2}\,dt$$
$$= \left[\arctan\frac{t}{\omega}\right]_s^\infty = \frac{\pi}{2} - \arctan\frac{s}{\omega} = \arctan\frac{\omega}{s}. \qquad \square$$

命題 8.3（合成積とラプラス変換）

関数 $f(x), g(x)$ は $x<0$ ではゼロとする．このとき

$$f*g(x) = \begin{cases} \displaystyle\int_0^x f(x-y)g(y)\,dy, & x\geq 0, \\ 0, & x<0 \end{cases} \tag{8.8}$$

を $f(x)$ と $g(x)$ の**合成積，たたみ込み**といい，そのラプラス変換は

$$\mathscr{L}[f*g](s) = \mathscr{L}[f](s)\mathscr{L}[g](s) \tag{8.9}$$

と計算される．

[証明] $f(x), g(x)$ の収束横座標で大きいものを σ_0 とする．任意の $s > \sigma_0$，任意の $R>0$ に対して積分順序を入れ換えると

$$I(R) = \int_0^R dx\, e^{-sx}\int_0^x f(x-y)g(y)\,dy = \int_0^R dy\int_y^R e^{-sx}f(x-y)g(y)\,dx.$$

$x-y=z$ と置換すると

$$I(R) = \int_0^R dy\int_0^{R-y} e^{-s(z+y)}f(z)g(y)\,dz$$
$$= \int_0^R dy\, e^{-sy}g(y)\int_0^{R-y} e^{-sz}f(z)\,dz$$
$$= \iint_{D(R)} \varphi(y,z)\,dydz.$$

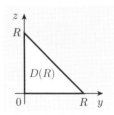

ここに，$D(R)=\{(y,z)\,|\,0\leq y+z\leq R, y\geq 0, z\geq 0\}$（上図参照）．関数 $\varphi(y,z)=e^{-sy}g(y)e^{-sz}f(z)$ は仮定から 2 次元無限区間 $D=[0,\infty)\times[0,\infty)$ 上で絶対可積分である．$R\to\infty$ のとき $D(R)\to D$ となるから

$$\lim_{R\to\infty} I(R) = \iint_D \varphi(y,z)\,dydz$$
$$= \left\{\int_0^\infty e^{-sy}g(y)\,dy\right\}\left\{\int_0^\infty e^{-sz}f(z)\,dz\right\} = \mathscr{L}[f](s)\mathscr{L}[g](s)$$

を得る． ∎

―― 例題 8.4 ――――――――――――――――――― ラプラス変換の計算 (4) ――

次の等式を示しなさい．

(1) $\mathscr{L}\left[\int_0^x (x-y)f(y)\,dy\right](s) = \dfrac{\mathscr{L}[f](s)}{s^2}$.

(2) $\mathscr{L}\left[\int_0^x e^{-a(x-y)}f(y)\,dy\right](s) = \dfrac{\mathscr{L}[f](s)}{s+a}$.

【解答】 (1) 命題 8.3 と例題 8.2 および $\varGamma(2) = 1! = 1$ により

$$\mathscr{L}\left[\int_0^x (x-y)f(y)\,dy\right](s) = \mathscr{L}[x](s)\mathscr{L}[f](s) = \frac{\varGamma(2)}{s^2}\mathscr{L}[f](s)$$
$$= \frac{\mathscr{L}[f](s)}{s^2}.$$

(2) 命題 8.3 と例題 8.1 の (1) により

$$\mathscr{L}\left[\int_0^x e^{-a(x-y)}f(y)\,dy\right](s) = \mathscr{L}\left[e^{-ax}\right](s)\mathscr{L}[f](s) = \frac{\mathscr{L}[f](s)}{s+a}. \blacksquare$$

―― 命題 8.4 （周期関数のラプラス変換） ――――――――――――――

関数 $f(x)$ は $[0,\infty)$ 上区分的連続で，周期 p $(p>0)$ の周期関数とする．このとき，次の等式が成り立つ．

$$\mathscr{L}[f](s) = \frac{1}{1-e^{-ps}}\int_0^p e^{-sx}f(x)\,dx.$$

[証明] 関数 $f(x)$ は有界であるから $s > 0$ に対して

$$\mathscr{L}[f](s) = \int_0^\infty e^{-sx}f(x)\,dx$$

は収束する．無限区間 $[0,\infty)$ を p の長さで分割し，各区間 $[np, (n+1)p]$ 上の積分で置換 $x = y + np$ を行えば，p 周期性 $f(x) = f(y+np) = f(y)$ により

$$\int_0^\infty e^{-sx}f(x)\,dx = \sum_{n=0}^\infty \int_{np}^{(n+1)p} e^{-sx}f(x)\,dx = \sum_{n=0}^\infty e^{-nsp}\int_0^p e^{-sy}f(y)\,dy$$
$$= \left\{\sum_{n=0}^\infty (e^{-sp})^n\right\}\int_0^p e^{-sy}f(y)\,dy$$
$$= \frac{1}{1-e^{-sp}}\int_0^p e^{-sy}f(y)\,dy. \blacksquare$$

例8.3 三角関数ではない周期関数として，フーリエ級数で既に扱った矩形波，ノコギリ波に加えて三角波がよく知られている．ここでは下図のような矩形波 $y = f(x)$ と三角波 $y = g(x)$ のラプラス変換を考える．ただし A, a は正定数とする．

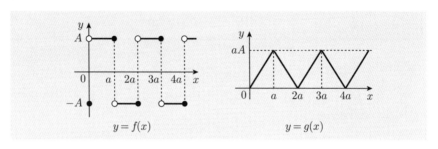

$f(x)$ のラプラス変換を計算すると，命題 8.4 により

$$\mathscr{L}[f](s) = \frac{1}{1 - e^{-2as}} \left\{ \int_0^a e^{-sy} A \, dy + \int_a^{2a} e^{-sy} (-A) \, dy \right\}$$

$$= \frac{A}{s(1 - e^{-2as})} \left\{ (1 - e^{-as}) + (e^{-2as} - e^{-as}) \right\}$$

$$= \frac{A}{s} \frac{(1 - e^{-as})^2}{(1 + e^{-as})(1 - e^{-as})}$$

$$= \frac{A}{s} \frac{1 - e^{-as}}{1 + e^{-as}}$$

$$= \frac{A}{s} \tanh \frac{as}{2}$$

となる．**例5.1** のノコギリ波および三角波 $g(x)$ のラプラス変換の計算は演習問題として残しておく（それぞれ演習問題 8.2, 8.3）． □

8.3 逆ラプラス変換の計算

8.1 節の定理 8.1 でラプラス変換の反転公式 (8.2) を示した．$\operatorname{Re} s > \sigma_0$ で正則な関数 $F(s)$ がある関数 $f(x)$ のラプラス変換であるとする．このとき

$$\mathscr{L}^{-1}[F](x) = \frac{1}{2\pi i} \lim_{R \to \infty} \int_{\sigma-iR}^{\sigma+iR} e^{xs} F(s)\, ds, \quad x > 0 \tag{8.10}$$

を $F(s)$ の**逆ラプラス変換**という．ただし，積分はブロムウィッチ積分である．$F(s)$ はある連続関数 $f(x)$ のラプラス変換であることが予め知られている場合には，ラプラス変換の反転公式 (8.2) により $\mathscr{L}^{-1}[F](x) = f(x)$ が導かれるが，この $f(x)$ が未知の場合にどのように逆ラプラス変換を計算するか，を紹介するのがこの節の目的である．

定理 8.4（留数による逆ラプラス変換の計算）

定数 $\sigma_0 \geq 0$ に対して複素関数 $F(s), s \in \mathbb{C}$ は $\operatorname{Re} s > \sigma_0$ で正則で，$\operatorname{Re} s \leq \sigma_0$ では高々，有限個の極 $s_1, s_2, \ldots, s_k$ を除いて正則であるとする．さらに定数 $\sigma_1 > \sigma_0$ に対して，$s = \sigma_1$ を中心とする十分大きな半径 R の左半円（$\operatorname{Re} s \leq \sigma_1$）を C_R とする（次ページ図参照）と，$R \to \infty$ のとき $F(s)$ は C_R 上で一様にゼロに収束すると仮定する．このとき $F(s)$ の逆ラプラス変換 $\mathscr{L}^{-1}[F](x)$ は次の $e^{xs} F(s)$ の留数計算で与えられる．

$$\mathscr{L}^{-1}[F](x) = \sum_{j=1}^{k} \operatorname{Res}(e^{xs} F(s), s_j). \tag{8.11}$$

[証明] 仮定である $F(s)$ に関する C_R 上の一様収束条件を確認しておく．$R > 0$ に対して左半円 C_R は次のようにパラメーター表示できる．

$$C_R: s = \sigma_1 + R e^{it}, \quad t: \frac{\pi}{2} \to \frac{3\pi}{2}. \tag{8.12}$$

したがって一様収束条件は

$$\lim_{R \to \infty} \max_{\pi/2 \leq t \leq 3\pi/2} \left| F(\sigma_1 + R e^{it}) \right| = 0 \tag{8.13}$$

と表せる．

複素平面内の有向線分 $\Gamma_R: s = \sigma_1 + i\xi,\ \xi: -R \to R$ に対して，(8.10) は

$$\mathscr{L}^{-1}[F](x) = \lim_{R\to\infty} \frac{1}{2\pi i} \int_{\varGamma_R} e^{xs} F(s)\, ds, \quad x > 0 \qquad (8.14)$$

となる．閉曲線 $\varGamma_R + C_R$ が特異点 $s_1, s_2, \ldots, s_k$ をすべて内側に含むように $R > 0$ を大きく選んでおく（下図参照）．

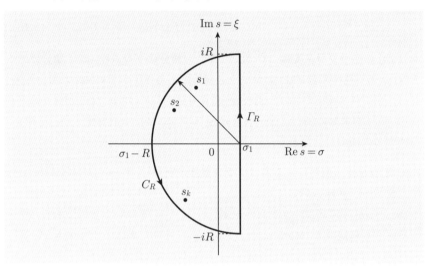

複素関数 $e^{xs} F(s)$ は有限個の特異点を除いて正則であるから，留数定理を適用すると

$$\int_{C_R + \varGamma_R} e^{xs} F(s)\, ds = 2\pi i \sum_{j=1}^{k} \mathrm{Res}\bigl(e^{xs} F(s),\, s_j\bigr)$$

となり，線積分を 2 つに分けて等式

$$\frac{1}{2\pi i} \int_{\varGamma_R} e^{xs} F(s)\, ds = \sum_{j=1}^{k} \mathrm{Res}\bigl(e^{xs} F(s),\, s_j\bigr) - \frac{1}{2\pi i} \int_{C_R} e^{xs} F(s)\, ds \quad (8.15)$$

が従う．証明を完結するためには，(8.15) の右辺第 2 項の積分が $R \to \infty$ のときゼロに収束することを示せば良い．C_R のパラメータ表示 (8.12) を使って積分を表示すると

$$I(R) = \int_{C_R} e^{xs} F(s)\, ds = \int_{\pi/2}^{3\pi/2} \exp\bigl(\sigma_1 x + Rx e^{it}\bigr) F\bigl(\sigma_1 + R e^{it}\bigr) i R e^{it}\, dt$$

$$= i R e^{\sigma_1 x} \int_{\pi/2}^{3\pi/2} e^{Rx\cos t + i(Rx\sin t + t)} F\bigl(\sigma_1 + R e^{it}\bigr) dt.$$

8.3 逆ラプラス変換の計算

したがって

$$|I(R)| \leq Re^{\sigma_1 x} \int_{\pi/2}^{3\pi/2} e^{Rx\cos t} \left|F(\sigma_1 + Re^{it})\right| dt$$
$$\leq Re^{\sigma_1 x} \max_{\pi/2 \leq t \leq 3\pi/2} \left|F(\sigma_1 + Re^{it})\right| \int_{\pi/2}^{3\pi/2} e^{Rx\cos t} dt \qquad (8.16)$$

を得る．ここで (8.16) の最後の積分で 2 度の置換 $t = t' + \pi$, $t' = \frac{\pi}{2} - \tau$ を行えば

$$\int_{\pi/2}^{3\pi/2} e^{Rx\cos t} dt = \int_{-\pi/2}^{\pi/2} e^{-Rx\cos t'} dt'$$
$$= 2\int_0^{\pi/2} e^{-Rx\cos t'} dt'$$
$$= 2\int_{\pi/2}^0 e^{-Rx\sin\tau}(-1)d\tau$$
$$= 2\int_0^{\pi/2} e^{-Rx\sin\tau} d\tau. \qquad (8.17)$$

さらにジョルダンの不等式

$$\frac{2\tau}{\pi} \leq \sin\tau, \quad 0 \leq \tau \leq \frac{\pi}{2}$$

を用いれば $Rx > 0$ に注意して

$$\int_0^{\pi/2} e^{-Rx\sin\tau} d\tau \leq \int_0^{\pi/2} e^{-2Rx\tau/\pi} d\tau$$
$$= \frac{\pi}{2Rx}(1 - e^{-Rx}) < \frac{\pi}{2Rx} \qquad (8.18)$$

を得る．(8.16)-(8.18) を合わせれば

$$|I(R)| \leq \frac{\pi e^{\sigma_1 x}}{x} \max_{\pi/2 \leq t \leq 3\pi/2} \left|F(\sigma_1 + Re^{it})\right|$$

となり一様収束条件 (8.13) から $R \to \infty$ のとき $I(R) \to 0$ となる．これと (8.14), (8.15) を合わせれば (8.11) が得られる． ∎

注意 $F(s)$ が極以外の特異点を持つ場合（例えば $\sqrt{s}$ を含む）には，複素平面に適当な切断を入れることによって切断の往復部分の積分も (8.11) の右辺に現れる． □

---- 例題 8.5 ---------------------------- 逆ラプラス変換の計算例 ----

次の等式を定理 8.4 を用いて導きなさい．

(1) $a \in \mathbb{R}$ に対して，$\mathscr{L}^{-1}\left[\dfrac{1}{s-a}\right](x) = e^{ax}$．

(2) $a < b$ に対して，$\mathscr{L}^{-1}\left[\dfrac{1}{(s-a)(s-b)}\right](x) = \dfrac{e^{bx} - e^{ax}}{b-a}$．

(3) $a \in \mathbb{R}$ に対して，$\mathscr{L}^{-1}\left[\dfrac{1}{(s-a)^2}\right](x) = xe^{ax}$．

(4) $\omega \in \mathbb{R}$ に対して，$\mathscr{L}^{-1}\left[\dfrac{1}{s^2+\omega^2}\right](x) = \dfrac{\sin \omega x}{\omega}$．

【解答】 逆ラプラス変換をする関数 $F(s)$ はすべて高々 2 つの極を持つ有理関数であるから，定理 8.4 の条件を満たす．

(1) 関数 $F(s) = \dfrac{1}{s-a}$ は 1 位の極 $s = a$ を持つので
$$\mathscr{L}^{-1}[F](x) = \mathrm{Res}\left(\dfrac{e^{xs}}{s-a},\, a\right) = e^{ax}.$$

(2) 関数 $F(s) = \dfrac{1}{(s-a)(s-b)}$ は 2 つの 1 位の極 $s = a, b$ を持つので
$$\mathscr{L}^{-1}[F](x) = \mathrm{Res}\left(\dfrac{e^{xs}}{(s-a)(s-b)},\, a\right) + \mathrm{Res}\left(\dfrac{e^{xs}}{(s-a)(s-b)},\, b\right)$$
$$= \dfrac{e^{ax}}{a-b} + \dfrac{e^{bx}}{b-a} = \dfrac{e^{bx} - e^{ax}}{b-a}.$$

(3) 関数 $F(s) = \dfrac{1}{(s-a)^2}$ は 2 位の極 $s = a$ を持つので
$$\mathscr{L}^{-1}[F](x) = \mathrm{Res}\left(\dfrac{e^{xs}}{(s-a)^2},\, a\right)$$
$$= \dfrac{1}{(2-1)!} \dfrac{d}{ds}\left\{(s-a)^2 \dfrac{e^{xs}}{(s-a)^2}\right\}\bigg|_{s=a} = xe^{ax}.$$

(4) 関数 $F(s) = \dfrac{1}{s^2+\omega^2}$ は 2 つの 1 位の極 $s = \pm i\omega$ を持つので
$$\mathscr{L}^{-1}[F](x) = \mathrm{Res}\left(\dfrac{e^{xs}}{s^2+\omega^2},\, i\omega\right) + \mathrm{Res}\left(\dfrac{e^{xs}}{s^2+\omega^2},\, -i\omega\right)$$
$$= \dfrac{e^{xs}}{(s^2+\omega^2)'}\bigg|_{s=i\omega} + \dfrac{e^{xs}}{(s^2+\omega^2)'}\bigg|_{s=-i\omega}$$
$$= \dfrac{e^{ix\omega}}{2i\omega} + \dfrac{e^{-ix\omega}}{-2i\omega} = \dfrac{\sin \omega x}{\omega}.$$

8章の演習問題

8.1 次の関数を収束横座標を見つけてラプラス変換しなさい．ただし a, b, ω は正定数，n は自然数とする．

(1) $H(x) - H(x-a)$ (2) $e^{ax}\sin bx$ (3) $e^{ax}\cos bx$
(4) $x^n e^{ax}$ (5) $x\sin\omega x$ (6) $x\cos\omega x$
(7) $\exp(-ax^2)$ (8) $|\sin x|$ (9) $\dfrac{\sin x + |\sin x|}{2}$
(10) $\displaystyle\int_0^{ax} \dfrac{\sin t}{t}\,dt$ (11) $\mathrm{erf}(ax) = \dfrac{2}{\sqrt{\pi}}\displaystyle\int_0^{ax} \exp(-z^2)\,dz$

8.2 例 5.1 のノコギリ波のラプラス変換を計算しなさい．

8.3 例 8.3 の三角波のラプラス変換を計算しなさい．

8.4 次の関数の逆ラプラス変換を求めなさい（方法は問わない）．ただし a, b は正定数とする．

(1) $\dfrac{s}{(s^2+a^2)^2}$ (2) $\dfrac{1}{(s^2+a^2)(s^2+b^2)}$ (3) $\dfrac{1}{s^4-a^4}$
(4) $\dfrac{1}{s^3+a^3}$ (5) $\log\dfrac{s+a}{s+b}$ (6) $\log\dfrac{s^2+a^2}{(s-b)^2}$

8.5 $x \leq 0$ でゼロとなる関数 $f(x), g(x)$ に対して，定義 7.4 の意味で f と g の合成積 $f*g(x)$ を計算すれば，それは (8.8) の右辺と一致することを示しなさい．

参考文献

[1] 伊藤清三，『ルベーグ積分入門』，裳華房，1963．
[2] 犬井鉄郎，『特殊関数』，岩波全書，岩波書店，1962．
[3] 入江昭二，垣田高夫，『フーリエの方法』，内田老鶴圃，1996．
[4] 加藤義夫，『偏微分方程式 [新訂版]』，サイエンス社，2003．
[5] 島倉紀夫，『常微分方程式』，裳華房，1988．
[6] 杉浦光夫，『解析入門 I』，東京大学出版会，1990．
[7] W. A. Strauss, "Partial Differential Equations, An Introduction", John Wiley & Sons, 1992.
[8] R. V. チャーチル，J. W. ブラウン，『複素関数入門』，マグロウヒル出版，1989．
[9] R. V. Churchill, J. W. Brown, "Fourier Series and Boundary Value Problems", McGraw-Hill International Edition, 1987.
[10] 長瀬道弘，齋藤誠慈，『フーリエ解析へのアプローチ』，裳華房，1997．
[11] 藤田　宏，池部晃生，犬井鉄郎，高見穎郎，『数理物理に現れる偏微分方程式 I』，岩波講座基礎数学，岩波書店，1977．
[12] 藤田　宏，池部晃生，犬井鉄郎，高見穎郎，『数理物理に現れる偏微分方程式 II』，岩波講座基礎数学，岩波書店，1979．
[13] 藤本敦夫，『複素解析学概説 [改訂版]』，培風館，1990．
[14] K. マイベルク，P. ファヘンアウア，『工科系の数学 7　フーリエ解析』，サイエンス社，1998．
[15] K. マイベルク，P. ファヘンアウア，『工科系の数学 8　偏微分方程式』，変分法，サイエンス社，1999．
[16] 松村昭孝，西原健二，『非線形微分方程式の大域解』，日本評論社，2004．
[17] 溝畑　茂，『偏微分方程式論』，岩波書店，1965．
[18] 望月　清，I. トルシン，『数理物理の微分方程式』，培風館，2005．
[19] 矢嶋信男，『常微分方程式』，理工系の数学入門コース 4，岩波書店，1989．
[20] 吉岡大二郎，『振動と波動』，東京大学出版会，2005．

索引

あ行

依存領域　30
一意性定理　30
一様収束する　99
一般解　2, 3, 5, 21
影響領域　30
エイリアシング　172
エネルギー　27, 137
エネルギー不等式　27
エネルギー法　115, 121
オイラーの公式　148
オイラーの微分方程式　117

か行

解　2
階数　2
解の一意性　51
確定特異点型微分方程式　70
各点収束する　94
重ね合わせ　21
重ね合わせの原理　77
稀薄衝撃波　17
稀薄波　15
ギブス現象　103
基本解　3, 4, 46, 61
逆フーリエ変換　155, 156
逆ラプラス変換　211
逆離散フーリエ変換　175
逆2次元離散フーリエ変換　181
強制振動　130
共鳴　33
矩形波　85
矩形波のフーリエ級数　103
区分的連続　48, 85
グリーンの公式　123
グリーンの定理　25
決定方程式　71
合成積　47, 162, 208
項別積分　104
コーシーの主値　152
誤差関数　49
固有関数　62
固有関数展開　89
固有振動　133
固有値　62
固有値問題　62, 76
混合問題　34

さ行

最小2乗近似法　83
最大値・最小値の原理　51
自己相似解　44, 45
指数　71
弱解　16
シャノン-染谷の標本化定理　170

索　引

周期境界条件　62, 76
シュワルツの超関数　53
準線形偏微分方程式　4
衝撃波　17
消散型波動方程式　142
初期境界値問題　34
初期曲線　6
初期条件　12, 22
初期値問題　13, 22
整合条件　34
正則関数　58
正値性　51
正の向き　25
積分曲面　11
絶対可積分　144
絶対収束の横座標　201
全エネルギー保存則　29
線形偏微分方程式　4
双曲型　4

た 行

楕円型　4
たたみ込み　162, 208
ダランベールの公式　22
超関数　53
調和関数　58
定数係数偏微分方程式　4
ディラックのデルタ関数　53
ディリクレ核　95
ディリクレ境界条件　34, 64
テータ関数　169
テスト関数　53
デュアメルの公式　32
特性基礎曲線　11
特性曲線　6, 11, 22
特性曲線の方法　5
特性微分方程式系　6

な 行

ナイキストの標本化定理　170
熱核　3, 46, 115
熱伝導率　44
粘性バーガーズ方程式　3
ノイマン境界条件　38, 65
ノコギリ波　85
ノコギリ波のフーリエ級数　86

は 行

パーセヴァルの等式　83, 107, 161, 195
ハイゼンベルグの不確定性原理　173, 195
爆発　14
反射の方法　35
半整数フーリエ正弦級数展開　128
半線形偏微分方程式　4
反転公式　152
非線形偏微分方程式　4
非粘性バーガーズ方程式　2, 13
フーリエ逆変換　155
フーリエ級数　86, 89
フーリエ級数展開　78
フーリエ係数　86, 89
フーリエ正弦級数　90
フーリエ正弦係数　90
フーリエ正弦変換　186
フーリエ積分公式　145
フーリエの方法　78
フーリエ変換　148, 156
フーリエ余弦級数　90
フーリエ余弦係数　90
フーリエ余弦変換　187
複素フーリエ級数　93
ブラック-ショールズの微分方程式　4

ブロムウィッチ積分　201
分離定数　68, 76
平滑化性　49
ベッセルの微分方程式　70
ベッセルの不等式　83, 94
ヘビサイド関数　54, 200
変数係数偏微分方程式　4
変数分離法　68, 76
偏微分方程式　2
ポアソンの公式　47
ポアソンの積分公式　120, 191
ポアソンの和公式　169
ポアソン方程式　61
膨張波　15
放物型　4

や 行

優級数　99
有限伝播性　29

ら 行

ラプラシアン　58
ラプラス変換　200
ラプラス変換の反転公式　201
ラプラス方程式　3
ランキン-ユゴニオ条件　17
リーマンの補題　95, 145
リーマン問題　14
リーマン–ルベーグの補題　158
離散フーリエ変換　170, 175
ロバン境界条件　66

わ 行

ワイエルシュトラスの優級数定理　99

数字・欧字

n 次ノイマン関数　72
n 次ベッセル関数　72
1 階準線形偏微分方程式　11
1 階偏微分方程式　2
1 次元シュレディンガー方程式　4
1 次元熱伝導方程式　3, 44
1 次元波動方程式　3
2 次元ラプラス作用素　58
2 次元離散フーリエ変換　181
2 乗平均収束する　107

著者略歴

岩 下 弘 一
（いわ　した　ひろ　かず）

1987年　筑波大学大学院博士課程数学研究科修了　理学博士
現　在　名古屋工業大学大学院工学研究科准教授

主要著書　「入門講義　微分積分」（共著，裳華房，2006）

工科のための数理＝MKM-7
工科のための **偏微分方程式**

2017 年 1 月 10 日 ⓒ	初 版 発 行
2020 年 3 月 25 日	初版第 2 刷発行

著　者　岩下弘一　　　　　発行者　矢沢和俊
　　　　　　　　　　　　　印刷者　小宮山恒敏

【発行】　　　　　　株式会社　数理工学社

〒 151–0051　東京都渋谷区千駄ヶ谷 1 丁目 3 番 25 号
編集☎ （03）5474–8661（代）　　サイエンスビル

【発売】　　　　　　株式会社　サイエンス社

〒 151–0051　東京都渋谷区千駄ヶ谷 1 丁目 3 番 25 号
営業☎ （03）5474–8500（代）　　振替 00170–7–2387
FAX☎ （03）5474–8900

印刷・製本　小宮山印刷工業（株）

≪検印省略≫

本書の内容を無断で複写複製することは，著作者および
出版者の権利を侵害することがありますので，その場合
にはあらかじめ小社あて許諾をお求め下さい．

ISBN978–4–86481–043–2

PRINTED IN JAPAN

サイエンス社・数理工学社の
ホームページのご案内
http://www.saiensu.co.jp
ご意見・ご要望は
suuri@saiensu.co.jp まで．

KeyPoint&Seminar
工学基礎 微分積分
及川・永井・矢嶋共著　2色刷・A5・本体1800円

ガイダンス 微分積分
岡安　類著　A5・本体1750円

微分積分概論［新訂版］
越監修　高橋・加藤共著　2色刷・A5・本体1750円

理工系のための微分積分入門
米田　元著　2色刷・A5・本体1800円

大学で学ぶ やさしい微分積分
水田義弘著　2色刷・A5・本体1680円

微分積分学
笠原晧司著　A5・本体1845円

理工基礎 微分積分学 I , II
足立恒雄著　2色刷・A5・本体各1600円

＊表示価格は全て税抜きです．

サイエンス社

KeyPoint&Seminar
工学基礎 微分方程式 [第2版]
及川・永井・矢嶋共著　2色刷・Ａ5・本体1850円

微分方程式概論 [新訂版]
神保秀一著　2色刷・Ａ5・本体1700円

発行：数理工学社

工科系の数学5　常微分方程式
マイベルク／ファヘンアウア共著
及川正行訳　Ａ5・本体2300円

微分方程式概説 [新訂版]
岩崎・楳田共著　Ａ5・本体1700円

新版　微分方程式入門
古屋　茂著　Ａ5・本体1400円

基礎課程　微分方程式
森本・浅倉共著　Ａ5・本体1900円

理工基礎　常微分方程式論
大谷光春著　2色刷・Ａ5・本体2200円

微分方程式講義
金子　晃著　2色刷・Ａ5・本体2200円

＊表示価格は全て税抜きです．

サイエンス社

▰▰▰▰ 工科のための数理 ▰▰▰▰

初歩からの 入門数学
吉村・足立共著　2色刷・A5・上製・本体2000円

工科のための 線形代数
吉村善一著　2色刷・A5・上製・本体1850円

工科のための 微分積分
佐伯・山岸共著　2色刷・A5・上製・本体2300円

工科のための 常微分方程式
足立俊明著　2色刷・A5・上製・本体2200円

工科のための 確率・統計
大鑄史男著　2色刷・A5・上製・本体2000円

工科のための 偏微分方程式
岩下弘一著　A5・上製・本体2900円

工科のための 複素解析
岩下弘一著　A5・上製・本体2300円

＊表示価格は全て税抜きです．

▰▰▰▰ 発行・数理工学社／発売・サイエンス社 ▰▰▰▰